国家示范性高等职业教育新形态"一体化"系列精品教材
高职高专院校机械设计制造类专业"十三五"规划教材

金工实习

JINGONG SHIXI

主　编　方立志　刘传明

副主编　汪盛如　冯　剑　谢　犇

参　编　（排名不分先后）

罗铁军　张　婷　焦　玉

黄亚琳　余士英　郑　康

何中岳　王　婵　王　浩

华中科技大学出版社
http://www.hustp.com
中国·武汉

内 容 简 介

本书按照模块化教学组织内容。全书共分为四大模块：模块一为钳工操作训练，介绍了钳工入门的相关知识，划线、錾削、锯削、锉削、钻孔、攻螺纹和套螺纹等与工具钳工相关的基本理论知识与技能，以及与装配钳工相关的基础知识与技能；模块二为普通车床加工，介绍了车工入门的相关知识，以及车刀刃磨，车削外圆、端面、台阶、内孔、圆锥体、滚花和螺纹等操作训练；模块三为普通铣床加工，介绍了铣床相关知识，以及分度头、平面铣削等操作训练。模块四为特种加工技术，介绍了电火花成形加工、电火花线切割加工编程、电火花线切割加工机床操作等基本理论知识与技能。

图书在版编目(CIP)数据

金工实习/方立志，刘传明主编．—武汉：华中科技大学出版社，2018.6（2022.8 重印）
ISBN 978-7-5680-3976-5

Ⅰ.①金…　Ⅱ.①方…　②刘…　Ⅲ.①金属加工-实习-教材　Ⅳ.①TG-45

中国版本图书馆 CIP 数据核字(2018)第 129589 号

金工实习　　　　　　　　　　　　　　　　　　　　　　　方立志　刘传明　主编
Jingong Shixi

策划编辑：张　毅
责任编辑：刘　静
封面设计：孢　子
责任监印：朱　玢
出版发行：华中科技大学出版社(中国·武汉)　　电话：(027)81321913
　　　　　武汉市东湖新技术开发区华工科技园　　邮编：430223
录　　排：武汉三月禾文化传播有限公司
印　　刷：武汉开心印印刷有限公司
开　　本：787mm×1092mm　1/16
印　　张：15
字　　数：381 千字
版　　次：2022 年 8 月第 1 版第 3 次印刷
定　　价：39.80 元

"金工实习"是一门实践性很强的技术基本课程,是高职高专机械、机电和数控等专业学生熟悉加工生产过程、培养实践动手能力的实践性教学环节,是必修课。通过金工实习,学生应熟悉机械制造的一般过程,掌握金属加工的主要工艺方法和工艺过程,熟悉各种设备的安全操作方法和各种工具的安全使用方法,了解新工艺和新技术在机械制造中的使用,掌握简单零件加工方法选择和工艺分析,培养认识图纸和加工符号及了解技术条件的能力。通过实习,学生应养成热爱劳动、遵守纪律的好习惯,并为学习"工程材料与热加工""机械制造技术基础"等后续课程打下良好的基础。

本书借鉴了同类课程的有益经验,是根据新形势下高等职业教育专业人才的培养目标和要求,结合编者多年的高等职业教育教学实践和教学改革经验编写而成的,具有加强基础、突出能力、注重素质和强调自身特色的特点。

本书依据金工实习的实际情况,按照模块化教学组织内容,将相关的理论知识与实操技能融合在一起,既满足了金工实习对理论知识的需求,又为实际提供了指导。模块化的内容设计以及理论与实操技能的融合便于教师在"做中教",也方便学生在"学中做,做中学"。

本书由方立志、刘传明担任主编,汪盛如、冯剑、谢犇担任副主编,罗铁军、张婷、焦玉、黄亚琳、余士英、郑康、何中岳、王婵和王浩参与了本书的编写。

在本书的编写过程中,参阅了一些国内外出版的同类书籍,在此特向有关作者表示衷心感谢!

由于编者水平所限,书中不妥之处在所难免,恳请读者批评指正。

编　者
2018 年 2 月

钳工操作训练

◀ 项目一 钳工基础知识 ▶

教学目的和要求

(1) 了解钳工所用设备的工作原理、操作注意事项。

(2) 了解实习场地及设备使用注意事项、安全文明生产。

一、钳工工作任务

钳工操作一般是利用台虎钳及各种手动和电动工具、量具进行某些切削加工或一些机械设备难以加工的部位及不易达到的工艺精度的加工,它还包括一些装配、调试和维护安装等。随着科学技术的发展,机械自动化加工的水平越来越高,钳工的工作范围也越来越广,钳工需要掌握的技术知识及技能也越来越多,于是钳工产生了分工,以适应不同专业需要。按工作内容及性质,钳工大致可分为普通钳工、机修钳工和工具钳工三类。

尽管钳工的专业分工不同,但钳工都必须掌握好基本操作技能,包括划线、錾削、锯削、锉削、钻孔、扩孔、锪孔、铰孔、攻螺纹和套螺纹、矫正和弯形、铆接、刮削、研磨、装配和调试、测量及简单的热处理等。

二、钳工操作注意事项及实习要求

(1) 掌握锯、錾、锉、刮、铰、磨、钻、攻螺纹和套螺纹各种钳工操作的正确姿势和钳工工具的正确使用,练好钳工安全实训基本功。

(2) 做好钳工劳动保护,錾削和用砂轮机磨削时必须戴好防护眼镜;清除切屑要用毛刷,不许直接用手或用口吹,避免伤及手和眼。

(3) 使用砂轮机磨削刀具时,操作者严禁正对高速旋转的砂轮,避免砂轮意外伤人。

(4) 禁止使用无柄或裂柄的锉刀,锉刀柄应安装牢固,避免意外伤手。

(5) 锤头与柄必须加楔铁(又称斜铁)紧固,并保持锤柄无油污,避免使用时锤头滑出伤人。

(6) 使用钻床钻孔时,工件必须压平夹紧,按钻头直径大小和工件材料选择适当的转速和进给量。孔将钻通时,注意减压减速进给,避免钻头扎刀。

(7) 严禁戴手套操作钻床,避免被钻头绞缠,发生工伤事故。

(8) 在钻床上装卸工件、钻头或钻夹头,以及进行主轴变速、测量工件尺寸时,都必须停机进行。

(9) 为防止台虎钳传动螺母断裂,使用台虎钳夹持工件时不得用外力敲击台虎钳手柄进行锁紧,只能手动锁紧。

(10) 正确使用和保养游标卡尺、千分尺、高度尺、量角器、百分表和坐标平板等精密计量器具,注意轻拿轻放,防锈蚀,防损伤,保证测量精度。

(11) 禁止敲击划线平台或用其他尖锐物件划伤平台表面。

(12) 摆放工、量具时,应分别放在钳台桌的左、右侧,分开摆放,且不能使其伸到钳台桌边沿以外,如图 1-1-1 所示。

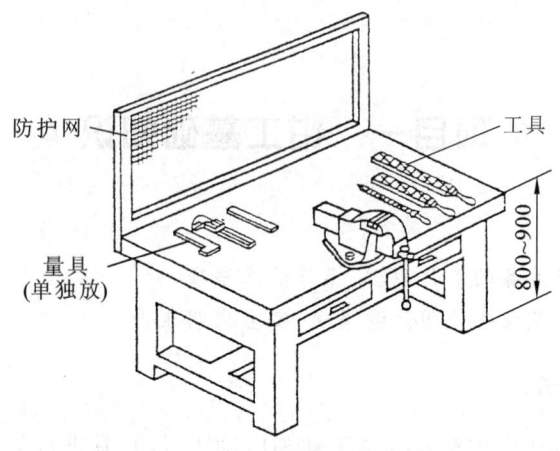

图 1-1-1　工、量具的摆放

(13) 实习时各自选好工位,不得串岗或在实习间内打闹。

(14) 加强设备的维护、使用、保养,注意并搞好设备卫生及现场卫生。

(15) 安全文明生产。

三、钳工常用设备与操作注意事项

1. 台虎钳

台虎钳是用来夹持工件的通用夹具。它有固定式和回转式两种结构类型。图 1-1-2 所示是回转式台虎钳,其结构和工作原理说明如下。

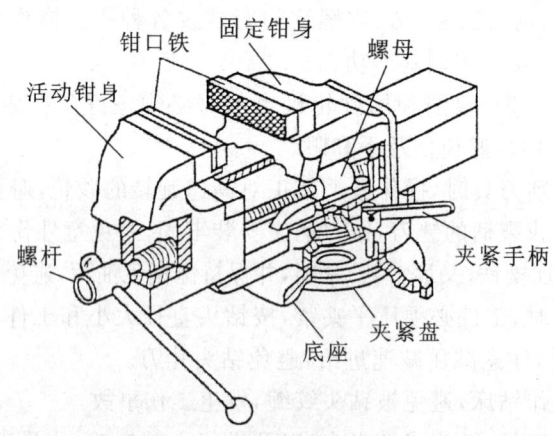

图 1-1-2　回转式台虎钳

活动钳身通过其上的导轨与固定钳身的导轨孔作滑动配合。螺杆装在活动钳身上,可以旋转,但不能沿轴向移动,并与安装在固定钳身内的螺母配合。摇动手柄使螺杆旋转,就可带动活动钳身相对于固定钳身作进退移动,起夹紧或放松工件的作用。弹簧靠挡圈和销

(图中未示出)固定在螺杆上,其作用是当放松丝杆时,可使活动钳身能及时地退出。在固定钳身和活动钳身上,各装有钢质钳口,并用螺钉(图中未示出)固定,钳口的工作面上制有交叉的网纹,使工件夹紧后不易产生滑动,且钳口经过热处理淬硬,具有良好的耐磨性。固定钳身装在底座上,并能绕底座轴心线转动,当转到要求的方向时,扳动固定钳身上的夹紧手柄使夹紧螺钉(图中未示出)旋紧,便在夹紧盘的作用下把固定钳身固紧了。

台虎钳的规格以钳口的宽度表示,有 100 mm、125 mm 和 150 mm 等。

2. 钳台桌

钳台桌如图 1-1-1 所示。它用来安装台虎钳及放置工具、量具和工件等。其高度为 800～900 mm,装上台虎钳后钳口高度以恰好齐人手肘为宜,长度和宽度随工作需要而定。

3. 砂轮机

砂轮机主要用来刃磨钻头、錾子等刀具或其他工具等。它由电动机、砂轮和机身组成。

砂轮机操作注意事项如下。

(1) 未经实习指导教师许可,不得随便使用。

(2) 使用时要精神集中,要检查砂轮机运转是否正常,只有在正常情况下才能使用。

(3) 砂轮必须有砂轮罩,托架距砂轮不得超过 5 mm。

(4) 使用者要戴防护眼镜,不得正对砂轮,而应站在其侧面。使用砂轮机时,不准戴手套,严禁使用棉纱等物包裹刀具进行磨削,磨削刀具发热时,根据情况可蘸水后再继续磨削。

(5) 不得二人同时使用砂轮机,严禁使用砂轮侧面进行磨削,严禁在磨削时嬉笑。

(6) 磨削时的站立位置应与砂轮机成一夹角,且接触压力要均匀,严禁撞击砂轮,以免砂轮碎裂。

(7) 砂轮只限于磨刀具,不得磨笨重的物料、薄铁板以及软质品(铝、铜等制品)和木质品。

(8) 砂轮机启动后,待砂轮运转平稳后,方可进行磨削,磨削时压力不可过大或用力不可过猛。砂轮的三面(两侧及圆周)不得同时磨削工件。

(9) 新砂轮片在更换前应检查是否有裂纹,更换后需经 10 min 空转后方可使用。在使用过程中要经常检查砂轮片是否有裂纹、异常声音、摇摆、跳动等现象,如果发现上述现象,应立即停车报告指导教师或安全员。

(10) 使用后必须拉闸断电,并打扫卫生。

4. 钻床

钻床用来对工件进行各类圆孔的加工,有台式钻床、立式钻床和摇臂钻床等。

钻床操作注意事项如下。

(1) 未经指导教师同意不得使用,工作前对所用钻床进行全面检查,确认无误后方可进行操作。

(2) 严禁戴手套操作,钻孔时袖口要扣紧,女生发辫应挽在帽子内。

(3) 钻孔时精神集中,严禁谈笑,钻孔出现意外时,应立即停车。如果发生故障,立即报告指导教师或安全员。

(4) 工件装夹必须牢固可靠。钻小件时,应用工具夹持,不准用手拿着钻削。

(5) 使用台式钻床时,最大钻孔直径不得超过 12 mm,调整高度时必须握紧手把。

（6）钻钢件时必须使用冷却液，将要钻透时压力要轻，严禁手摸、嘴吹切屑。

（7）使用自动走刀方式进行钻削时，要选好进给速度，调整好行程限位块。手动进刀时，一般按照逐渐增压和逐渐减压原则进行，以免用力过猛造成事故。

（8）钻头上绕有长切屑时，要停车清除，禁止用风吹、用手拉切屑，要用刷子或铁钩清除。

（9）不准在旋转的刀具下，翻转、卡压或测量工件，手不准触摸旋转的刀具。

（10）使用摇臂钻床时，横臂回转范围内不准有障碍物。工作前，横臂必须卡紧。

① 横臂和工作台上不准存放物件，被加工件必须按规定卡紧，以防工件移位造成重大人身伤害事故和设备事故。

② 工作结束时，将横臂降到最低位置，主轴箱靠近立柱，并且都要卡紧，清理现场。

◀ 项目二 划 线 ▶

教学目的和要求

（1）掌握划线相关知识及方法。

（2）正确使用划线工具。

（3）掌握一般的划线方法并能正确地在线条上打样冲眼。

（4）能合理确定中等复杂程度工件的找正基准和尺寸基准，并进行立体划线。

（5）能按图样要求划出加工界线，做到无重线、线条清晰。

一、划线基础知识

划线是指根据图纸或实物的尺寸，用划线工具在实体材料上划出加工界线的方法。

划线是机械加工中重要的加工工序，是零件加工工艺的重要组成部分。如图1-2-1所示，要在70 mm×45 mm×15 mm的工件上完成钻孔，则首先要划出孔的中心线，打样冲眼，再开始钻孔和铰孔工艺。

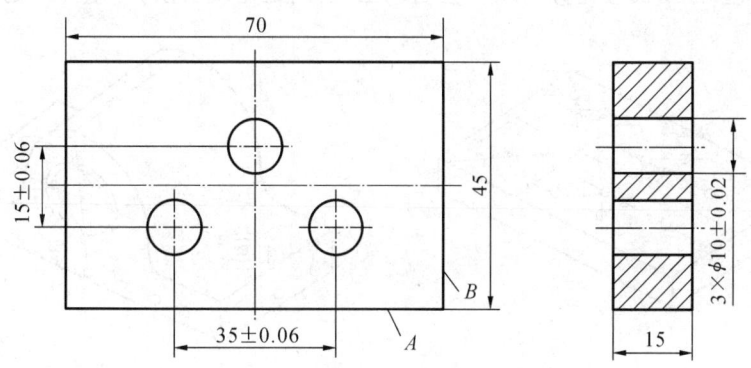

图1-2-1 工件（70 mm×45 mm×15 mm）

划线的重点是划线基准的选择。合理地选择划线基准是保证加工界线准确性的重要工艺步骤。

1. 划线的作用

划线工作不仅可以在毛坯表面上进行，而且可以在已加工过的表面上进行，如在加工后的平面上划出钻孔的加工线等。划线的主要作用如下。

（1）可以确定工件上各个加工表面的加工位置，并确定其加工余量。

（2）可全面检查毛坯件的形状和尺寸是否符合加工要求、是否满足加工条件，对半成品划线可检查上一道工序的尺寸是否正确。

（3）采用借料划线可以使误差不大的毛坯件得到补救，使加工后的零件仍能符合要求。

（4）可以按划线找正定位，便于复杂工件在机床上装夹。

（5）在板料上划线下料，可做到正确排料，使材料得到合理使用。

2. 划线的分类

1) 平面划线

在一个表面上划线后即能明确表示出加工界线的划线称为平面划线(见图 1-2-2(a))。在板料、条料上划线都属于平面划线。

平面划线与平面作图类似,只需在工件表面上按图样要求划出所需的线或点。

2) 立体划线

同时在工件上几个不同的表面上划线,才能明确表示出加工界线的划线称为立体划线(见图 1-2-2(b))。

立体划线比较复杂,需要借助相应的划线工具、测量工具和辅助工具等,找出复杂工件的基础划线基准,并以此基准确定其他各个面与此相关的基准,定位,据此划出工件的整体加工界线。

立体划线时,应认真研究工件图样上各部分的尺寸和要求,分析工件的结构,了解工件的加工工艺,然后选定划线基准,考虑下一道工序要求,确定加工余量和需要划出的线条。

立体划线时常需要翻转工件,需要重新定位和找正,每一次翻转后,必须以上一道划的线或点作为定位和找正的基准进行相关的划线工序。这样会造成一定的划线误差,延长工作时间。所以,立体划线应充分利用一些划线工具,满足划线要求,尽量一次划出。

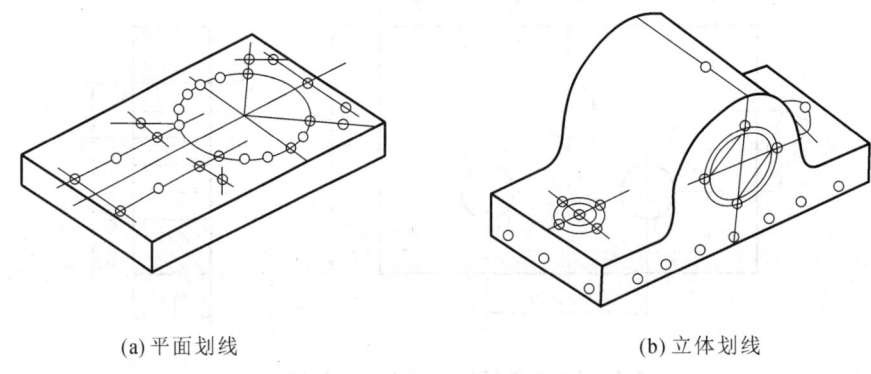

(a) 平面划线　　　　　　　　　　　　(b) 立体划线

图 1-2-2　划线的分类

3. 划线基准的选择

1) 基准的概念

基准是零件上用以确定其他点、线、面位置所依据的那些点、线、面。

合理地选择划线基准是做好划线工作的关键。只有划线基准选择得合理,才能提高划线的质量和效率,并相应提高工件的合格率。

虽然不同工件的结构和几何形状不相同,但是任何工件的几何形状都是由点、线、面构成的。因此,不同工件的划线基准虽有不同,但都离不开点、线、面。

划线基准是指划线时工件上的用来确定工件的各部分尺寸、几何形状和工件上各要素的相对位置的某些点、线、面。

2) 划线基准的选择

划线时,应从划线基准开始。在选择划线基准时,先要分析图样,找出设计基准,使划线基准与设计基准尽量一致,这样才能够直接量取划线尺寸,简化换算过程。

划线基准一般可用以下三种方法选择。

（1）以两个互相垂直的平面为基准。如图1-2-3所示，从零件上互相垂直的两个方向上的尺寸可以看出，每一方向上的许多尺寸都是依照它们的外平面（在图样上是一条线）来确定的。此时，这两个平面就分别是每一方向上的划线基准。

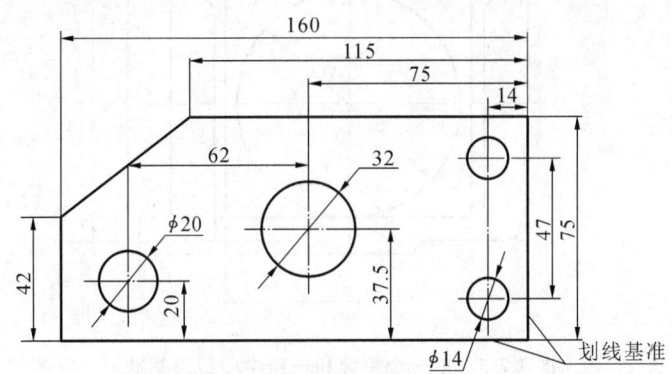

图1-2-3　以两个互相垂直的平面为基准

（2）以两条轴线为基准。如图1-2-4所示，凹凸模上两个方向上的尺寸与其两孔的轴线具有对称性，并且其他尺寸也从轴线开始标注。此时，这两条轴线就分别是这两个方向上的划线基准。

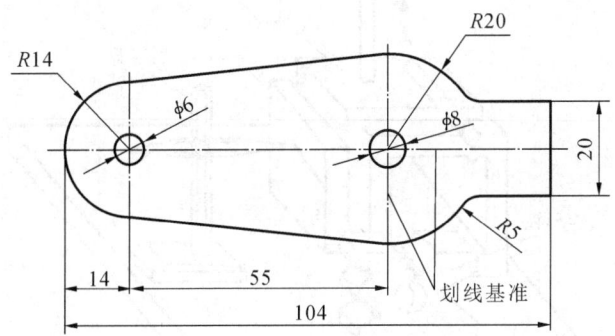

图1-2-4　以两条轴线为基准

（3）以一个平面和一条中心线为基准。如图1-2-5所示，工件上高度方向上的尺寸和孔的尺寸是以底面为依据的，此底面就是高度方向上的划线基准。而宽度方向上的尺寸对称于中心线，所以中心线就是宽度方向上的划线基准。

划线时，在零件的每一个方向上都需要选择一个基准。因此，平面划线时，一般要选择两个划线基准；而立体划线时，一般要选择三个划线基准。

实际上，在确定工件的加工工艺基准时，可以参照划线基准。

4．划线工具及其使用方法

1）钢板尺

钢板尺（也叫钢直尺）是一种简单的尺寸量具。它的长度规格有150 mm、300 mm、500 mm和1000 mm等多种。它主要用来量取尺寸、测量工件，在划线时做划线的导向工具。

2）划线平台

标准的划线平台（也叫划线平板）如图1-2-6所示。它由铸铁制成，表面经过精刨或刮削

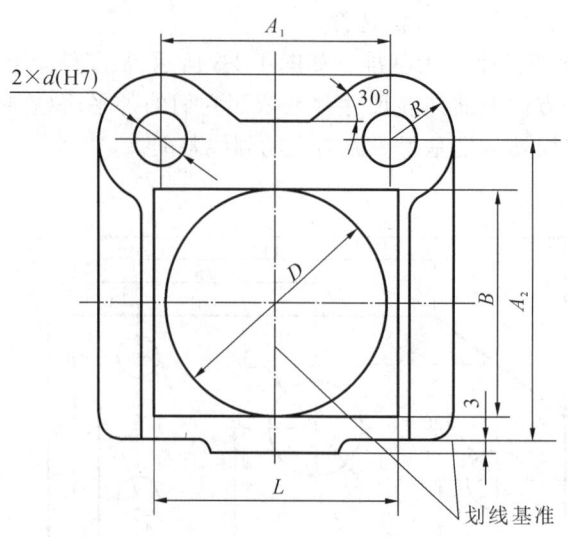

图 1-2-5 以一个平面和一条中心线为基准

加工。工件放置在划线平台上进行划线操作。划线平台的表面不准碰撞、敲打和划伤。划线平台长期不使用时，应涂油防锈，并加保护罩。

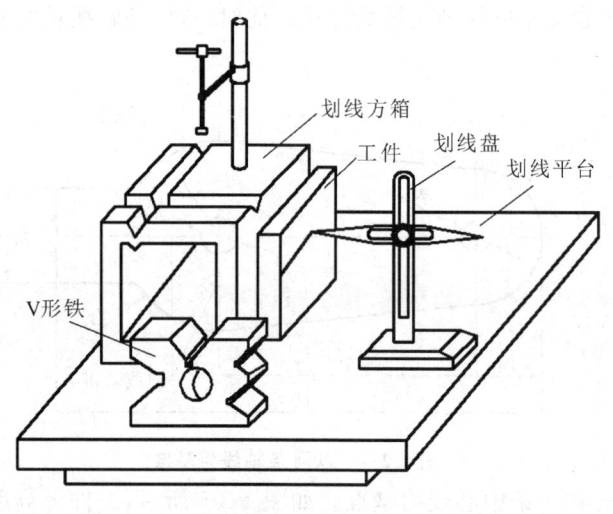

图 1-2-6 划线工具

3）划针

划针用来在工件上划线条，是用弹簧钢或高速钢制成的，直径一般为 3～5 mm，尖端磨成 15°～20°的尖角，并经热处理淬火使之硬化。

使用说明：划针的使用如图 1-2-7 所示。在用钢板尺和划针划连接两点的线时，应先用划针和钢板尺定好一端的位置，然后调整钢板尺使之与另一点原划线位置对准，再开始划出两点的连线。划线时，划针尖要紧靠导向工具（或样板）的边缘，上部向外侧倾斜 15°～20°，如图 1-2-7（a）所示；向划线移动方向倾斜 45～75°，如图 1-2-7（b）所示。针尖要保持尖锐，划线时要尽量做到一次划成，使划出的线条既清晰又准确；要从上向下划出，不得逆向划线或连续反复地原地划线。不用时，划针不能插在衣袋里，最好套上塑料管，使针尖不外露。

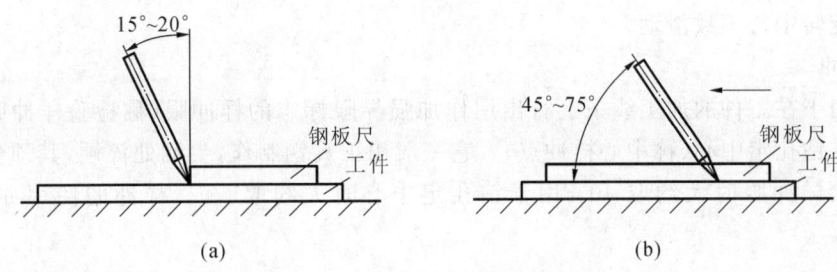

图 1-2-7 划针的使用

4）划线盘

划线盘（见图 1-2-6）用来在划线平台上对工件进行划线，或找正工件在平板上的正确安放位置。

使用说明：用划线盘划线时，划针应尽量处于水平位置，不要倾斜太大，划针伸出部分应尽量短些，并牢固地夹紧，以避免划线时产生振动和尺寸变动；划线盘在划线移动时，底座底面应始终与划线平台贴紧，不摇晃，不跳动；划针与工件划线表面之间应保持 $40°\sim60°$ 夹角（沿划线方向），以减小划线阻力和防止划针尖扎入工件表面；在用划线盘划较长直线时，应采用分段连接划法，这样可对各段的首尾做校对检查，避免在划线过程中由于划线的弹性变形和划线盘本身的移动造成划线误差。划线盘用毕应使划针处于直立状态，这样可以保证安全并减小所占用的空间。

5）高度游标尺

高度游标尺附有划针脚，能直接表示出高度尺寸（其读数精度一般为 0.02 mm），可直接作为划线工具使用。

使用说明：用高度游标尺划线时，其使用方法与划线盘基本相似；划针脚应与工件划线表面形成 $40°\sim60°$ 夹角（沿划线方向）；划线时，用手拖动高度游标尺底座，不可逆向划线，以免因高度游标尺抖动造成划线误差或造成划针脚刀口部分崩断。

6）划规

划规（见图 1-2-8）用来划圆和圆弧、等分线段、等分角度及量取尺寸等。

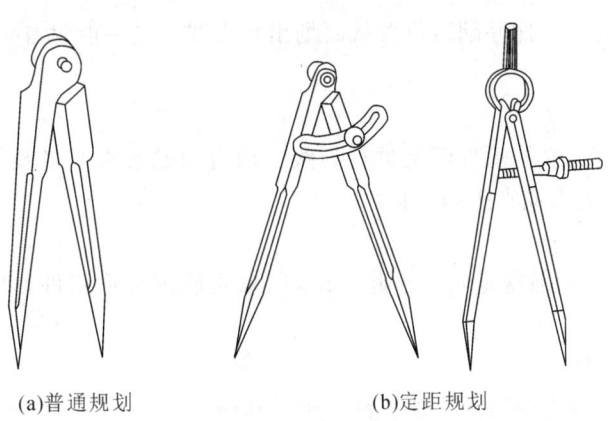

(a)普通规划　　　　　　　(b)定距规划

图 1-2-8 划规

使用说明：划规两脚的长短要磨得稍有不同，而且两脚合拢时脚尖应能靠紧，这样才可划出尺寸较小的圆弧；划规的脚尖应保持尖锐，以保证划出的线条清晰；用划规划圆弧时，作为旋转中心的一脚应加以较大的压力,另一脚则以较轻的压力在工件划线表面上划出圆弧,这样可使旋转中心不致滑动。

7)样冲

样冲用于在工件的加工线条上打出用作加强界限标志的样冲眼(称检验样冲眼),并可为划圆弧或钻孔定中心(称中心样冲点)。它一般用工具钢制作,尖端处淬硬,其顶尖角度在用于打检验样冲眼时大约取 40°,用于钻孔定中心时大约取 60°。样冲的使用如图 1-2-9 所示。

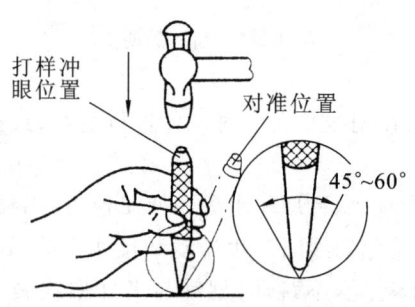

图 1-2-9 样冲的使用

使用说明:先将样冲外倾,使尖端对准线的中点,然后将样冲立直打样冲眼,位置要准确,中点不可偏离线条。在曲线上样冲眼距离要小些,如直径小于或等于 20 mm 的圆周线上应有 4 个样冲眼,而直径大于 20 mm 的圆周线上应有 8 个以上样冲眼;在直线上样冲眼距离可大些,但短线至少有 3 个样冲眼;在线条交叉转折处必须样冲眼。样冲眼的深浅要适当:薄壁或表面光滑,样冲眼要浅;粗糙表面,样冲眼要深些。

8)90°角尺

划线时,90°角尺常用作划平行线或垂直线的导向工具,也可用来找正工件平面在划线平台上的垂直位置。

9)角度规

角度规常用于划角度线。

10)划线方箱

划线方箱用于夹持工件并翻转位置从而划出垂直线。它一般附有夹持装置并制有 V 形槽,如图 1-2-6 所示。

11)直角铁

可将工件夹在直角铁的垂直面上进行划线。用直角铁装夹质量较轻、面积较大的工件时,可配合使用 C 形夹头或夹头和压板。

12)V 形铁

V 形铁(见图 1-2-6)通常是两个一起使用,用来安放圆柱形工件,以划出中心线和找出中心等。

13)调节支承工具

调节支承工具一般为锥顶千斤顶。锥顶千斤顶通常三个一组,用于支承不规则的工件,其支承高度可做一定的调整。带 V 形块的千斤顶,用于支承工件的圆柱面。

14)辅助工具

辅助工具包括垫铁、C 形夹头和夹钳以及找正中心或划圆时打入工件孔中的木条和铅条等。

5.划线操作基本方法

1）平面划线基本方法

（1）平面样板划线法。

平面样板划线法，即根据工件的尺寸和形状，加工一块平面样板，将平面样板与工件一起夹紧，然后用划针按平面样板仿划出工件各部分的线条。平面样板划线法常用于各种平面形状较复杂、批量大而精度要求较低的工件的划线。

（2）基本几何划线法。

基本几何划线法，即利用各种划线工具，在工件上划平行线、垂直线、角度线、与圆弧连接的直线、圆弧相切线、椭圆、多边形和任意等分线等。

2）立体划线基本方法

立体划线较为复杂，必须借助专用的划线工具、测量工具和辅助工具。立体划线常用的方法如下。

（1）直接翻转划线法。

如图 1-2-10 所示，将工件安装在划线方箱或 V 形铁上，压紧后先划好一个平面上的线，再翻转划另一个平面上的线，称为直接翻转划线法。这种划线方法装夹方便，划线准确，常用于小型工件的划线。

（2）支承划线法。

如图 1-2-11 所示，用千斤顶或垫铁、夹具等将工件支承起来进行找正划线，称为支承划线法。这种划线方法调整工件方便，但找正较慢，适用于中型毛坯的划线，对形状不规则的毛坯尤为适用。

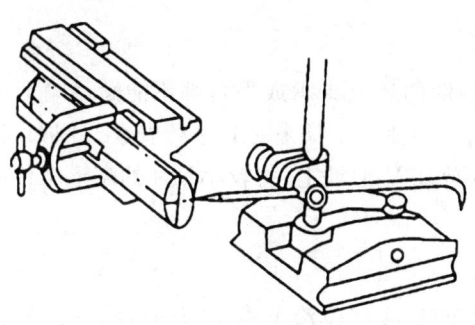

图 1-2-10　直接翻转划线法

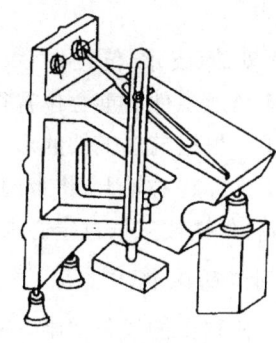

图 1-2-11　支承划线法

（3）直角铁划线法。

如图 1-2-12 所示，用划线盘在划线平台上对工件划好线后，再将划线盘底面紧贴在直角铁上对工件进行划线，称为直角铁划线法。这种划线方法可靠、方便，适用于中小型工件的划线。

（4）拉辅助线划线法。

如图 1-2-13 所示，在划线平台上设一直线 AA，使 AA 线与沿直角尺（或线锤）在 H 高度上所拉的细钢丝 BB 构成垂直于划线平台的平面，划线时则以此平面量取所需要的点和面，这种划线方法称为拉辅助线划线法。这种划线方法不需翻转工件，只需一次吊装找正就能完成划线，适用于特大工件的划线。

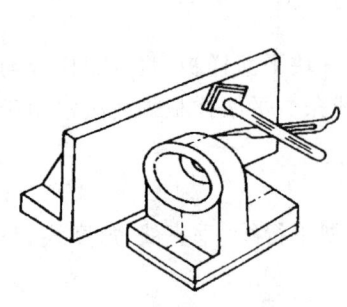

图 1-2-12　直角铁划线法

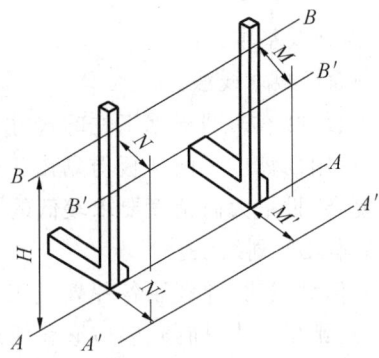

图 1-2-13　拉辅助线划线法

6. 畸形工件划线的基本知识

畸形工件是指形状特异的工件，一般都是经铸造或锻造生产出来的。

1）畸形工件的特点

畸形工件的特点为：整体工件由不同的曲线组成，工件上没有可供支承的表面，给划线中的找正、借料和翻转带来困难。

2）畸形工件划线要点

（1）划线基准的选择。

应根据工件的装配位置、加工特点及与其他工件的配合关系来确定合理的划线基准，以保证加工后能满足装配的要求。畸形工件一般以其设计时的中心线或主要表面作为划线时的基准。

（2）安放（支承）位置。

由于畸形工件的重心位置很难确定，故一般的三点支承或平台都不能满足畸形工件的安放要求。根据畸形工件的形状特点，应利用一些辅助工具来对其进行安放。例如，将带有通孔的工件穿在心轴上，将带圆弧面的工件安放在 V 形铁上，将较小尺寸的畸形工件固定在划线方箱、角铁或三爪自定心卡盘等工具上。

7. 划线的涂料

为了使划出的线条清晰，一般都要在工件的划线部位涂上一层薄薄的涂料。划线常用的涂料有石灰水、紫药水和蓝墨水。石灰水一般用于表面粗糙的铸件、锻件毛坯上的划线；紫药水和蓝墨水作为涂料主要用于已加工表面的划线。

8. 划线的步骤

（1）分析图样或实物，明确划线部位及各部分尺寸、形状和要求；了解有关的加工方法和过程。

（2）选定划线基准。

（3）根据图样，检查毛坯或工件是否符合加工要求。

（4）清理毛坯或工件后涂色。

（5）正确安放毛坯或工件并选取好划线工具、量具。

（6）开始划线。

（7）仔细检查划线的准确性及是否有漏划线条。

（8）打样冲眼。

9.图 1-2-1 所示工件的划线分析

由图 1-2-1 所示工件的设计尺寸可知,孔与孔之间的中心距有公差要求,对该工件的划线属精密划线。如图 1-2-14 所示,划线以 A、B 两个互相垂直且已加工好的平面为基准,分别用高度游标尺划出钻孔轴线、钻孔修正线和钻孔框线。其中钻孔修正线是在钻孔过程中修正钻孔用的。外围钻孔框线的边长与钻孔直径相同,钻完孔后孔圆周与钻孔框线完全相切,则证明钻孔正确。

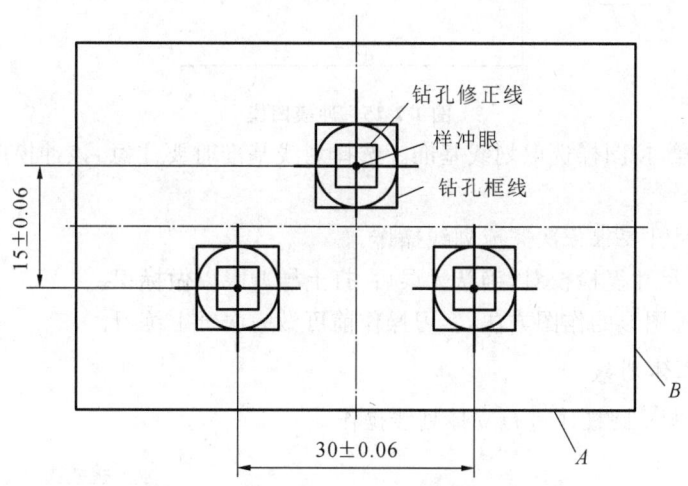

图 1-2-14　图 1-2-1 所示工件的划线

如果第一次没有修正过来,还有第二次修正的机会。钻孔修正线划得越多,钻孔修正的次数也就越多。

钻孔修正线线条不宜过粗,在 0.1 mm 以内为宜,因为要用钻孔修正线来保证孔距。在一般情况下,用钻孔修正线只能保证两孔之间的中心距尺寸的误差为 ±0.06 mm,若两孔之间的中心距尺寸误差小于 ±0.06 mm,就要用精密孔钻模了。

在划线之前应对工件涂色,以便保证线条清晰。

二、练习题

1.冲模凹模划线

对图 1-2-15 所示冲模凹模进行划线操作。

图 1-2-15 所示冲模凹模毛坯的信息如表 1-2-1 所示。

表 1-2-1　图 1-2-15 所示冲模凹模毛坯的信息

名　称	规格/mm	材　料	单　位	数　量
冲模凹模毛坯	82×52×2	Q235	块	1

图 1-2-15 所示冲模凹模划线步骤如下。

（1）准备好划线工具,清理该冲模凹模毛坯表面并涂色。

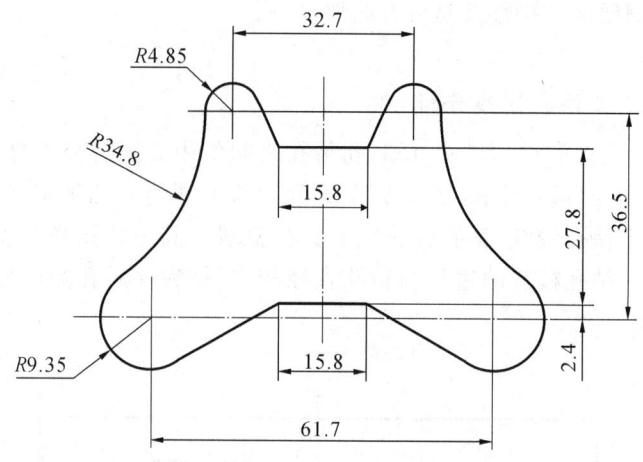

图 1-2-15　冲模凹模

（2）看懂图样，按图样选取划线基准。选择划线基准时要注意，该冲模凹模在薄板上的位置要安排合理。

（3）按图样尺寸要求依次完成划线操作。

（4）对图形、尺寸复检校对，确认无误后，打上样冲眼以做标识。

（5）为了熟悉图形的作图方法，实习操作前可做一次纸上练习。

2．圆柱体立体划线

对图 1-2-16 所示圆柱体进行立体划线操作。

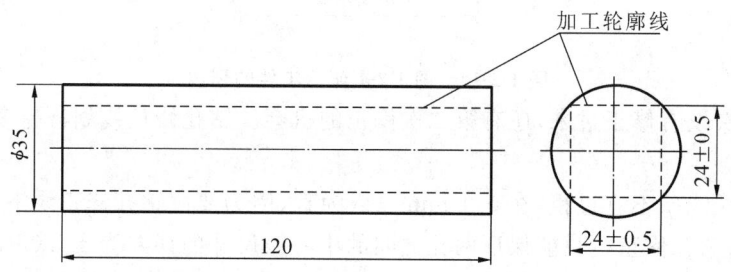

图 1-2-16　圆柱体

图 1-2-16 所示圆柱体毛坯的信息如表 1-2-2 所示。

表 1-2-2　图 1-2-16 所示圆柱体毛坯的信息

名　　称	规格/mm	材　　料	单　位	数　量	备　　注
圆柱体毛坯	$\phi35\times120$	45 号钢	根	1	后续制作錾口手锤准备

图 1-2-16 所示圆柱体立体划线步骤如下。

（1）准备好划线工具，清理该圆柱体毛坯表面并涂色。

（2）将该圆柱体毛坯放置在 V 形铁上，用高度游标尺测得总高度 H，计算出该圆柱体的中心高 a 及该圆柱体加工素线高 h，如图 1-2-17 所示。

（3）划出两互相垂直的十字中心线。先划好其中一条直线，以此为基准线，用直角尺找正，划好第二条基准线。

（4）以该圆柱体加工素线高 h 划出加工轮廓线。同样以中心线为基准线，用直角尺找正,翻转该圆柱体毛坯件,划出四周加工轮廓线。

（5）在划线的基础上打样冲眼。

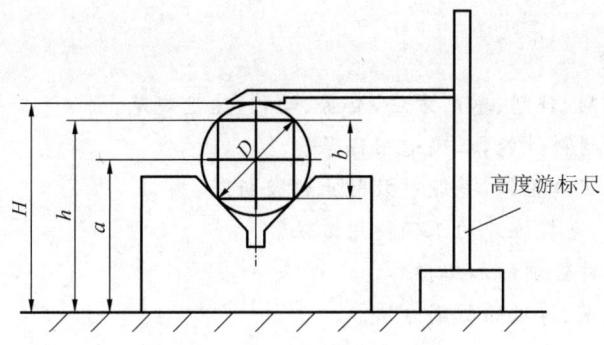

图 1-2-17　圆柱体立体划线

3.练习成绩评定

记录实习人员的划线实习情况,并评定实习人员的成绩,完成表 1-2-3 的填写。

表 1-2-3　划线练习记录与成绩评定表

项次	项目与技术要求	配分	评定方法	实测记录	得　分
1	正确划出工件加工轮廓线	24	超差全扣		
2	线条清淅、无重线	18	重线 1 处扣 4 分		
3	尺寸达要求	12	超差全扣		
4	划线方法、划线基准正确	10	不正确每次扣 5 分		
5	划线工具使用正确	10	不正确每次扣 2 分		
6	样冲眼布局合理	10	不合理每处扣 2 分		
7	涂色薄而均匀	6	目测,不合格根据实际情况扣分		
8	遵守纪律,做到了安全实习	10	违者每次扣 2 分		
	总得分				

◀ 项目三 平面加工 ▶

教学目的和要求

（1）正确掌握锯削、锉削、錾削方法，姿势、动作、速度规范。

（2）能根据不同材料性能，正确选用锯条。

（3）能自行纠正锯缝歪斜，并能有效防止锯条折断。

（4）锉削平面时，掌握锉刀的正确使用方法。

（5）掌握一般工件锉削的加工操作。

（6）基本掌握键槽、薄板的錾削方法。

课题一 锯 削

一、锯削基础知识

用手锯对材料或工件进行切断或切槽等的加工方法称为锯削。锯削可以分割材料、去除多余材料等，是机械加工常用的一种加工方式。

锯削多用于去除材料，为后续的加工做准备，如图 1-3-1 所示的凸台斜面配作，在加工工件之前，需去除多余材料，如图中虚线部分。

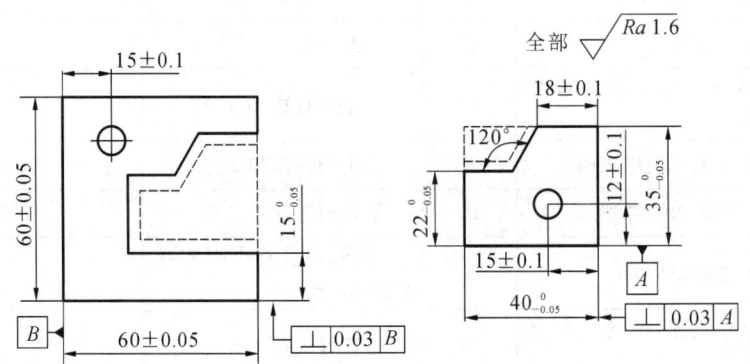

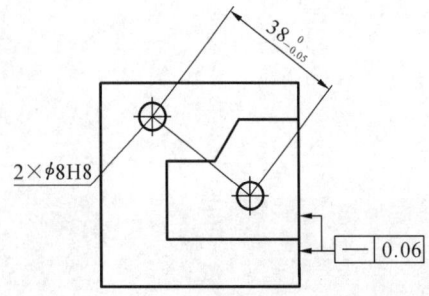

图 1-3-1 凸台斜面配作

锯削加工的重点是保证锯路的平直。锯削加工时，锯条应与锯缝线重合，保证锯条不至于歪斜，这样才能保证锯削加工工件的质量。

二、手锯和锯条

手锯分为可调式和固定式两种。

可调式手锯的安装距离可以调节,能安装几种长度不等的锯条;固定式手锯只能安装一种长度的锯条。

手锯两端都装有夹头,两端都可以根据锯削需要进行角度调转,一端固定时,另一端可以通过调节活动夹头上的蝶形螺母把锯条拉紧。

当锯缝的深度超过锯弓的高度时,应将锯条转过90°重新装夹,将锯弓转到工件的旁边,当锯弓掉转后仍受高度限制时,还可把锯条锯齿调向锯弓内进行锯削。

锯条的长度一般以两端的中心孔孔距来表示。常用的锯条长为300 mm,宽为12 mm,厚为0.7 mm。锯条一般由冷轧软钢渗碳拉制而成,经热处理淬硬。锯条的粗细规格(按每25 mm长度内的齿数)如下。

粗齿(齿数为14~18):用于锯削一般材质或较厚的材料。

中齿(齿数为22~24):用于锯削中等硬度的钢材、厚壁的钢管等。

细齿(齿数为32):用于锯削稍硬材料等。

三、手锯的握法、锯削姿势、锯削的压力及运动与速度

1.手锯的握法

右手满握锯柄,左手轻扶在锯弓前端,如图1-3-2所示。

2.锯削姿势

正确握好锯弓后,视线落在锯缝上,右脚尖踩在台虎钳中心线上,伸直右腿,身体稍向前倾;左脚与台虎钳中心线形成一个30°左右的夹角(见图1-3-3),膝盖稍弯曲呈马步状,重心在左脚。锯削时,身体应随着锯削动作自然摆动,前推时,身体向前倾、重心前移;回程时,身体后倾、重心后移。如此反复。以右脚为定点,身体摆动角度控制在15°左右。

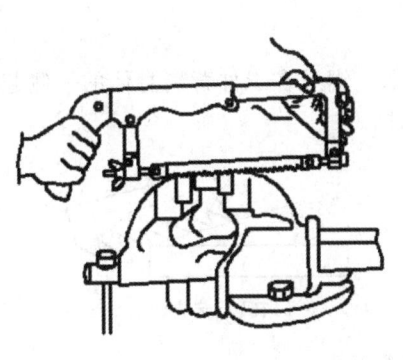

图1-3-2 手锯的握法

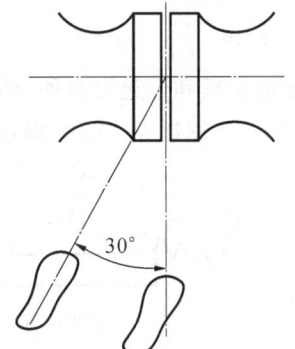

图1-3-3 锯削的姿势

3.锯削的压力

锯削时,推力和压力主要由右手控制,左手轻扶在锯弓的前端配合右手扶正锯弓。手锯推出锯削时用力,返回时自然收回不加压力。工件快断时,压力、动作幅度要小。

4.锯削的运动与速度

锯削时,一般可作小幅上下摆动式运动,即向前推锯时,右手下压,左手自然上抬;回程时,右手上提,左手自然跟下。锯缝要求平直时,锯削时一般以平推为宜。

锯削速度一般控制在 40 次/分左右,锯削硬材料时稍慢些,锯削软材料时稍快些。同时,锯削运动行程尽可能让每个锯齿参与切削。

四、锯削操作方法

1.工件的夹持

工件一般应安装在台虎钳的左侧,以便于操作。工件伸出钳口侧面不应过长,锯缝偏移钳口侧面约 20 mm 为宜。锯缝要与钳口侧面保持平行(使锯缝线与铅垂线方向一致),夹紧要牢靠。

2.锯条的装夹

手锯在前推时进行材料的锯削。因此,锯条安装应使齿尖方向朝前,图 1-3-4(a)所示为正确装夹,图 1-3-4(b)所示为错误装夹。安装锯条时,活动夹头上的蝶形螺母不宜拧得太紧或太松,宜稍紧。太紧时,在锯削中用力稍有不当,锯条易折断;太松时,锯削易使锯缝歪斜,锯条易扭曲、折断。松紧程度可用手扳动锯条,感觉稍硬实即可。锯条安装好后,要尽量保证锯条平面与锯弓中心平面平行。

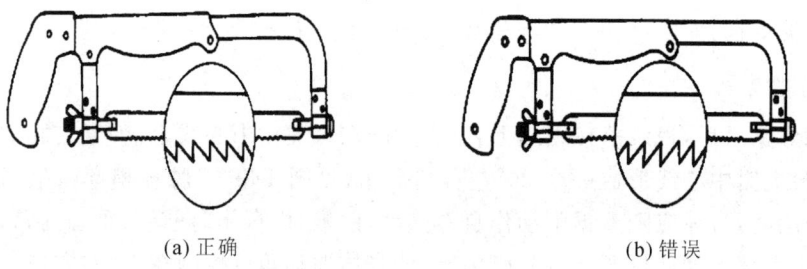

(a) 正确　　　　　　　　　　　　　　(b) 错误

图 1-3-4　锯条的装夹

3.起锯方法

起锯分远起锯和近起锯两种,如图 1-3-5 所示。锯弓在工件背离身体的一侧起锯即为远起锯;锯弓在工件靠近身体的一侧起锯即为近起锯。

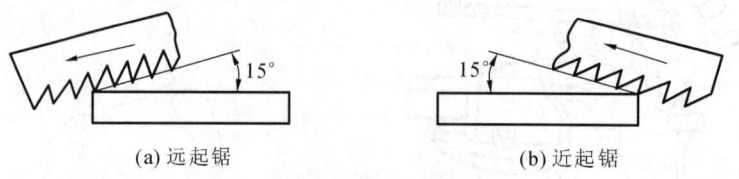

(a) 远起锯　　　　　　　　　　　　(b) 近起锯

图 1-3-5　起锯方法

起锯时,左手大拇指摁在锯缝线上,采用近起锯或远起锯,所锯削工件与锯条起锯时的夹角即为起锯角,在 15°左右。起锯行程要短、压力要小、速度要慢。起锯角不宜太大,否则因起锯不平稳,锯齿易被工件棱边卡住引起崩裂;起锯角也不宜太小,否则锯齿不易及时切入材料,容易发生位移,或在工件表面锯出很多锯痕,从而造成误差。

锯削时常采用远起锯,这样能更顺利地切入材料,而近起锯若掌握不好,锯齿易被棱边卡住,使锯齿崩断,但这时也可将手锯后拉,以期将棱边稍磨平再正常起锯。当起锯槽深为2~3 mm时,锯条已不会轻易滑出槽外,左手大拇指可不再做导引,扶正锯弓正常锯削。

4.正常锯削

正常锯削时,除保证合理的锯削速度、姿势、压力外,还应经常观察锯缝,当要求锯缝平直时,应每锯进2~3 mm观察一次,在工件锯削出的锯缝前后观看,以防锯缝歪斜。锯削稍硬材料时,可适当加润滑油;锯削管材时,可同时沿锯缝多个方向锯削,但以快锯透管壁为准,这样可不致使锯齿崩断;板料锯削时,板料厚度最好在2 mm以上,太薄则易使锯齿崩断,应尽量增加薄板的刚度,不使其颤动,防止锯齿崩断。

五、锯削注意事项

(1)装夹工件时,锯缝线一定要与铅垂线方向一致,否则在锯削时易使锯缝歪斜,当锯缝稍有歪斜时应及时纠正,这时可稍稍将锯条向歪斜相反的方向偏扭,逐步矫正。若歪斜过多,借正就困难,就不能保证锯削质量。

(2)锯削时,锯条必须与锯缝重合,与钳口侧面平行。平稳用力,不可使爆发力或强行锯削,防止锯条崩断飞出伤人。

(3)中途休息时,应小心将锯条从锯缝中取出,不可停放在锯缝里,以防锯条折断;重新锯削时,应将锯条缓慢拉动切入,再正常锯削。应尽量避免在旧锯缝中换新锯条,若新锯条无法切入旧锯缝,可用楔块将锯缝胀大或重新换方向起锯。

(4)若因材料黏性大或其他原因使锯削阻力增大、锯削困难,应放慢锯速、减小压力或单手拉锯,将锯缝粘连的铁屑排尽,使锯缝扩宽,然后正常锯削。

六、凸台斜面配作锯削加工分析

凹件与凸件在配作前要去除多余材料,在锯削前需划出锯削加工线,并预留配作加工余量0.5 mm。在凹面和斜面部分,为方便锯削,需先钻孔,再按划线锯削多余材料。锯削加工路线如图1-3-6所示。

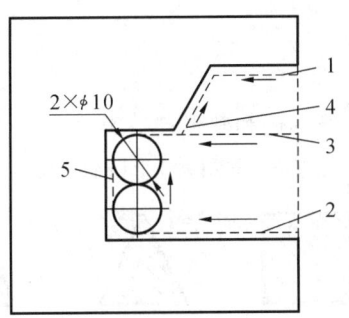

图1-3-6 凸台斜面配作锯削加工路线

工件为薄板类工件,选择锯条时,可选用细齿锯条。

课题二　锉　　削

一、锉削基础知识

用锉刀对工件表面进行切削加工的操作叫作锉削。锉削一般用于加工平面、曲面、内孔、沟槽等各种表面及零件的修配、装配调整。在模具制造过程中，无论机械化程度多么高，在模具的最后修配、装配和试调中，都需要人工修整，而锉削是其中重要的加工方法之一，是一项应用广泛、必须掌握的操作技能。

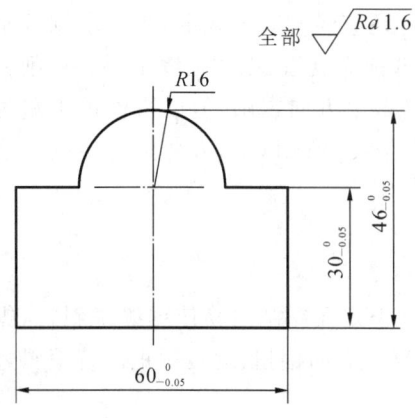

图 1-3-7　圆弧凸件

锉削不仅用于零件如圆弧凸件（见图 1-3-7）的加工，而且可用于去除工件的毛刺。锉削在样板制作中应用较多。

锉削加工的重点是平面与曲面的加工。锉削时较难掌握的是锉刀的平衡施力，在平面锉削过程中，锉刀不得有任何的摆动，这样才能保证工件表面质量要求。

二、锉刀概述

1.锉刀的构造

锉刀主要由锉身和锉柄组成。锉身的锉刀面是锉刀的切削加工部分，锉齿有剁齿和铣齿两种，它们的区别是后角不同，剁齿的后角大于 $90°$，铣齿的后角小于 $90°$。

锉齿的排列图案即锉纹分单齿纹和双齿纹两种。单齿纹即一个方向的齿纹，多用于铣齿，用于锉削较软的材料；双齿纹指交叉排列的齿纹，多用于剁齿，用于锉削稍硬的材料。

有的锉刀两个侧面都没有锉纹，但有的锉刀其中一个侧面有锉纹，另一个侧面没有锉纹（称为光边），这主要是为了用它锉内直角的一个面时，不会锉伤直角的另一个面。

锉刀由碳素工具钢制成，经热处理后硬度达到 $62\sim67$ HRC。用锉刀锉削时，每个锉齿相当于一把錾子，对金属表面进行切削。

2.锉刀的分类及选择

1）按锉刀的用途分类

锉刀按其用途分为普通锉、异形锉和整形锉三类。

（1）普通锉按形状分为平锉、方锉、三角锉、半圆锉、圆锉，如图 1-3-8 所示。

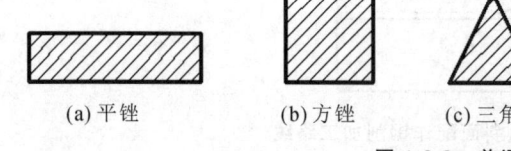

| (a)平锉 | (b)方锉 | (c)三角锉 | (d)半圆锉 | (e)圆锉 |

图 1-3-8　普通锉

平锉：主要用于锉削平面、球面等。

方锉：主要用于锉削方孔、沟槽、直角面等。

三角锉：主要用于锉削内角、孔、沟槽等。

半圆锉：主要用于锉削内孔、弧面。

圆锉：主要用于锉削内孔、弧面。

（2）异形锉（见图1-3-9）按形状分为刀口形锉、菱形锉、扁三角形锉、椭圆形锉、圆肚形锉等。它主要用于特殊型面的锉削加工。

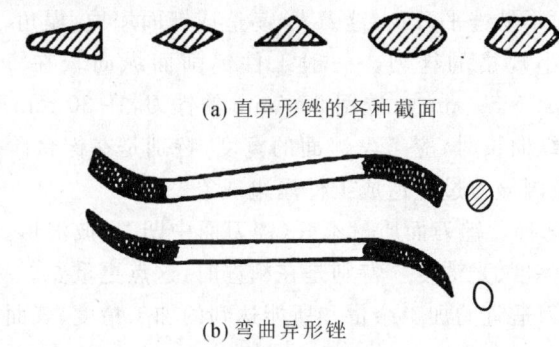

(a) 直异形锉的各种截面

(b) 弯曲异形锉

图1-3-9　异形锉

（3）整形锉又叫作什锦锉或组锉，主要用于修整工件的细微处或制作样板。它通常以形状各异的5把、6把、8把、10把或12把为一组。图1-3-10所示为6把整形锉为一组。

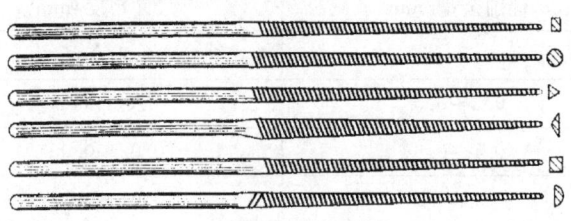

图1-3-10　整形锉

2）按锉刀的规格分类

锉刀的规格分为尺寸规格、齿纹的粗细规格两类。

（1）锉刀的长度规格有100 mm、150 mm、200 mm、250 mm、300 mm、350 mm、400 mm等。

（2）锉刀按齿纹的粗细规格（以锉刀每10 mm轴向长度内的主锉纹条数来表示）分为以下几类。

① 粗齿锉：常用于加工较软钢材、有色金属及加工余量较大时的粗加工。

② 中齿锉：常用于加工稍硬钢材、铸铁、加工余量较小而精度要求较高的工件。

③ 细齿锉：常用于加工稍硬钢材、铸铁、加工余量较小的精加工和表面粗糙度值小的工件和精加工。

④ 油光锉：用于工件表面最后的修光及装配时的修整。

3）锉刀的选择

每种锉刀都有它的适用范围，应根据被锉削表面的形状、加工要求、材质等合理选用锉刀。选择锉刀应注意以下几个方面。

（1）锉刀锉齿粗细转换的选择。加工余量大、加工精度高时，用粗齿锉进行大余量加工后，在什么时候更换细齿锉是关键，过早更换细齿锉会造成加工时间长；反之，过迟更换细齿锉会造成表面粗糙度达不到要求。在实际加工中每人所留的精锉加工余量是不同的,这主要取决于粗锉加工后工件表面平整情况和加工人员锉削水平的高低,工件表面粗糙、个人锉削水平低,精锉加工余量应多留;反之,则应少留。

(2)锉削时锉刀规格的选用。这主要按工件锉削面的大小、长短确定。工件接近精度要求时,若工件的锉削面大,选大规格的锉刀;反之,选小规格的锉刀。面大锉刀小,锉削时锉刀左右平移量大,锉面不易锉平;面小锉刀大,易造成锉面塌边、塌角。锉削面纵向长时选大规格的锉刀,反之选小规格的锉刀。一般工件锉削面纵向长在 50 mm 以上,选用长 300 mm 以上的锉刀,为 30~50 mm 可选用 250 mm 的锉刀,在 30 mm 以下可选用 200 mm 以下的锉刀。考虑锉面纵向长时,应考虑锉面的宽度,特别是在锉台阶面时,应尽量使用接近台阶宽度的锉刀,防止因锉刀过宽造成工件塌边现象。

(3)锉刀面质量的选择。锉刀面质量不好(锉刀面中凹、呈波浪形、扭曲、锉齿不均等),会影响工件加工面的平整度、光洁度。特别是在精锉时,这点更重要。

各种粗细规格的锉刀适宜的加工余量和所能达到的加工精度、表面粗糙度如表 1-3-1 所示,以供加工时参考。

表 1-3-1　锉刀齿纹的粗细规格选用

锉　　刀	适 用 场 合		
	锉削余量/mm	尺寸精度/mm	表面粗糙度/μm
粗齿锉	0.5~1	0.2~0.5	$Ra\,100\sim25$
中齿锉	0.2~0.5	0.05~0.2	$Ra\,25\sim6.3$
细齿锉	0.1~0.3	0.02~0.05	$Ra\,12.5\sim3.2$
双细齿锉	0.1~0.2	0.01~0.02	$Ra\,6.3\sim1.6$
油光锉	0.1 以下	0.01	$Ra\,1.6\sim0.8$

三、锉刀的装拆、锉刀的握法、锉削姿势、锉削的压力与速度

1.锉刀的装拆

安装时,一手持握锉柄,将锉刀尾尖端插入锉柄,然后将锉柄在铁砧上顿牢;退下时,左手握住锉柄,右手捏住锉刀前端,在铁砧边角处,横拉锉刀使锉柄上的铁箍与铁砧边相撞即可退下,如图 1-3-11 所示。

2.锉刀的握法

以锉柄顶端抵住右手掌心,随即大拇指压在锉柄的正前方,其余四指收拢紧握锉柄;左手大拇指根部压在锉刀前端,其余四指自然弯曲,如图 1-3-12 所示。这种握法适用于较大规格的板锉。

使用横推锉法锉窄长面时,锉刀横放在工件上,两手左右握住锉刀,大拇指抵住锉刀侧面,前推后回进行锉削,握住锉刀两手之间的距离尽量小,如图 1-3-13 所示,以保持锉刀更平稳,锉削时注意平衡力均匀。

较小规格的锉刀右手握法不变,左手食指、中指、无名指与大拇指捏住锉刀头部,如图 1-3-14(a)所示。

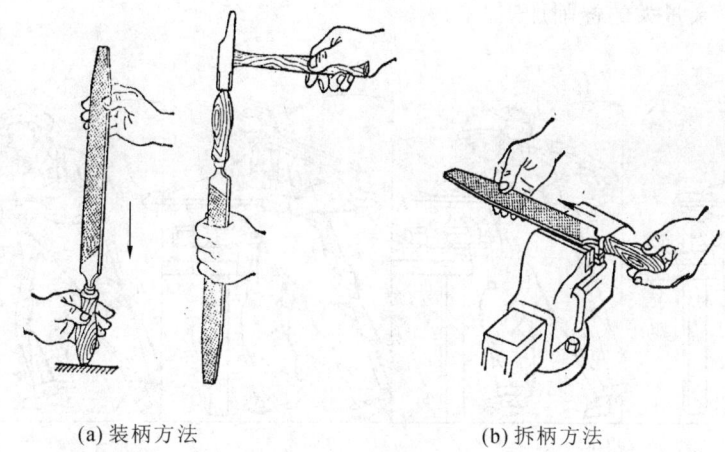

(a) 装柄方法   (b) 拆柄方法

图 1-3-11 锉刀柄的装拆

也可根据工件表面锉削面选择不同的握法,如锉削窄长轴向面时,右手仍然不变,左手大拇指与四指呈八字形压住锉刀前端。

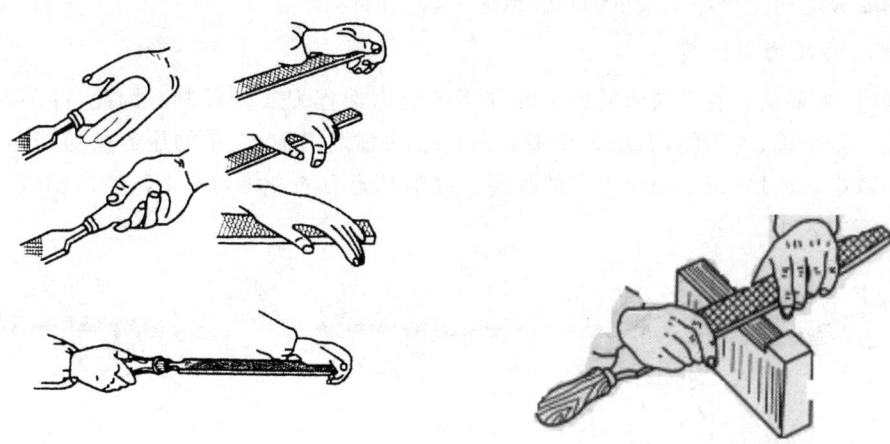

图 1-3-12 锉刀的握法   **图 1-3-13 推锉的握法**

小型锉也可采用掰锉法,右手握法与前所述相同,左手大拇指压在锉刀前端上面,四指向下回扣,如图 1-3-14(b) 所示。

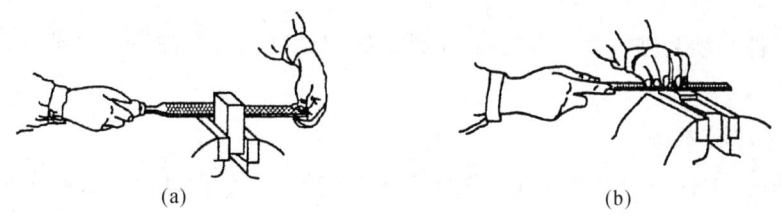

(a)   (b)

图 1-3-14 小型锉的握法

3. 锉削姿势

锉削的站立姿势与锯削相似,双手持锉刀放在工件上,右小臂与锉刀平行成直线,且靠近体侧,上体略向前俯倾,双臂用力,借全身力量推动锉刀锉削,如图 1-3-15 所示。这种锉削姿势适用于加工余量大的锉削加工。

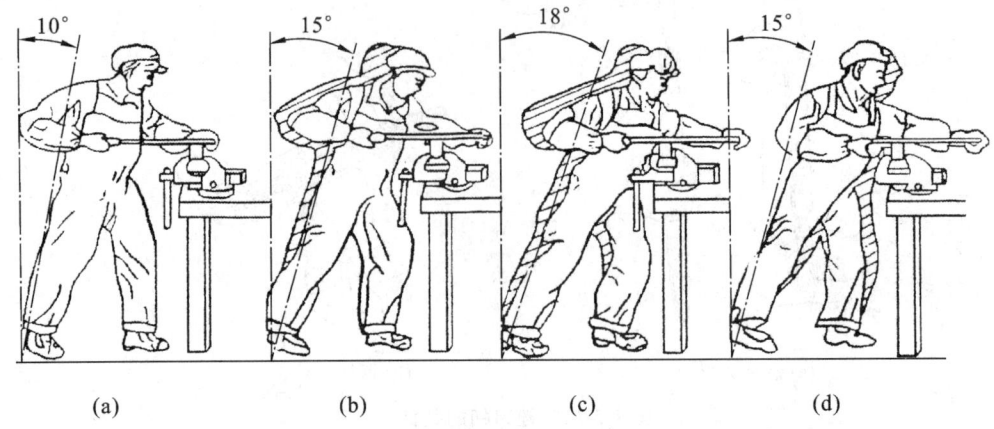

图 1-3-15 锉削时的整体姿势

使用展臂法锉削时,右胳膊的大小手臂呈 V 字形,手腕部与锉刀成直线,身体略前倾。这种锉削姿势适用于小加工余量的精锉或速度较快的修锉。

4.锉削的压力与速度

锉削时,主要是靠右手向前的推力和向下的压力使锉刀实现锉削。因此,锉削时,右手向前的推力是平稳、均匀的,而压力要随着向前推动逐渐增加;左手的压力则随着锉刀向前推动逐渐减小。回程时,不加压力自然收回。锉削时施力的变化如图 1-3-16 所示(箭头长短不同表示施力大小不同)。

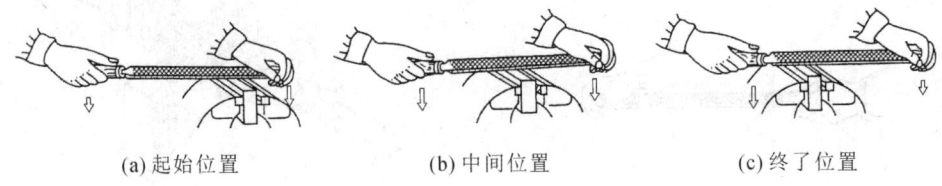

(a) 起始位置　　　　　(b) 中间位置　　　　　(c) 终了位置

图 1-3-16 锉削时施力的变化

锉削速度一般应控制在 50 次/分左右,推出时速度稍慢,回程时稍快,动作自然协调。

四、锉削方法

锉削时工件必须装夹牢固。装夹时,工件的锉削面必须与台虎钳钳口平行,且伸出钳口约 20 mm 为宜。

1.平面的锉削方法

锉削平面时,工件与锉刀必须在一个水平面上,锉刀向前推动时作直线匀速运动,锉削方法如下。

(1)顺向锉法,如图 1-3-17(a)所示,锉刀运动方向与工件夹持方向一致,若锉削面较宽,锉刀在回程时向横向方向作适当的移动。这是锉削最常用的一种方法,适用于精锉。

(2)交叉锉法,如图 1-3-17(b)所示,锉刀运动方向与工件夹持方向约成 45°角,锉纹交叉。由于锉刀与工件的接触面大,锉削量也大,交叉锉法适用于材料的粗加工。

（3）推锉法,如图 1-3-17(c)所示,用两手对称横握锉刀,用大拇指推动锉刀顺着工件长度方向进行锉削。此法一般用来锉削狭长平面。

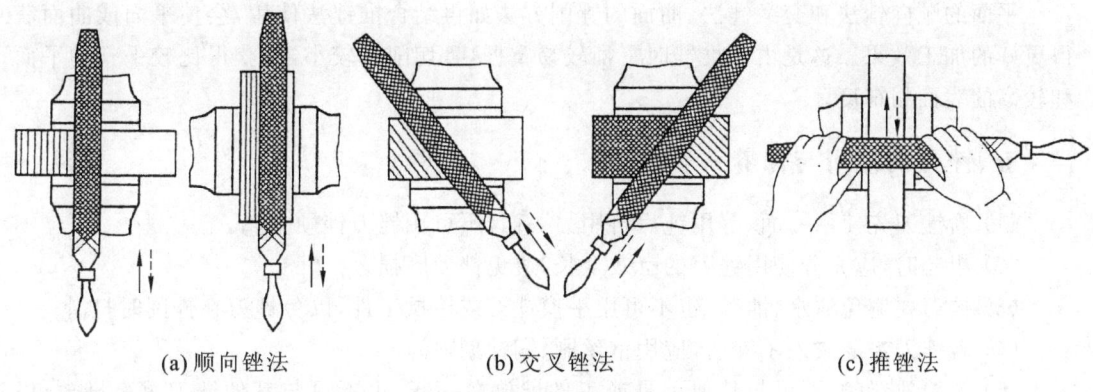

(a) 顺向锉法   (b) 交叉锉法   (c) 推锉法

图 1-3-17 平面的锉削方法

2.弧面的锉削方法

弧面的锉削方法与平面的锉削方法有显著的不同:弧面锉削要求锉刀上下晃动,而平面锉削要求锉刀十分平稳、不能晃动;弧面锉削时锉刀可以同时作横向移动,而平面锉削时锉刀只能在回程时作横向小幅移动。弧面的锉削方法如图 1-3-18 所示。

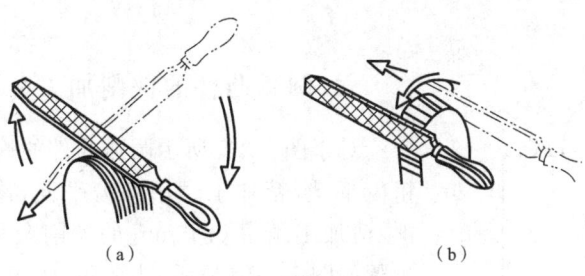

(a)   (b)

图 1-3-18 弧面的锉削方法

（1）外圆弧面的锉削方法。锉削外圆弧面一般使用平面锉刀,锉削时有两种方法:一种是顺着外圆弧面晃动锉削,即锉削时,锉刀向前,右手下压,左手握住锉刀的前端上翘,然后右手上提回程,这种方法适用于工件的精加工;另一种是横着外圆弧面锉,即锉削时,锉刀作直线运动的同时作横向移动,这种锉削方法适用于工件的粗加工。

（2）内圆弧面的锉削方法。锉削内圆弧面应根据弧面的大小选择锉刀,圆弧半径小选用圆锉,圆弧半径大则选用半圆锉。锉削时,锉刀作直线向前运动,并随着弧面向左或向右移动,同时锉刀围绕其中心线运动,从而保证弧面光滑、平整。

精锉内圆弧面时,也可采用推锉法。

（3）球面的锉削方法。锉削球面时,可参照外圆弧面的锉削方法,但同时要在多个方向锉削,以锉出所要求的球面。

3.平面与曲面的连接方法

对于同时具有平面与弧面的工件,一般应先加工曲面,然后加工平面。这是因为,如果先加工平面,锉刀侧刃在平面与弧面的连接处锉削时会破坏弧面,或是锉削平面时,因无法准确判断曲面与平面相切的地方而伤及曲面,先锉削曲面,使曲线清晰,当加工平面时便于掌握锉刀、不致损伤曲面。

4.推锉法的使用

平面的顺向锉法和交叉锉法、曲面的锉削方法如再结合推锉法使用,会使平面或曲面获得更好的加工效果。这是由于推锉时平衡较易掌握,且切削量较小,能获得比较平整的平面和较高的表面粗糙度。

五、锉刀的使用与保养

(1)新锉刀先使用一面,等用钝后再用另一面,不可用锉刀锉硬金属。

(2)粗锉时,应充分使用锉刀的有效全长,避免锉刀磨损。

(3)锉刀要避免沾水、油等,也不可用手摸锉刀或擦拭工件,以免锉刀在锉削时打滑。

(4)若锉刀齿缝嵌入了锉屑,应用钢丝刷、铜针剔除。

(5)锉刀放置时,不可与其他工具或工件堆放在一起,也不可与其他锉刀重叠堆放,以免损伤锉齿。放在钳台桌上的锉刀,锉柄不可露出钳台桌外,以免掉下伤人。

(6)没有装锉柄的锉刀或锉柄已裂开的锉刀不可使用。

(7)不准用嘴吹锉屑,以免锉屑飞入眼睛,应用毛刷清理锉屑。

(8)锉刀不可当作撬棍用、不可用于敲击,以防折断。

(9)使用小型锉或什锦锉时,不可用力过猛,以防折断。

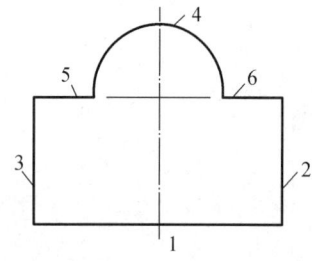

图 1-3-19　圆弧凸件的锉削步骤

六、圆弧凸件的锉削加工分析

对于图 1-3-7 所示圆弧凸件的锉削加工,粗加工时用粗齿平锉,精加工时用细齿平锉,修整和清角时用整形锉,精加工预留 0.1 mm 的锉削余量。圆弧凸件的锉削步骤如图 1-3-19 所示,主要包括:第一步,锉削基准面 1,保证精度要求;第二步,以平面 1 为基准,锉削工件的侧平面 2、3,达精度要求;第三步,以平面 1 为基准,锉削圆弧面 4,用 R 规检查圆弧,达精度要求;第四步,锉削平面 5、6,保证尺寸精度。

课题三　锉　　配

一、锉配基础

锉配主要是样板制作的加工工艺。角度板锉配如图 1-3-20 所示,其中件 1 与件 2 配合表面的配合间隙均小于 0.1 mm。

锉配加工的重点是凹件与凸件的配合间隙要符合图样的技术要求。锉配加工时,要掌握配合间隙加工技巧,要用基准件去配作配合件。在制作过程中,要不断地修整、测量、检查,直至达到所要求的配合间隙值。锉配加工主要是训练操作人员保证工件间的配合间隙的加工技巧、工序的合理安排能力和工艺的合理操作技能。锉配加工时,一般先加工凸件,然后以凸件为标准去配作凹件。

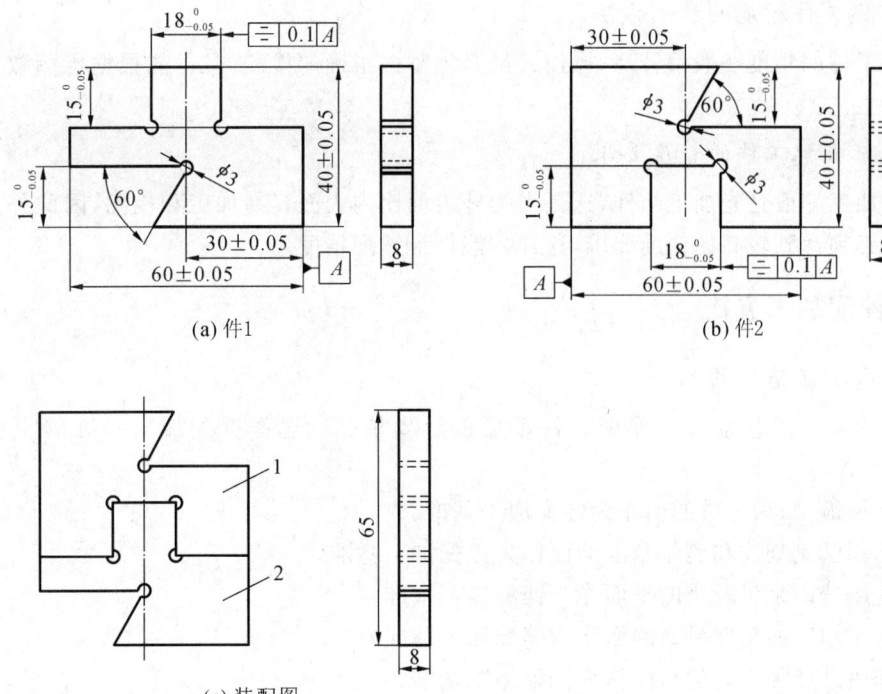

(a) 件1 (b) 件2

(c) 装配图

图 1-3-20 角度板锉配

二、锉配加工的要求

锉配加工要求操作人员必须已经具备一定的锉配技能,能够合理地选配工具、量具,合理地安排加工工序以及灵活地根据自身的操作特性采用有效的技巧,从而加工出合格的制件。

1.合理地选用锉刀

合理选用锉刀对保证锉削工件质量和锉削效率具有重要作用。锉刀要按工件锉削面的大小、长短确定,工件的锉削面较大、加工余量较大时,宜选用大规格的粗齿锉;反之,宜选用小规格的中齿锉。一般若工件锉削面纵向长在 50 mm 以上,可选用 300 mm 以上规格的锉刀;纵向长小于或等于 50 mm 的锉削面,可选用 250 mm 或更小规格的锉刀。粗、中齿锉一般用于粗加工,精加工必须使用细齿锉或什锦锉,但粗、细齿锉的转换要视工件表面粗糙度值的大小而定,若表面粗糙度值小,应在余量稍大时就更换细齿锉,否则会使工件表面粗糙度达不到要求。

2.合理地确定加工余量

加工余量应根据工件的精度要求、表面粗糙度及个人技能水平来确定,一般在 0.5 mm 左右,如果尺寸精度高、表面粗糙度值小,则加工顺序应为粗加工、半精加工、精加工,这时的精加工余量应为 0.1~0.05 mm。

3.具有一定的计算能力

锉配加工时,有时涉及角度运算、辅助测量数据计算等,这就要求操作人员具备一定的计算能力。

4. 掌握工件精度的检测方法

锉配工件的精度一般都较高,操作人员必须掌握正确的检测方法,能根据检测数据合理调整加工工艺。

5. 保证锉配工件的精度要求

锉配加工一般是先加工凸件,这是因为外表面比内表面容易加工和检测,因此外形基准面的加工必须达到较高的精度要求,这样才能保证锉配精度。

三、锉配加工方法

1. 锉配加工基准的确定

合理的加工工艺基准是保证工件精度的重要依据。选择锉配加工基准的主要原则如下。

① 选用最大、最平整的面作为锉配加工基准。

② 选用已是划线和测量基准的面作为锉配加工基准。

③ 选用锉削余量较小的平面作为锉配加工基准。

④ 选用加工面精度最高的面作为锉配加工基准。

⑤ 选用已经加工好的平面作为锉配加工基准。

2. 按锉配加工基准划加工轮廓线

锉配的划线主要是作为粗锉削时的依据,有了明确的加工界限,粗锉削可以大胆地进行,但半精锉削或精锉削时,尺寸界线只能作为一个参考线,最终的精度要求是通过检测来达到的。

3. 锉削步骤的确定

锉削步骤要根据工件的结构特点进行合理的安排,这样才能加工出合格的工件。

4. 精锉削时的配合修锉

精锉削在加工余量非常小的情况下进行,应选用 250 mm 以下的中平锉或什锦锉。配合修锉时,可通过光隙法和涂色显点法来确定修锉的部位和余量,逐步达到配合要求。

四、角度板锉配分析

角度板材料厚度为 8 mm,属窄小面锉削,选用中、小型锉和整形锉进行粗、精锉削,并保证与大平面垂直,这样才能达到配合精度;必须先锉削工件外形尺寸至精度要求后,才能划全部加工线,并钻削完各部位工艺孔,再开始其他平面的锉削;要保证对称度要求,件 1 凸形面加工时只能先去掉一端的角料,待加工至要求后再去除另一端的角料至加工要求,凸形面加工完成后,才能去除 60° 角度余料,并进行角度加工。工件对称度与中心距精度的计算与检测方法可参照前述圆弧凸件,用类似方式锉削件 2 凹形面与角度。

凹凸锉配时,应按已加工好的凸形面先锉配凹形两侧面,后锉配凹形端面。锉配时一般不再加工凸形面,否则,会失去精度而无基准,使锉配加工难以进行。

因为采用间接方法来检测工件尺寸是否达到要求,故必须进行正确的换算和测量,以保证达到实际所要求的精度。

◀ 项目四 孔 加 工 ▶

教学目的和要求

(1) 掌握钻孔、扩孔、铰孔和锪孔技术。

(2) 掌握攻螺纹、套螺纹技术。

(3) 掌握相关切削参数的计算。

课题一 钻 削 加 工

一、钻削相关知识

用钻头在实体材料上加工出孔的操作称为钻孔。钻孔的标准公差等级一般为IT10～IT11,表面粗糙度 $Ra \leqslant 3.2\ \mu m$,故加工精度不高。

零件的连接、定位、固定或传动等都离不开孔系的加工。孔加工主要包括钻孔、扩孔、锪孔、铰孔、攻螺纹、套螺纹。

孔加工在零件加工中十分常见,孔的加工质量是零件质量的重要保证,也是决定机构能否正常运行的关键因素。因此,孔加工是模具钳工必须掌握的技能之一。

图1-4-1所示为转动配合组合加工件。它涉及各种形式的孔的加工,最后由螺钉与销连接成组合件。根据图样中孔的精度要求,进行一系列的孔的加工。

孔加工之前,必须划线并打样冲眼。钻削加工的步骤如下:先完成左右两个导板的底孔钻削加工,再与底板配合钻孔,以保证孔的同轴度;用锪孔钻(可用修磨过的麻花钻头代替)锪孔,达尺寸要求;导板与底板上销孔(注意留铰削余量)钻好后,用$\phi 6H7$铰刀铰削加工;对于底板上的螺纹孔,先钻螺纹底孔,再用M6丝锥攻螺纹。这样,孔的加工就完成了,最后按技术要求装配组合。该转动配合组合加工件的技术要求是:件1与件2的配合间隙小于或等于0.04 mm;件3转位90°、180°、270°后仍能与件2保持配合间隙小于或等于0.04 mm。

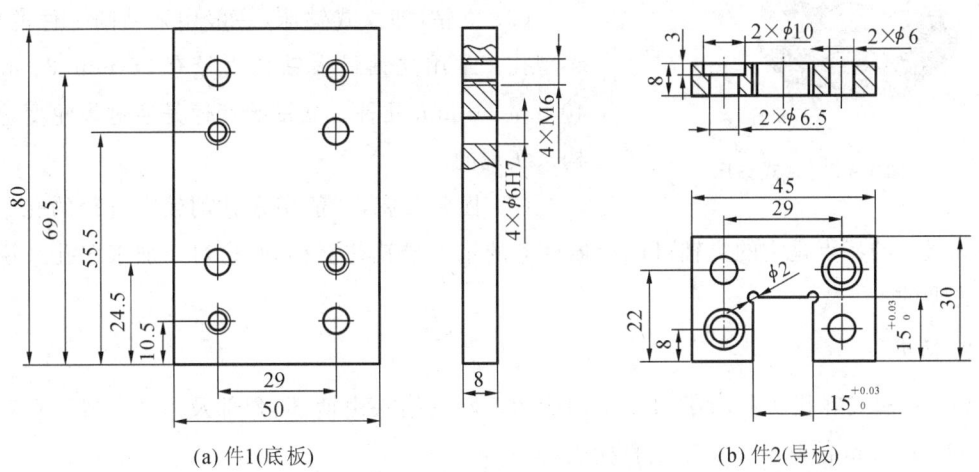

(a) 件1(底板)　　　　　　　　　(b) 件2(导板)

图 1-4-1　转动配合组合加工件

1—底板;2—导板;3—十字板;4—螺钉;5—销

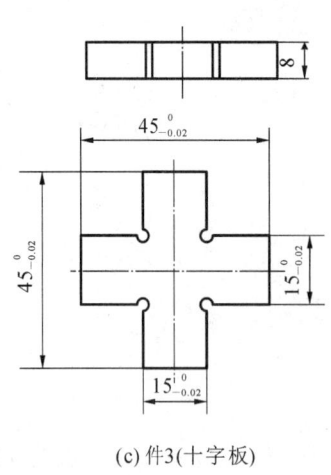

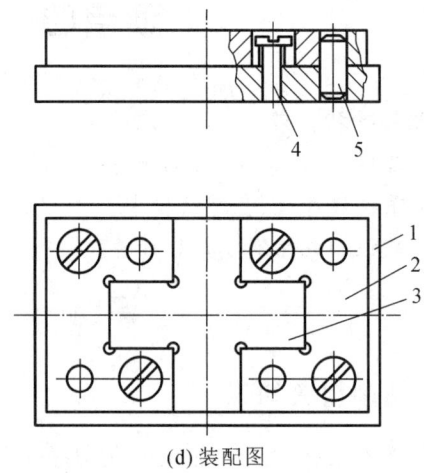

(c) 件3(十字板)　　　　　　　　(d) 装配图

续图 1-4-1

钻削加工的重点是保证钻具切削部分的几何角度及合理地选用切削用量。钻削加工时,一定要装夹牢靠,控制好切削速度、进给量,从而保证加工质量。

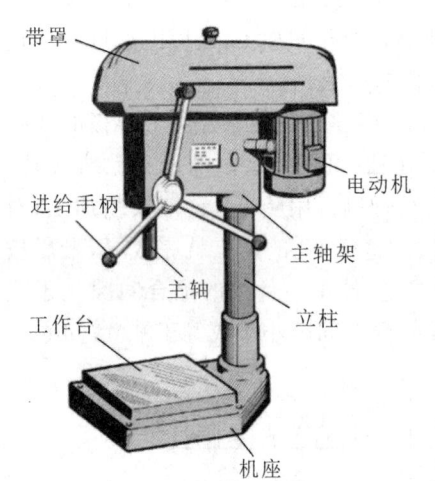

图 1-4-2　台式钻床

二、钻削设备和工具

1. 钻床

(1) 台钻,即台式钻床,如图 1-4-2 所示,是一种小型钻床,一般用来加工直径 $D \leqslant 12$ mm 的孔。台钻的变速是通过改变 V 形带在两个塔轮轮槽的位置来实现的,钻孔时主轴作顺时针旋转,变速必须停车进行。

(2) 立钻,即立式钻床,一般用来钻削工件的中、小型孔。常用立钻最大钻孔直径有 25 mm、35 mm、40 mm、50 mm 几种。立钻的变速是通过齿轮变速机构来实现的。

(3) 摇臂钻床,一般用来钻削较大直径的孔。摇臂钻床最大的特点是它的主轴可以沿摇臂上的水平导轨往复移动,这对于加工多孔来说是非常方便的。

2. 钻头

(1) 直柄式麻花钻头,如图 1-4-3(a)所示。麻花钻头由柄部、颈部及刀体组成。一般将直径 $D \leqslant 13$ mm 的麻花钻头制成直柄式。

(2) 锥柄式麻花钻头,如图 1-4-3(b)所示。直径 $D > 13$ mm 的麻花钻头制成锥柄式。锥柄麻花钻头用专用钻套装夹。

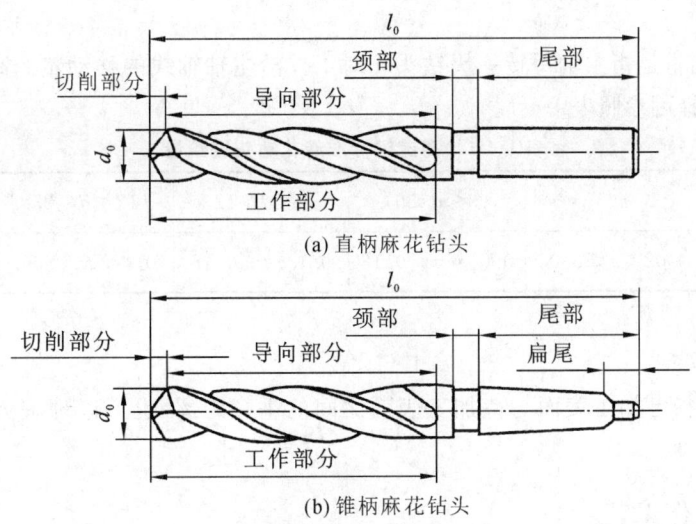

(a) 直柄麻花钻头

(b) 锥柄麻花钻头

图 1-4-3　麻花钻头

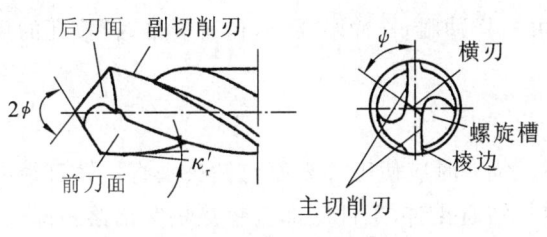

图 1-4-4　麻花钻头的切削部分

（3）标准麻花钻头的切削角度。麻花钻头的切削部分如图 1-4-4 所示,它的两个螺旋槽表面称为前刀面,切屑由此排出。切削部分顶端的两个曲面称后刀面,它与工件的切削表面相对。棱边是与已加工表面相对的表面,称为副后刀面。前刀面和后刀面的交线称为主切削刃,两个后刀面的交线称为横刃,前刀面与副后刀面的交线称为副切削刃。标准麻花钻头即由五刃(两条主切削刃、两条副切削刃和一条横刃)和六面(两个前刀面、两个后刀面和两个副后刀面)组成。

标准麻花钻头的顶角 2ϕ 为 $118°\pm2°$,外缘处的后角一般为 $10°\sim20°$,横刃斜角 ψ 为 $55°$。

三、钻削用量的选择

为使加工的孔达到精度要求、表面粗糙度要求及防止钻头折断,保证良好的生产效率,在机床允许的功率条件下,在刀具、工件允许的强度、刚度范围内,必须合理地选择钻削用量。钻削用量的选择是孔加工的关键因素。

钻削用量包括切削速度、进给量和切削深度三个要素。

1.切削速度 v

切削速度 v(单位为米/分,m/min)是指钻孔时钻头直径上某一点的线速度。

$$v = \frac{\pi dn}{1\,000}$$

式中:d——钻头直径,mm;

n——钻床主轴转速,r/min。

切削速度的选择:当工件材料的强度与硬度较高时取较小的切削速度;当孔径较小时切削速度取较小值,孔径越大切削速度越大。

2. 进给量 f

在这里,进给量是指主轴每转一周钻头相对工件沿主轴轴线的移动量。高速钢标准麻花钻头进给量的选择可参照表 1-4-1。

表 1-4-1 高速钢标准麻花钻头进给量

钻头直径 d/mm	<3	$3{\leqslant}d<6$	$6<d{\leqslant}12$	$12<d{\leqslant}25$	$d>25$
进给量 f/(mm/r)	$0.02<f{\leqslant}0.05$	$0.05<f{\leqslant}0.18$	$0.1<f{\leqslant}0.18$	$0.1<f{\leqslant}0.38$	$0.38<f{\leqslant}0.62$

3. 切削深度 s

切削深度是指已加工表面与待加工表面之间的垂直距离,也可以理解为一次走刀所能切下的金属层厚度。

四、钻削操作工艺

1. 工件的划线

按钻孔的位置要求,划出孔位的中心线并打样冲眼,样冲眼要小,位置要准,再按孔的尺寸划出圆周线。

2. 工件的装夹

(1) 平正工件的装夹。使用平口钳装夹。装夹时应使工件表面与钻头垂直。钻直径大于 10 mm 的孔时,必须用压板将平口钳固定。钻通孔时,工件底部应垫垫块空出落钻部位,避免钻坏平口钳。

(2) 圆柱形工件的装夹。使用 V 形铁装夹。装夹时应使钻头轴心线与 V 形铁两斜面对称安置工件,以使钻出的孔的中心线通过工件轴心线。钻较大的孔时,应选用带夹持弓形架的 V 形铁将工件压紧。

(3) 较大孔径工件的装夹。使用 T 形螺母压板、垫铁等将工件压紧在钻床工作台上。

(4) 底面不平或基准面为侧面的工件的装夹。使用角铁装夹。为平衡钻孔时的轴向力,角铁必须用压板固定在钻床工作台上。

3. 起钻

先使钻头对准钻孔中心样冲眼起钻出一浅坑,观察钻孔位置是否准确。孔位置度要求高时,可使用中心钻起钻。

4. 手进给操作

起钻完成后,即可通过手进给完成钻孔。手进给时,进给力不应使钻头产生弯曲,尤其是钻小孔时,以免使钻孔轴线歪斜。钻小径孔或深孔时,进给力要小,并要经常退钻排屑,避免切屑堵塞而扭断钻头。孔将钻通时,也必须减小进给力,防止钻通时因进给量突然过大造成钻头折断或使工件随钻头转动而甩出造成事故。

5. 钻孔时的冷却

为了使钻头散热冷却,减少钻削时钻头与工件、切屑之间的摩擦,以及消除黏附在钻头和工件表面上的积屑瘤,从而降低切削抗力,提高钻头的耐用度和改善所加工孔的表面质量,钻孔时要加注切削液。

钻钢件时,可用3％～5％的乳化液或7％的硫化乳化液。

孔的精度要求较高和表面粗糙度值要求很小时,应选用主要起润滑作用的切削液,如菜油、猪油等。

在塑性、韧性较大的材料上钻孔时,要求加强润滑作用,在切削液中可加入适当的动物油和矿物油。

五、钻孔的安全知识

(1)钻孔前检查钻床的锁紧装置及调速装置是否良好。

(2)工作台面清洁干净,无刀具、量具及其他杂物。

(3)装卸或紧松钻头必须使用钥匙手柄或斜铁,不允许用手锤或其他工具敲打。

(4)启动钻床时,要检查床身上是否插有钥匙手柄或斜铁,必须将其拿下后才能启动钻床。

(5)操作者操作时要将工作服袖口扣好,女同志必须戴好工作帽。严禁戴手套或手握抹布钻孔。

(6)操作者的头部不得太靠近处于旋转状态下的钻床主轴。

(7)工件必须装夹牢固,一般不允许手握工件钻孔。

(8)使用毛刷清除切屑,不准用嘴吹切屑。

(9)停机后使用铁钩清除缠绕在钻头上的切屑。

(10)钻通孔时,应在工件下面垫垫块,防止钻坏工作台面;钻孔结束后,必须马上切断电源,并对钻床进行常规保养。

课题二 扩孔与锪孔

一、扩孔操作方法

用扩孔钻头或麻花钻头对工件上已有的孔进行扩大加工称为扩孔。扩孔后孔的公差等级可达 IT10～IT9 级,表面粗糙度值可达 $Ra12.5～3.2\ \mu m$。扩孔一般用于孔的半精加工和铰孔前的预加工。其操作步骤如下。

(1)钻头类型的选择。小批量的扩孔加工可使用麻花钻头,成批大量生产则使用扩孔钻头。

(2)切削用量的选择。

① 底孔直径 d。底孔直径为扩孔直径的 $0.5～0.7$。

② 背吃刀量 a_p。

$$a_p = \frac{1}{2}(D+d)$$

式中:D——扩孔后的直径,mm;

d——底孔直径,mm。

③ 切削速度 v。扩孔切削速度为钻孔切削速度的 $\frac{1}{2}$。

④ 进给量 f。扩孔进给量为钻孔进给量的 $1.5～2$ 倍。

（3）两次钻削。先用直径为 0.5～0.7 扩孔钻头直径的钻头钻出底孔，然后按上述方法选择切削用量，用扩孔钻头（或麻花钻头）进行扩孔。

二、锪孔操作方法

用锪钻将孔口表面加工成一定形状的孔或平面称为锪孔。锪孔加工形式如图 1-4-5 所示。

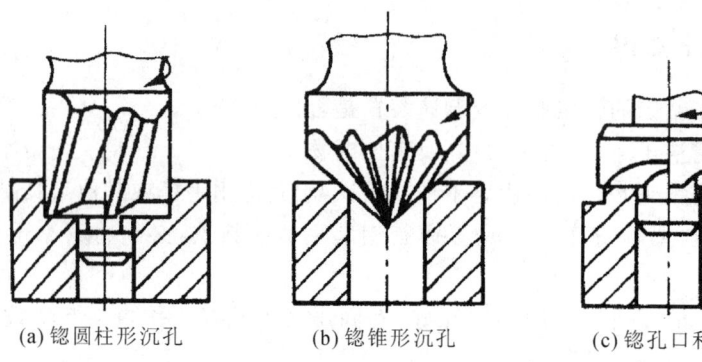

(a) 锪圆柱形沉孔　　　(b) 锪锥形沉孔　　　(c) 锪孔口和凸台

图 1-4-5　锪孔加工形式

1. 锪钻的种类及应用

柱形锪钻：用来加工圆柱形沉（埋头）孔的锪钻。

锥形锪钻：用来加工锥形埋头孔及倒角的锪钻。

端面锪钻：用来锪平孔口端面的锪钻。

2. 锪孔方法

与钻孔方法基本相同，但因加工面容易出现振痕，故在锪孔操作时应注意以下事项。

（1）锪孔时，进给量为钻孔进给量的 2～3 倍，切削速度为钻孔切削速度的 1/3～1/2。精锪孔时，可利用钻床停机后主轴的惯性来锪孔，以减少振动而获得光滑表面。

（2）尽量选用较短的麻花钻头来改制锪钻，并适当减小后角和外缘处前角，防止扎刀和振动。

（3）锪钻刀杆和刀片的装夹要牢固，工件夹持要稳定。

（4）锪孔至所需深度终点位置时，停止进给后，应使锪钻继续旋转几圈再退刀，以使加工面获得较好的形状精度。

（5）锪削钢件时，因切削热量较大，故应在导柱和切削表面加注切削液。

课题三　铰　　孔

用铰刀从工件孔壁上切除微量金属层，以提高其尺寸精度和降低表面粗糙度的方法称为铰孔。铰孔公差等级可达 IT9～IT7 级，表面粗糙度值可达 $Ra\ 1.6～0.4\ \mu m$。铰孔是对粗加工孔的精加工。

一、铰刀的种类及应用

铰刀按使用方法可分为手用铰刀和机用铰刀；按形状（或用途）可分为圆柱铰刀刀齿和圆锥铰刀；按结构可分为整体式铰刀和可调节式铰刀。

（1）整体式圆柱铰刀。整体式圆柱铰刀主要用来铰削标准直径系列的孔，分机用和手用两种。为了便于测量铰刀的直径,铰刀齿数多取偶数。手用整体式圆柱铰刀刀齿在刀体圆周上采用不等齿距分布形式。机用整体式圆柱铰刀刀齿则采用等齿距分布形式。等齿距分布的机用整体式圆柱铰刀在铰削过程中因刀齿所受的铰削阻力会发生周期性变化,使各齿在同一切削位置发生"弹性退让"现象,导致孔壁上出现纵向凹痕。不等齿距分布的手用整体式圆柱铰刀则无此现象,铰削时能得到较高的铰孔质量。

(2)手用可调节式铰刀。手用可调节式铰刀主要用于在单件生产和修配工作中铰削非标准孔。其加工孔径的范围为6~54 mm,直径的调节范围为0.5~10 mm。

(3)整体式圆锥铰刀。整体式圆锥铰刀用于铰削圆锥孔。常用的有以下四种。

① 1∶10整体式圆锥铰刀。1∶10整体式圆锥铰刀是用来铰削联轴器上与锥销配合的锥孔的铰刀。若锥度较大,加工余量大,铰削时切削力也较大。一般制成2~3把一套,其中一把是精铰刀,其余是粗铰刀。

② 1∶30整体式圆锥铰刀。1∶30整体式圆锥铰刀是用来铰削套式刀具上的锥孔的手用铰刀。它无粗、精之分,每组只有一把。

③ 1∶50整体式圆锥铰刀。1∶50整体式圆锥铰刀是用来铰削圆锥定位销孔的铰刀。

④ 莫氏整体式圆锥铰刀。莫氏整体式圆锥铰刀是用来铰削0~6号莫氏锥孔的铰刀。因锥度较大(近似1∶20),加工余量大,故制成2~3把一套。

(4)螺旋槽手用铰刀。螺旋槽手用铰刀用来铰削带有键槽的孔。铰刀刀体上螺旋槽的方向有左旋和右旋两种。用左螺旋槽手用铰刀切削时,左旋刀刃能使切屑向下排出,故左螺旋槽手用铰刀适用于铰削通孔;用右螺旋槽手用铰刀切削时,切屑向上排出,故右螺旋槽手用铰刀适用于铰削盲孔。

二、铰孔方法

1.铰削余量的确定

铰削余量指上道工序(钻孔或扩孔)完成后留下的加工余量。铰削余量应选择合适,一般情况下:对IT9~IT8级孔,可一次铰出;对IT7级孔,应分粗铰和精铰;对孔径较大($D>$20 mm)的孔,则要先钻孔,再扩孔,最后铰孔。铰削余量的选择如表1-4-2所示。

表1-4-2 铰削余量的选择

铰孔直径/mm	<5	6~20	21~32	33~50	51~70
铰削余量/mm	0.1~0.2	0.2~0.3	0.3	0.5	0.8

2.机铰铰削速度和进给量的选择

铰削速度和进给量过大或过小都将影响铰孔质量和铰刀使用寿命。

用高速钢铰刀铰削钢件时,铰削速度$v=4\sim8$ m/min,进给量f在0.5 mm/r左右;铰削铸铁件时,$v=6\sim8$ m/min,f在0.8 mm/r左右;铰削铜件时,$v=8\sim12$ m/min,f为1~1.2 mm/r。

3.铰孔操作方法及要点

(1)装夹。工件要找正、夹紧,较薄工件的装夹要合理适当,防止孔变形。

（2）起铰。手铰起铰时，可用右手通过铰孔轴线施加进刀压力，左手转动铰刀。正常铰削时，两手要用力均匀、平稳地转动铰刀，不得有侧向压力，同时适当加压，使铰刀均匀地进给，以保证铰刀正确引进和获得较小的表面粗糙度值，并避免孔口呈喇叭形或将孔径扩大。

（3）铰削过程。在铰削过程中或退出铰刀时，铰刀均不能反转，防止刃口磨钝以及切屑嵌入刀具后面与孔壁间，将孔壁划伤。

（4）机铰。机铰时，应将工件一次装夹进行钻、铰工作，以保证铰刀中心线与钻孔中心线一致。同时要先采用手动进给，在铰刀切削部分进入孔内后即可改用机动进给。机铰结束后，要在铰刀退出后再停机，防止孔壁拉出痕迹。

（5）铰削尺寸较小的圆锥孔。可先按小端直径并留取圆柱孔精铰余量钻出圆柱孔，再用圆锥铰刀铰削。铰削过程中，要经常用相配的圆锥销来检查铰孔尺寸，如图 1-4-6（a）所示。

（6）铰削尺寸较大的圆锥孔。对尺寸和深度较大的锥孔，为减小铰削余量，铰孔前应先钻出阶梯孔，如图 1-4-6（b）所示。

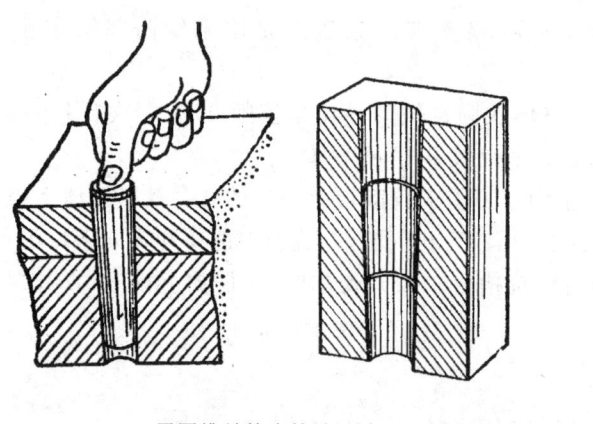
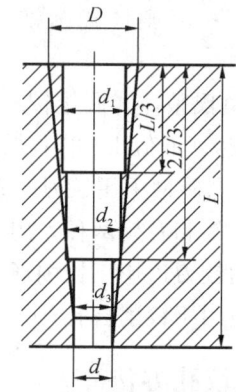

（a）用圆锥销检查铰孔尺寸　　　　　　（b）预钻的阶梯孔

图 1-4-6　圆锥孔的铰削

一般情况下，1∶50 圆锥孔钻两节阶梯孔；1∶10 圆锥孔、1∶30 圆锥孔、圆锥管螺纹底孔、莫氏圆锥孔钻三节阶梯孔。三节阶梯孔预钻孔直径的计算公式如表 1-4-3 所示。

表 1-4-3　三节阶梯孔预钻孔直径的计算公式

圆锥孔大端直径 D	$d+LC$
距上端面 $L/3$ 的阶梯孔直径 d_1	$d+\dfrac{2}{3}LC-\delta$
距上端面 $2L/3$ 的阶梯孔直径 d_2	$d+\dfrac{1}{3}LC-\delta$
距上端面 L 的孔径 d_3	$d-\delta$

注：d—圆锥孔小端直径，mm；L—圆锥孔长度，mm；C—圆锥孔锥度；δ—铰削余量，mm。

三节阶梯孔预钻孔按先钻出 d_3 孔，再钻出 d_2 孔，最后钻出 d_1 孔的步骤进行加工。加工出预钻孔后，用粗、精锥度铰刀铰削即可。铰削过程中，同样应注意用圆锥销检测、控制铰削尺寸。

（7）铰削时的切削液。铰削时，必须选用合适的切削液来减少摩擦并降低刀具和工件的温度，防止产生积屑瘤，并避免切屑细末黏附在铰刀刀刃上以及孔壁和铰刀的刃带之间，从而减小加工表面的表面粗糙度值与孔的扩大量。

课题四 攻螺纹与套螺纹

用丝锥加工出工件内螺纹的方法称为攻螺纹。用板牙在圆杆上切削出外螺纹的方法称为套螺纹。

一、攻螺纹操作的相关知识

1.攻螺纹的工具

丝锥是加工内螺纹的工具,有机用和手用两种,一般成组使用。普通三角螺纹丝锥中,M6～M24 的丝锥每组有两支;小于 M6 和大于 M24 的丝锥每组有三支。细牙螺纹丝锥不论大小均为两支一组。

成组丝锥中,对每支丝锥切削量的分配有两种形式,即锥形分配和柱形分配。

(1)锥形分配。锥形分配是指一组丝锥中,每支丝锥的大径、中径和小径都相等,只是切削部分的切削锥角及长度不等。

锥形分配切削量的丝锥也称为等径丝锥。当加工通孔螺纹时,只需使用头锥(头攻)一次切削即可攻制出符合要求的螺纹,二锥(二攻)、底锥(三攻)用得较少。

一般 M12 以下的丝锥采用锥形分配。由于头锥能一次攻制成形,攻制中头锥承受的负荷较大,头锥易磨损且攻制的螺纹的精度和表面粗糙度都较差。

(2)柱形分配。柱形分配是指一组丝锥中每支丝锥的大径、中径和小径都不相等,只有用底锥攻制后才能得到正确的螺纹直径。

柱形分配切削量的丝锥也称为不等径丝锥,其头锥、二锥的大径、中径和小径都比底锥小;头锥、二锥的中径一样,大径不一样,头锥的大径小,二锥的大径大。

一般大于或等于 M12 的手用丝锥采用柱形分配。采用柱形分配的丝锥,其切削量分配比较合理,每支丝锥磨损均匀,使用寿命较长,攻螺纹时较省力。

使用柱形分配的丝锥攻螺纹时要注意丝锥顺序不能搞错。

2.铰杠

铰杠是手工攻制螺纹时用来夹持丝锥的工具,有普通铰杠和丁字铰杠两类。丁字铰杠主要适用于攻制工件凸台旁的螺纹孔或机体内部的螺纹孔。各类铰杠又分为固定式和活络式两种。固定式铰杠常用于攻制 M5 以下的螺纹孔;活络式铰杠可以调节方孔尺寸,故应用范围较广。

3.攻螺纹前底孔直径和深度的确定

底孔直径的大小要根据工件的材料塑性大小以及螺纹直径的大小,查《机械工人切削手册》中的相应表格来选择和确定,也可按下列经验公式计算得出。

(1)钢和其他塑性较大及扩张量中等的韧性材料:

$$d_{底} = d - P$$

式中:$d_{底}$——底孔直径,mm;

d——螺纹大径,mm;

P——螺距,mm。

（2）铸铁和其他塑性较小及扩张量较小的脆性材料：

$$d_底 = d - (1.05 \sim 1.1)P$$

（3）不通孔（盲孔）螺纹底孔深度的确定。钻不通孔螺纹底孔时，由于丝锥切削部分带有锥角，不能攻制出完整的螺纹牙型，为保证螺纹的有效深度，所以底孔深度要大于所需的螺纹深度。底孔深度一般取为

$$L = l + 0.7d$$

式中：L——底孔深度，mm；

l——螺纹有效深度，mm；

d——螺纹大径，mm。

4.切削液的选用

攻制韧性材料的螺纹孔时，要加注切削液，以增加润滑性，减小切削阻力，提高螺纹的加工质量和延长丝锥的使用寿命。

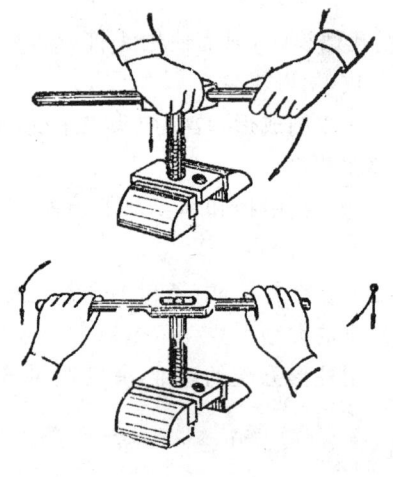

图 1-4-7　头锥起攻方法

二、攻螺纹操作步骤和方法

（1）划线。按图样要求划出螺纹大径圆周线和中心线，并在圆心及中心线与圆周交点处打样冲眼。

（2）钻出螺纹底孔。根据材料性质按公式确定出加工底孔用的钻头的直径，钻出螺纹底孔。

（3）倒角。在螺纹底孔的孔口倒角，倒角直径略大于螺纹大径，使丝锥易于切入。

（4）用头锥起攻。起攻时，要将头锥放正，然后用一手手掌按住铰杠中部沿头锥轴线施压，另一手配合作顺向旋进，如图 1-4-7 所示，或两手握住铰杠两端均匀施压并将头锥顺向旋进。在丝锥攻入 1～2 圈后，应不断从前后、左右两个方向观察或用直角尺检查头锥与孔端面的垂直情况，并不断校正至满足要求。

（5）自然旋进切削。当头锥的切削部分全部进入工件时，则不再施压，而靠头锥作自然旋进切削。此时两手旋转压力要均匀。在旋进 1/2～1 圈后，应倒转 1/4～1/3 圈来断切屑。攻制 M5 以下或塑性较大的材料、深孔时，每旋进 1/4 圈就要倒旋。

（6）用二锥续攻。头攻完成后，取出头锥，用二锥继续攻至标准尺寸。

（7）攻不通孔。加工前要在丝锥上做好深度标记并不断退出丝锥，清除孔内碎屑；当不便倒向清除碎屑时，可用小型弯曲管子吹出或用磁性针棒吸出碎屑。

（8）攻制韧性材料的螺纹孔时，要加注切削液。

三、套螺纹操作相关知识

1.常用的套螺纹工具

（1）板牙。板牙是加工外螺纹的标准工具，主要由切削部分、校准部分和排屑孔组成。板牙的种类有固定板牙、可调式板牙、活络管子板牙和圆锥管螺纹板牙。

（2）板牙架（铰杠）及应用。板牙架是装夹板牙的工具，一般分为圆板牙架、可调式板牙架和管子板牙架三种。

使用板牙架时，将板牙装入架内用紧定螺钉紧固后即可。可调式板牙装入架内后，旋转调整螺钉使刀刃接近坯料后使用。管子板牙架组装活络管子板牙时，应注意每组四块上的顺序标记，按板牙架上的标记依次装上后，扳动手柄调节切削量，然后进行套螺纹加工。

2.套螺纹螺杆直径的确定

套螺纹时，因其牙尖要受挤压而堆高，故螺杆直径应比螺纹大径小一些。

螺杆直径可用下列经验公式计算：

$$D = d - 0.13P$$

式中：D——螺杆直径，mm；

　　　d——螺纹外径（大径），mm；

　　　P——螺距，mm。

螺杆直径也可从相应手册中查表得出。

四、套螺纹操作步骤和方法

（1）装夹。用 V 形夹块或厚铜衬作衬垫将螺杆可靠夹紧，如图 1-4-8 所示。

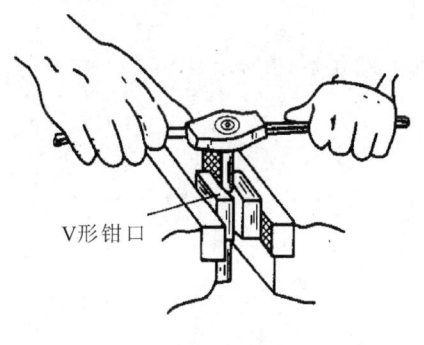
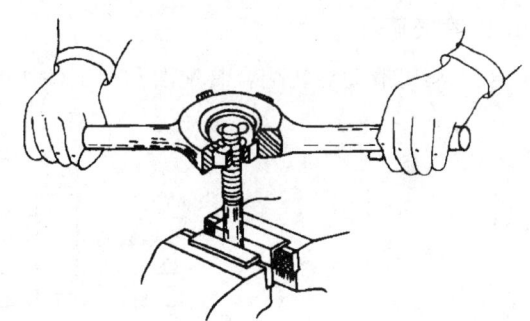

（a）V形钳口夹紧螺杆套螺纹　　　　　　（b）铜衬垫夹紧螺杆套螺纹

图 1-4-8　套螺纹操作

（2）倒角。将螺杆端部倒成锥半角为 15°～20° 的锥体，便于板牙的切入，如图 1-4-9 所示。

（3）起套。方法与攻螺纹一样。旋转切进时转动要慢，压力要大，并保证板牙端面与螺杆轴线的垂直度。板牙切入螺杆 2～3 牙时，应及时检查其垂直情况并进行校正。

（4）正常套螺纹。正常套螺纹时，不要加压，让板牙自然引进并经常倒转断屑。

（5）在钢件上套螺纹。注意要加注切削液。一般可用机油或较浓的乳化液做切削液。

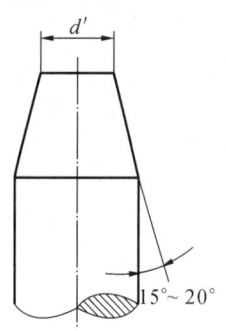

图 1-4-9　螺杆倒角

课题五 项目训练

螺纹孔零件加工材料如表 1-4-4 所示。

表 1-4-4 螺纹孔零件加工材料

名称		坯料规格/mm	材料	单位	数量	备注
燕尾滑动导轨	沉头螺钉	M5×10		个	2	外购
	圆柱销	φ8×30	45 号钢	个	1	外购或自备
	圆柱销	φ5×30	45 号钢	个	4	外购或自备
	左导板	22×62	Q235	块	1	
	梯形滑板	31.2×62	Q235	块	1	
	右导板	22×62	Q235	块	1	
	底 板	62×92	Q235	块	1	

1. 图纸资料

(1) 燕尾滑动导轨配合装配图和加工件如图 1-4-10～图 1-4-13 所示。

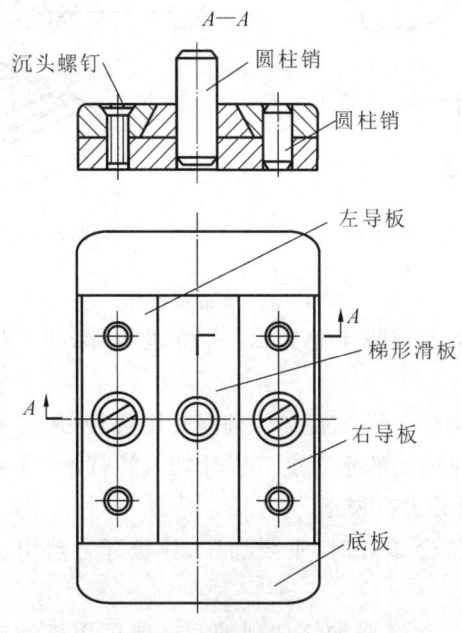

图 1-4-10 燕尾滑动导轨配合装配图

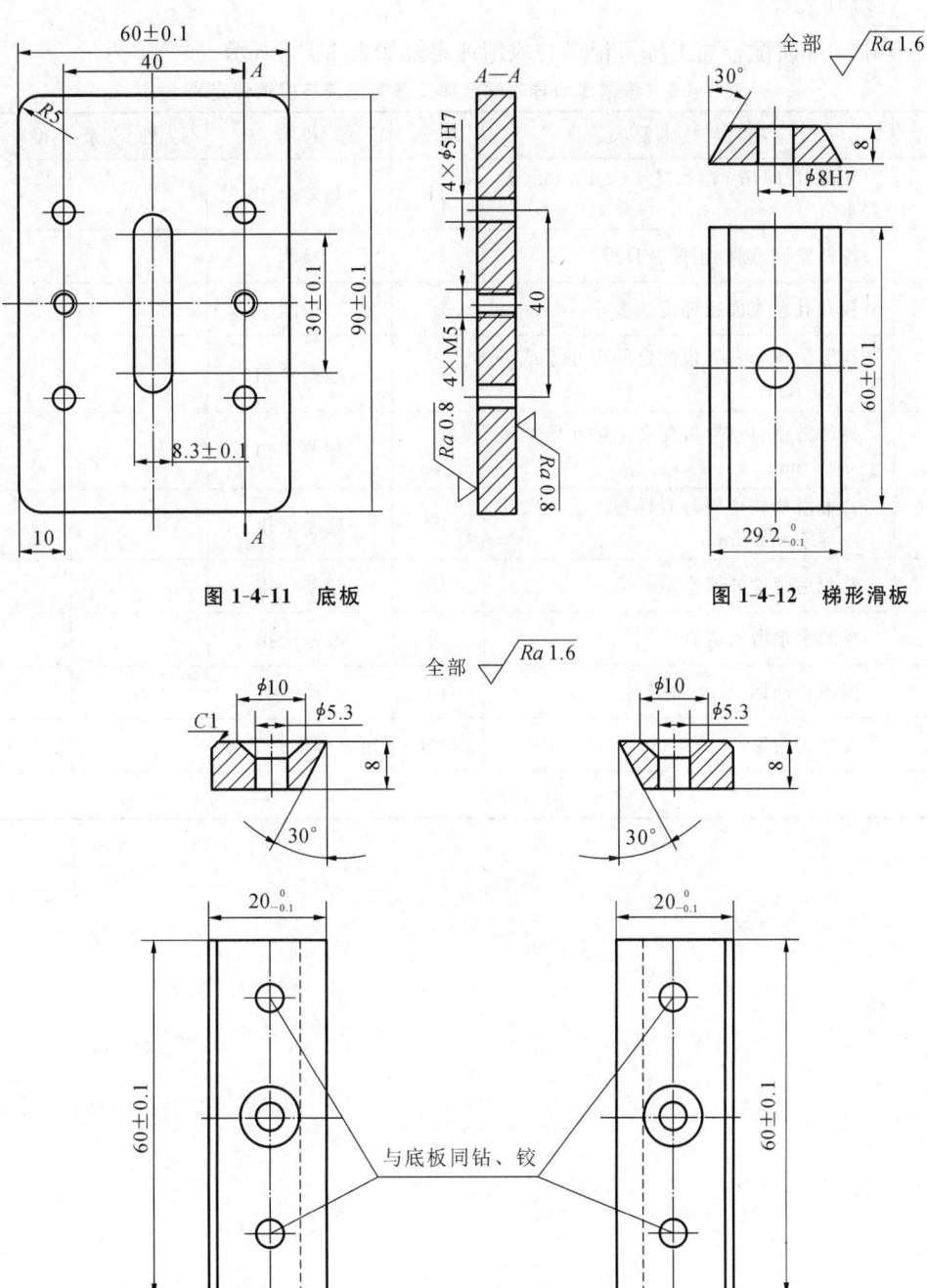

图 1-4-11 底板

图 1-4-12 梯形滑板

图 1-4-13 导板

2.燕尾滑动导轨配合加工步骤

(1) 对底板进行划线、钻孔达要求。

(2) 底板上的滑槽可用直径为 8 mm 的钻头排料,再用锉刀锉削达要求。

(3) 底板孔配钻,左、右导板孔配铰。

(4) 配合后达图样技术要求。

3.成绩评定

燕尾滑动导轨配合加工练习记录与成绩评定表如表1-4-5所示。

表1-4-5　燕尾滑动导轨配合加工练习记录与成绩评定表

项次	项目与技术要求	配分	评定方法	实测记录	得　分
1	底板上的滑槽（8.3±0.1）mm 达要求	15	超差全扣		
2	螺钉紧固,圆柱销配合良好	10	检测		
3	铰孔孔壁表面粗糙度达要求	10	检测		
4	梯形滑槽与右导板配合间隙小于或等于 0.04 mm	10	超差全扣		
5	梯形滑槽与左导板配合间隙小于或等于 0.04 mm	10	超差全扣		
6	梯形滑槽转位后与右导板配合间隙小于或等于 0.04 mm	10	超差全扣		
7	装配后工件外形平整	15	超差全扣		
8	梯形滑槽滑动适宜	10	超差全扣		
9	按图正确标记,文明实习	10	检测		
10	安全文明生产	扣分	违者每项扣 2 分		
总得分					

◀ 项目五 实 操 案 例 ▶

一、长方体制作

(1) 长方体制作要求如图 1-5-1 所示。

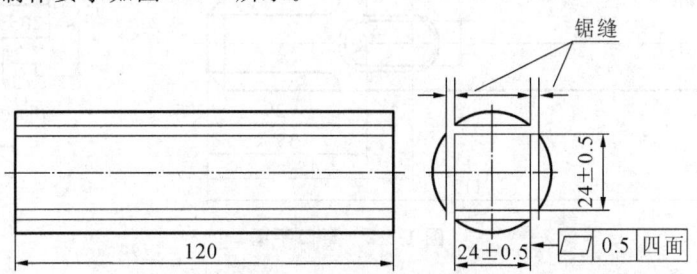

图 1-5-1 长方体制作要求

长方体制作材料准备如表 1-5-1 所示。

表 1-5-1 长方体制作材料准备

名称	坯料规格/mm	材 料	单位	数量	备 注
长方体	$\phi 35 \times 120$	45 号钢	根	2	为后续錾口手锤加工准备

(2) 长方体制作步骤如下。

① 按图样对两件长方体毛坯件进行划线(正方体划线训练时已划好),注意锯削线划2 mm宽。

② 锯削正方体四面,边长达到(24±0.5) mm,要求锯削面平整、无明显台阶、锯纹整齐。

(3) 练习成绩评定。

对实操人员在操作情况进行记录,并评定其成绩,完成表 1-5-2 的填写。

表 1-5-2 长方形制作练习记录与成绩评定表

项 次	项目与技术要求	配 分	评 定 方 法	实 测 记 录	得 分
1	边长达(24±0.5) mm	20	超差全扣		
2	四面平面度 0.5 mm	30	超差全扣		
3	表面纹路整齐	20	目测		
4	锯削姿势规范	20	目测		
5	遵守纪律,做到了安全实习	10	违者每次扣 2 分		
总得分					

二、手锤锉削加工

錾口手锤材料如表 1-5-3 所示。

表 1-5-3 錾口手锤材料

件号	名称	坯料规格/mm	材料	单位	数量	备注
1	錾口锤子	$120 \times 24 \times 24$	45 号钢	个	2	接上道工序
2	刀口尺	$100 \times 70 \times 6$	45 号钢	块	2	

（1）实习工件图如图 1-5-2 所示。

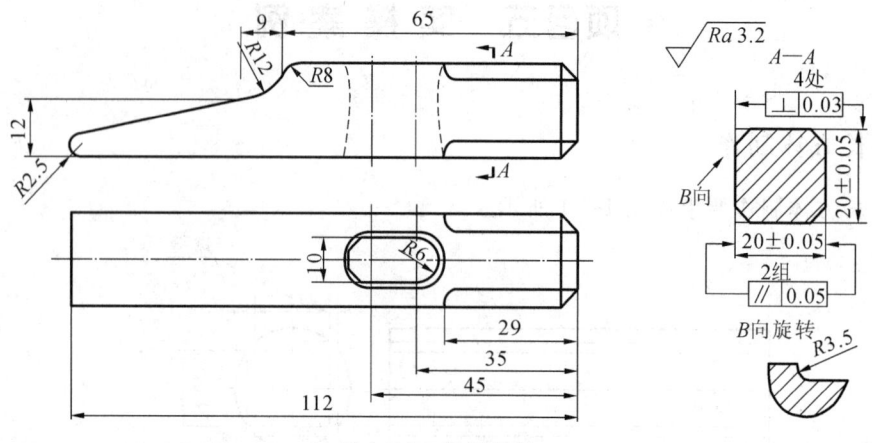

图 1-5-2　錾口手锤

（2）实习步骤。

① 接锯削上道工序，先锉削两互相垂直的平面，达平面度、垂直度要求。

② 用高度游标尺以锉好的两垂直平面为基准划线。

③ 锉削另外两个平面，成(20±0.05)mm×(20±0.05)mm 长方体，保证尺寸公差要求。

④ 以长面为基准，锉好其中一个端面，达到垂直度要求；再以此长面和端面为基准，用錾口榔头样板划出形体加工线（两面同时划出），并按图样划出倒角加工线。

⑤ 锉锤体倒角达到要求。注意：锉削倒角之前，应先锉 R3.5 mm 倒角圆弧，再按线锉削倒角，精锉时用推锉法修整。

⑥ 按图样划出腰孔加工线及钻孔检查线，用 ϕ9.8 mm 钻头钻孔。

⑦ 用圆锉锉通两孔，再与小平锉配合按要求锉腰孔。

⑧ 按划线用锯切割锤头多余部分，要留出锉削余量。

⑨ 用半圆锉按线粗锉 R12 mm 内圆弧面，用板锉粗锉斜面与 R8 mm 外圆弧面至划线处，后用细板锉锉斜面，用半圆锉细锉 R12 mm 内圆弧面，细板锉细锉 R8 mm 外圆弧面，最后用细板锉及半圆锉做推锉修整，保证各形面连接圆滑、光洁、纹理一致。

⑩ 锉 R2.5 mm 圆头，并保证工件总长度达要求。

⑪ 锤头倒角，用砂布将各加工面全部打光。

⑫ 将腰孔各面倒出 1 mm 弧形喇叭口，最后进行热处理淬硬。

（3）练习记录及成绩评定，填写表 1-5-4。

表 1-5-4　锉削练习记录与成绩评定表

项　次	项目与技术要求/mm	配　分	评定方法	实测记录	得　分
1	平面度(4 面)达到 0.04	10	超差全扣		
2	外形尺寸要求(2 处)达到 20±0.06	20	超差全扣		
3	垂直度(2 处)达到要求 0.04	16	超差全扣		
4	表面粗糙度(4 面)Ra1.6 μm	12	超差全扣		
5	锉纹整齐(4 面)	8	超差全扣		
6	锉削姿势正确	24	目测		
7	遵守纪律与安全实习	10	违者每次扣 2 分		
总得分					

三、三方、四方锉配与镶配

三方、四方锉配材料如表 1-5-5 所示。

表 1-5-5　三方、四方套锉配材料

项目	名　　称	坯料规格/mm	材料	单位	数　　量
1	三方、四方锉配件	118×72×7	Q235	套	1
2	四方、六方镶配件	115×87×10	Q235	套	1

1. 三方、四方锉配件

三方、四方锉配件如图 1-5-3 所示。其技术要求如下。

（1）件 1 与件 2、件 2 与件 3 之间的配合间隙小于或等于 0.04 mm。

（2）件 1 与件 2、件 2 与件 3 之间的间隙配合满足转位互换、转面互换要求。

（3）表面整洁，无敲击退迹。

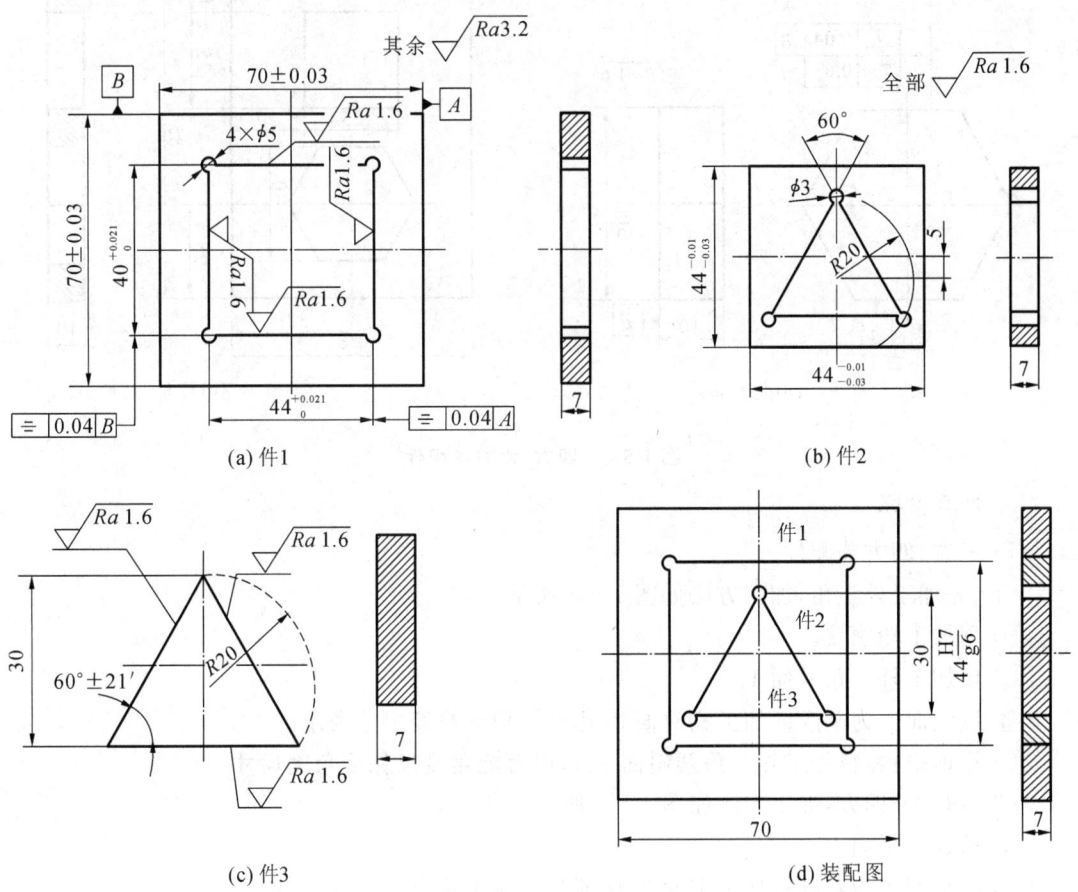

(a) 件1　　(b) 件2

(c) 件3　　(d) 装配图

图 1-5-3　三方、四方锉配件

2.四方、六方镶配件

四方、六方镶配件如图 1-5-4 所示。其镶配技术要求如下。

(1) 件 1、件 2 与件 3 之间的配合间隙均小于或等于 0.05 mm。

(2) 件 1、件 2 与件 3 配合后,能转位互换,转面互换。

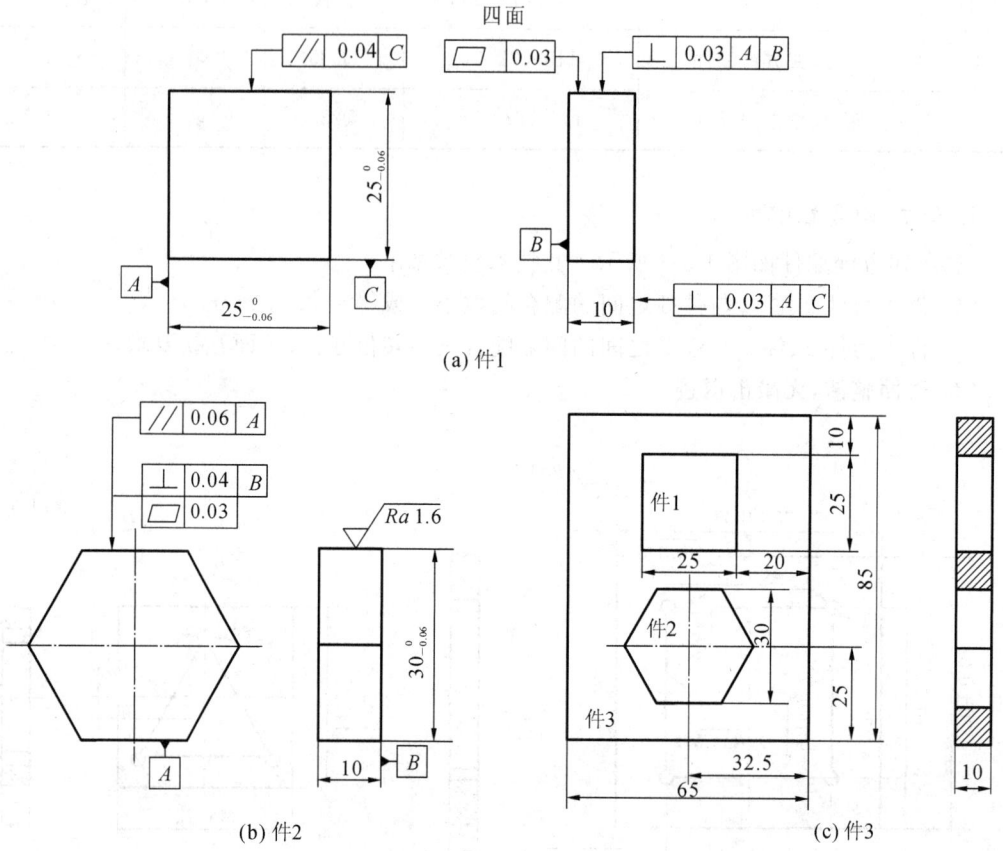

图 1-5-4　四方、六方镶配件

3.加工步骤

1) 三方、四方锉配件

(1) 先加工外三角,加工方法如图 1-5-5 所示。

① 划加工轮廓线。

② 精加工外三角底面 1。

③ 以底面 1 为基准面加工相对面 2,达外三角形高度尺寸要求。

④ 用锯排料,精加工外三角两斜面 3、4,以万能角度尺保证角度尺寸。

(2) 加工外四方,加工方法如图 1-5-6 所示。

① 精加工平面 1。

② 以平面 1 为基准精加工平面 2,保证与平面 1 垂直。

③ 以平面 1、2 为基准,按尺寸 a 划平面 3、4 的加工轮廓线。

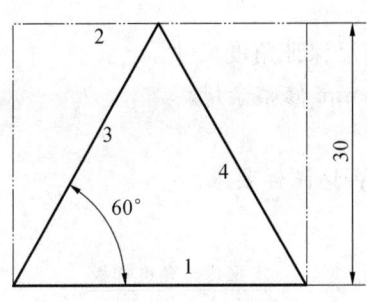

图 1-5-5 外三角加工

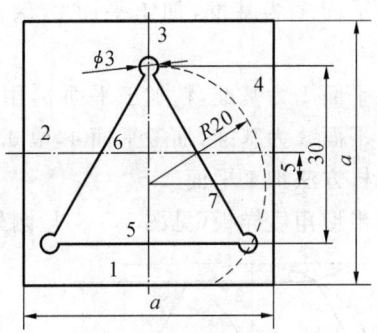

图 1-5-6 外四方加工

④ 按线加工平面 3、4 到线。

⑤ 以平面 1、2 为基准,精加工平面 3、4,保证尺寸 a 及垂直度要求。

⑥ 划线。以平面 1、2 为基准划两互相垂直的中心线,再以中心线为基准划内三角高度尺寸 30 mm,横向中心线下移 5 mm,与纵向中心线的交点即为内三角形外切圆心,以半径 20 mm 划弧,与三角形高度尺寸的交点即为三角形的三角交点,连线即为内三角轮廓线。

⑦ 钻三角点工艺孔,内三角用钻孔的方法排料。

⑧ 按线加工内三角平面 5、6、7 到线。

⑨ 按内三角大小加工一小型半形角度样板。

⑩ 精加工内三角形平面 5、6,用半形角度样板对合检测,保证角度尺寸,留少量加工余量。

⑪ 精加工内三角平面 7,用半形角度样板对合检测,并保证角度尺寸,留少量加工余量。

⑫ 用加工好的外三角件 3 与内三角配作,用光隙法检测。

(3) 加工四方套。

① 按上述方法精加工四方套外围尺寸。

② 划内四方加工轮廓线。

③ 在内四方四角点处钻工艺孔。

④ 用钻孔、锯削的方法排掉内四方余料。

⑤ 按上述加工外四方的方法加工内四方。需说明的是,精加工内四方时,同时应加工一个半形直角样板,保证内四方尺寸,并留约 0.05 mm 的配作余量,以便最后精加工时与外四方配作。

(4) 四方套的加工是按凸件配加工的。在留少量配作余量时,可用铜棒轻轻敲打进去,再敲打出来,修去过盈的痕迹,最后达到用大拇指就可以将配件按压进去,用光隙法检测光线一致或无光隙才算合格。在这里还要强调的是,配合面加工时,一定要与大平面垂直,这样才能保证配合达要求。

2) 四方、六方镶配件

(1) 加工外四方。加工方法参照图 1-5-6 加工外四方的步骤。

(2) 加工外六方,加工方法如图 1-5-7 所示。

① 划线。

② 按线用锯排料,留锉削加工余量。

③ 精加工平面 1,平面度、垂直度达要求。

④ 以平面 1 为基准,加工平面 2,保证六角形高度尺寸 H 并留 $0.1\sim0.05$ mm 修整余量。

⑤ 以平面 1 为基准,精加工平面 3,用万能角度尺保证角度尺寸。

⑥ 以平面 3 为基准,加工平面 4,留 $0.1\sim0.05$ mm 修整余量。

⑦ 同样方法加工平面 4、5。

⑧ 用半形角度样板(见图 1-5-8)检测外六方是否达图样要求。

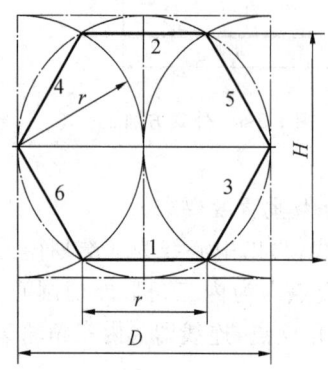

图 1-5-7　外六方加工

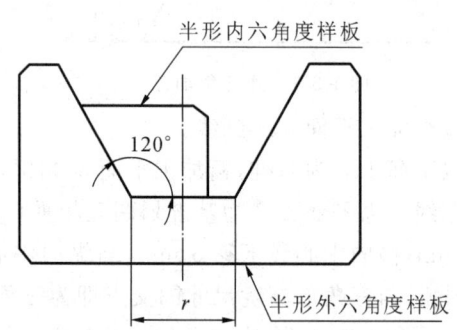

图 1-5-8　半形角度样板

需说明的是,在加工外六方的边长尺寸 r 时,在通常情况下,都应留有 0.02 mm 左右的修配余量以作为在配合件加工时,为防止配合时不能转面互换、转位互换的修整余量。

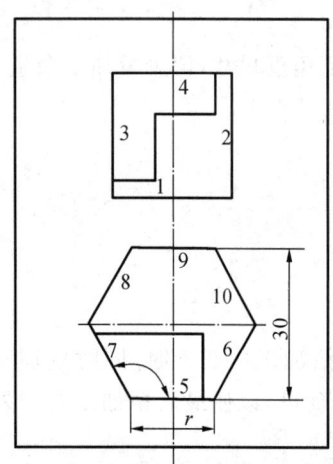

图 1-5-9　件 3 的加工

(3) 加工件 3 内四方、内六方,加工方法如图 1-5-9 所示。

① 精加工件 3 的外长方体,参照上述加工四方的方法。

② 划线。

③ 钻孔排料(与内四方、内六方孔同时进行)。

④ 按线加工,留线。

⑤ 精加工平面 1。

⑥ 以平面 1 为基准,精加工平面 2。可以加工一小 $90°$ 尺寸作为内四方角度检测工具。

⑦ 以平面 1 为基准,加工平面 3,保证内四方边长尺寸。注意,应留配作修整余量 $0.02\sim0.01$ mm,即有修配的过盈量,下同。

⑧ 以平面 2 为基准,精加工平面 4,保证其边长尺寸。

⑨ 精加工平面 5。

⑩ 以平面 5 为基准,精加工平面 6,用半形内角样板检测内六方角度。

⑪ 以平面 5、6 为基准,精加工平面 7,保证角度和边长尺寸 r,留修整余量。

⑫ 以平面 6、7 为基准,精加工平面 8、9、10,用半形角度样板检测,保证角度和边长尺寸。

⑬ 按以上步骤加工完内四方、内六方后,将外四方、外六方与件 3 配作修整,然后装进件 3 内四方、内六方孔内,做光隙检测,并看能否转位互换、转面互换。如有问题,找出原因加以修整,直至达到配合要求。

当配作出现不能达到互换的要求时,这时不要急于进行修整,应回过头来,按前面加工的步骤用相应的样板比对检测,发现误差后再进行必要的修整。

需说明的是,四方、六方镶配件的加工,除应做好角度的检测外,重要的是加工基准的选择,确定了加工基准,且已经精加工好了,一定不可再去动它了,否则将会严重影响配合精度,甚至造成配合件无法达到互换的后果。

4. 成绩评定

(1) 三方、四方锉配件练习记录与成绩评定表如表 1-5-6 所示。

表 1-5-6 三方、四方锉配件练习记录与成绩评定表

项次	零件	项目与技术要求	单项配分	评定方法	实 测 记 录	得分
1	件 1	图样尺寸(70±0.03)mm(2 处)	8	超差全扣		
2	件 2	图样尺寸 $40_{-0.03}^{-0.01}$ mm(2 处)	8	超差全扣		
3	件 3	三角形 60°角度正确	6	超差全扣		
4	件 1、件 2	配合间隙小于或等于 0.04 mm(4 处)	6	超差全扣		
5	件 2、件 3	配合间隙小于或等于 0.04 mm(3 处)	6	超差全扣		
6	件 1	对称度不超过 0.04 mm(2 处)	5	超差全扣		
7	件 1、件 2、件 3	能达到转面互换、转位互换	5	超差全扣		
8	件 1、件 2、件 3	表面粗糙度达图样要求	4	每处扣 1 分		
9		安全文明生产	8	酌情扣分		
总得分						

(2) 四方、六方镶配件练习记录与成绩评定表如表 1-5-7 所示。

表 1-5-7 四方、六方镶配件练习记录与成绩评定表

项次	零件	项目与技术要求	单项配分	评定方法	实测记录
1	件 1	图样尺寸 $25_{-0.06}^{0}$ mm(2 处)	6	超差全扣	超差全扣
2	件 1	平面度、平行度、垂直度达要求	3	每单项扣 3 分	
3	件 2	图样尺寸 $30_{-0.06}^{0}$ mm(3 处)	6	超差全扣	
4	件 2	平面度、平行度、垂直度达要求	3	每单项扣 1 分	
5	件 3	图样尺寸、中心距尺寸达要求	5	超差全扣	
6	件 1、件 3	配合间隙小于或等于 0.05 mm(4 处)	3	超差全扣	
7	件 2、件 3	配合间隙小于或等于 0.05 mm(6 处)	3	超差全扣	
8	件 1、件 2、件 3	能做到转面互换、转位互换	3	每单项全扣	
9	件 1、件 2、件 3	表面粗糙度达图样要求	4	每处扣 1 分	
10		安全文明生产	8	酌情扣分	
总得分					

四、三角形卡板互换装配

1. 教学要求

（1）全面掌握锯削、锉削基本功。

（2）熟练掌握万能角度尺的使用。

（3）掌握角度几何公差的测量。

（4）能分析和处理在锉配中出现的问题，并达到锉削精度。

2. 生产实习图

工件毛坯图如图 1-5-10 所示。

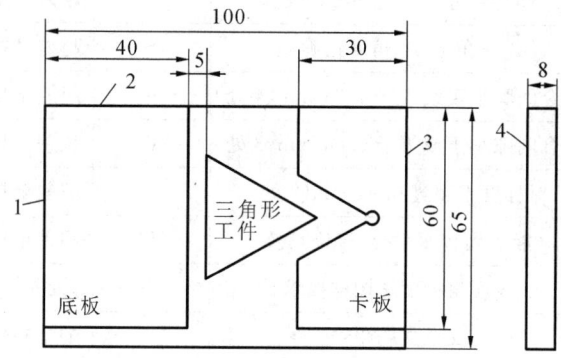

图 1-5-10　工件毛坯图

三角形卡板互换装配图如图 1-5-11 所示。

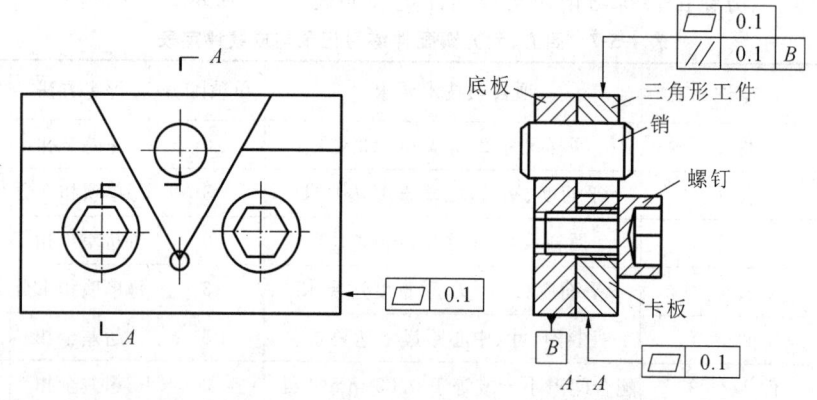

图 1-5-11　三角形卡板互换装配图

底板、三角形工件和卡板零件图如图 1-5-12 所示。

3. 操作步骤

1）加工毛坯

（1）粗、细锉基准面 2，做到平面度小于或等于 0.04 mm，且垂直基准面 4。

（2）粗、细锉基准面 1，做到平面度小于或等于 0.04 mm，与基准面 2 的垂直度小于或等于 0.04 mm，且垂直基准面 4。

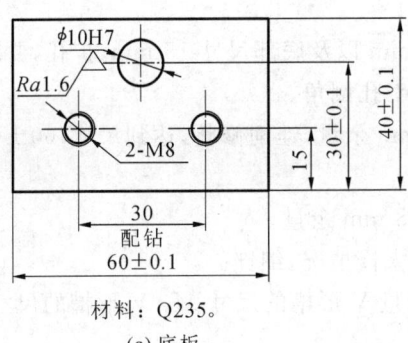

材料：Q235。

(a) 底板

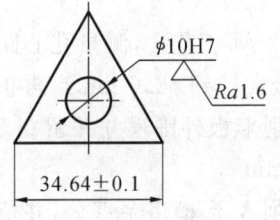

材料：Q235。

(b) 三角形工件

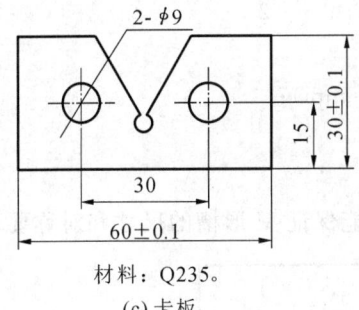

材料：Q235。

(c) 卡板

技术要求
1. 三角形工件的孔中心位于三角形的重心。
2. 底板与卡板装配好，三角形工件120°旋转装配三次，要求能到达图纸技术要求。
3. 卡板翻转180°与底板装配，三角形工件120°旋转装配三次，要求能到达图纸技术要求。
4. 未注公差均为IT12级。

图 1-5-12　底板、三角形工件和卡板零件图

（3）粗、细锉基准面 3，做到平面度小于或等于 0.04 mm，与基准面 2 的垂直度小于或等于 0.04 mm，以 1 为基准测量尺寸（100±1）mm 达要求，且垂直基准面 4。

2）工件划线

以 1、2、3 为基准划出底板、三角形工件和卡板的外围加工界线，打样冲眼。

3）下料、加工孔

（1）按图 1-5-10 把底板毛坯（62 mm×42 mm）下下来。

（2）锉削底板靠三角形工件边的一面，达到以下要求：垂直于基准面 2，平行于基准面 3。划出三角形工件加工界线。注：需钻孔的地方打样冲眼。

（3）孔加工：首先钻 $\phi 3$ mm 定位孔，扩孔至 $\phi 5 \sim \phi 8$ mm；扩 $\phi 9.8$ mm 的孔，再用 $\phi 10$H7 mm 铰刀进行铰削，达到要求 $\phi 10$H7 mm、$Ra\,1.6\ \mu$m。

4）加工三角形工件

（1）三角形工件下料，三角形工件按照图纸尺寸下完料后，检查第一面是否达到了以下要求：平面度小于或等于 0.04 mm，垂直于大面，边与孔的距离满足要求。如果不符合要求，需要修整至达到要求。

（2）第二面制作：粗锉第二面，以第一面检查 60°，控制与大面的垂直度，并且控制与孔的距离，尺寸同第一面。

（3）第三面制作：粗锉第三面，以第一面检查 60°，控制与大面的垂直度，并且控制与孔的距离，尺寸同第一面。

（4）检查三角形：三角形完成后需要检查其制作是否合格。先去锐边毛刺并倒角，再检查平面度、角度、垂直度和尺寸。

5）加工卡板

（1）钻 2-ϕ3 工艺孔,测量孔心距尺寸 30 mm 以及底部尺寸 15 mm,扩孔,要求达到图纸尺寸要求（最大扩到 ϕ8.6 mm）,再扩至 ϕ9 mm,孔倒角。

（2）锯削卡板外围尺寸并留 0.52～0.8 mm 余量,锉削修整,达到尺寸（60±0.1）mm×（30±0.1）mm。

（3）锯削 V 形槽多余部分,并留 0.5～0.8 mm 余量。

（4）粗锉,通过测量了解工件需要修整的大概情况,细锉。

（5）如图 1-5-13 所示,采用间接测量法测量 V 形槽的尺寸 M。V 形槽的尺寸 M 与卡板尺寸 B、圆柱量棒直径 D 之间的关系为

$$M = B + \cot\frac{a}{2} \cdot \frac{D}{2} + \frac{D}{2}$$

式中:M——V 形槽的尺寸（mm）；

B——被测斜面与槽底的交点至侧面的距离（mm）；

D——圆柱量棒的直径（mm）；

α——斜面的角度值（°）。

测量注意事项:两边对称测量,测量值一样才能保证 V 形槽的尺寸和对称要求。

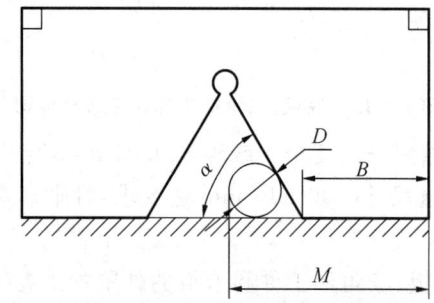

图 1-5-13　采用间接测量法测量 V 形槽的尺寸 M

6）底板制作

（1）加工底板外围,满足一下要求:长,（60±0.1）mm；宽,（40±0.1）mm。

（2）钻 ϕ10H7 mm 的孔。钻 ϕ3 mm 定位孔检查孔心位置是否正确,若不正确则进行修整；按照孔的偏移量逐步进行扩孔修整,孔的偏移量较小,修整后可以直接扩大点的孔；偏移量较大需要经过多次扩孔修整来进行校正。扩到 ϕ9.8 mm 后进行铰孔。铰孔时注意测量孔的垂直度,以免影响后续的装配。

（3）钻螺纹孔:把卡板放置底板的上面,调好两相互垂直的基准面,并用大力钳夹紧。用 ϕ9 mm 钻头引一下底板的两个螺纹孔,拆下大力钳,底板钻 ϕ6.8 mm 孔,两边倒角,攻螺纹。

7）装配

用销把三角形工件固定在底板上,再把卡板用螺钉装在底板上,预紧螺钉、调整间隙,最后拧紧螺钉。

4.成绩评定

三角形卡板互换装配练习记录与成绩评定表如表 1-5-8 所示。

表 1-5-8　三角形卡板互换装配练习记录与成绩评定表

序号	检查项目	位置	配分	实测结果	评分标准	检测工具	得分
1	(60±0.1)mm	2	4				
2	(30±0.1)mm	2	4				
3	(40±0.1)mm	1	2				
4	(34.64±0.1)mm	3	6				
5	孔中心对称度0.1 mm	3	6		超差小于50%，扣除该项分数的一半、超差大于50%该项分全扣		
6	$\phi 10H7$ mm，$Ra\,1.6\ \mu$m	4	8				
7	互换间隙小于或等于0.1 mm	12	24				
8	三角形工件与底板装配后的平行度0.1 mm	6	12				
9	平面度0.1 mm	10	15				
10	锉削面$Ra\,1.6\ \mu$m	14	7				
11	锉削面垂直于大面	14	7				
12	劳动保护		2		穿戴不整齐、迟到早退3次、发生事故该项分全扣		
13	劳动纪律		2				
14	文明生产		1				
15							
总得分							

五、五角星板转位配合

1. 教学要求

(1) 灵活运用万能角度尺。

(2) 学会特殊角度的划线、测量方法。

2. 生产实习图

五角星板转位配合图如图 1-5-14 所示。

3. 加工步骤

略。

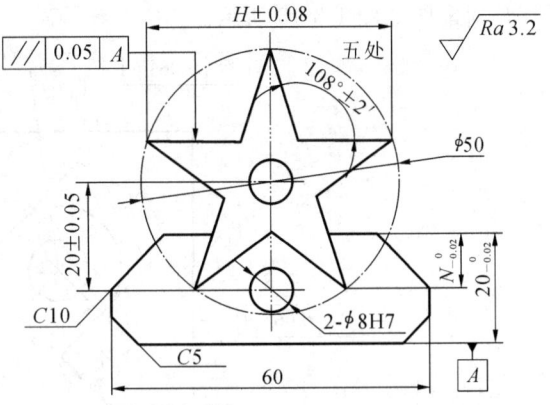

图 1-5-14　五角星板转位配合图

4. 成绩评定

五角星板转位配合成绩评定表如表 1-5-9 所示。

表 1-5-9　五角星板转位配合成绩评定表

技 术 要 求	位 置	配 分	扣 分	得 分
($H\pm0.08$)mm	5 处	8		
($108°\pm2'$)mm	5 处	8		
凹件 $C5$ mm	2 处	2		
$20_{-0.02}^{0}$ mm	2 处	4		
$N_{-0.02}^{0}$ mm	2 处	4		
孔径 $\phi8H7$ mm	2 处	1		
孔距(20 ± 0.05) mm	5 处	10		
配合平行度 0.05 mm	5 处	5		
凸件倾斜度 0.03 mm	5 处	5		
翻转配合间隙小于或等于 0.04 mm	20 处	40		
表面粗糙度 $Ra\,3.2\ \mu m$	10 处	5		
垂直度 0.01 mm	10 处	5		
铰孔 $Ra\,1.6\ \mu m$	2 处	1		
去锐边毛刺		2		
总得分				

六、R 对配

1.教学要求

(1)灵活运用万能角度尺。

(2)学会特殊角度的划线、测量方法。

2.生产实习图

R 对配图如图 1-5-15 所示。

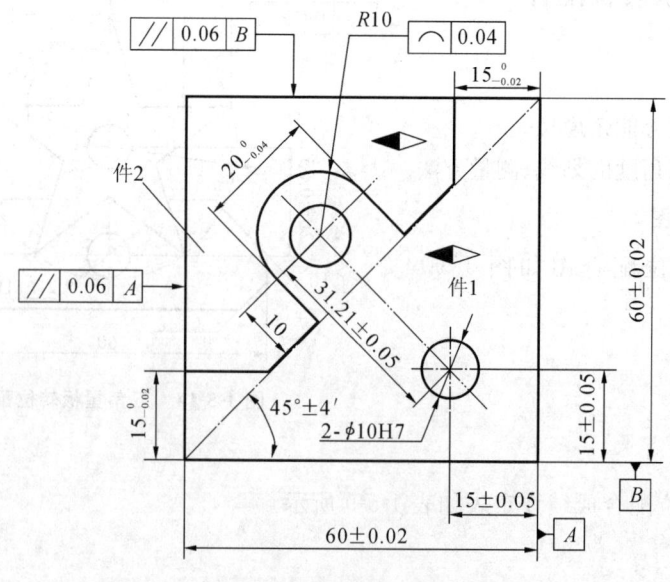

图 1-5-15　R 对配图

3.加工步骤

略。

4.成绩评定

R 对配成绩评定表如表 1-5-10 所示。

表 1-5-10　R 对配成绩评定表

技　术　要　求	位　置	配分	扣　　分	得　　分
(60 ± 0.02)mm	2 处	4		
$15_{-0.02}^{0}$ mm	2 处	4		
$20_{-0.06}^{0}$ mm	1 处	3		
线轮廓度 0.04 mm	1 处	4		
$45°\pm4'$	2 处	5		
孔距(15 ± 0.05)mm	2 处	6		
(31.21 ± 0.05)mm	1 处	4		
对称度 0.05(A、B)	1 处	4		
ϕ10H7 mm,Ra1.6 μm	4 处	4		
配合间隙小于或等于 0.04 mm	14 处	28		
错位量小于或等于 0.04 mm	4 处	6		
件 1A 面与件 2 相应面的平行度 0.06 mm	2 处	4		
件 1B 面与件 2 相应面的平行度 0.06 mm	2 处	4		
锉削面垂直度 0.01 mm	20 处	10		
锉削面 Ra3.2 μm	20 处	10		
去锐边毛刺	酌情扣分,最多扣 5 分			
备注	无明显缺陷及敲痕及失误			
总得分				

七、六边形卡板旋转装配

六边形卡板旋转装配图和零件图如图 1-5-16 所示。六边形卡板旋转装配有关技术要求如下。

(1) 四件同时装上销棒才能得配合分。

（2）配合互换间隙小于或等于 0.04 mm。

（3）工艺倒角 R0.2。

（4）未注公差按 IT12 级。

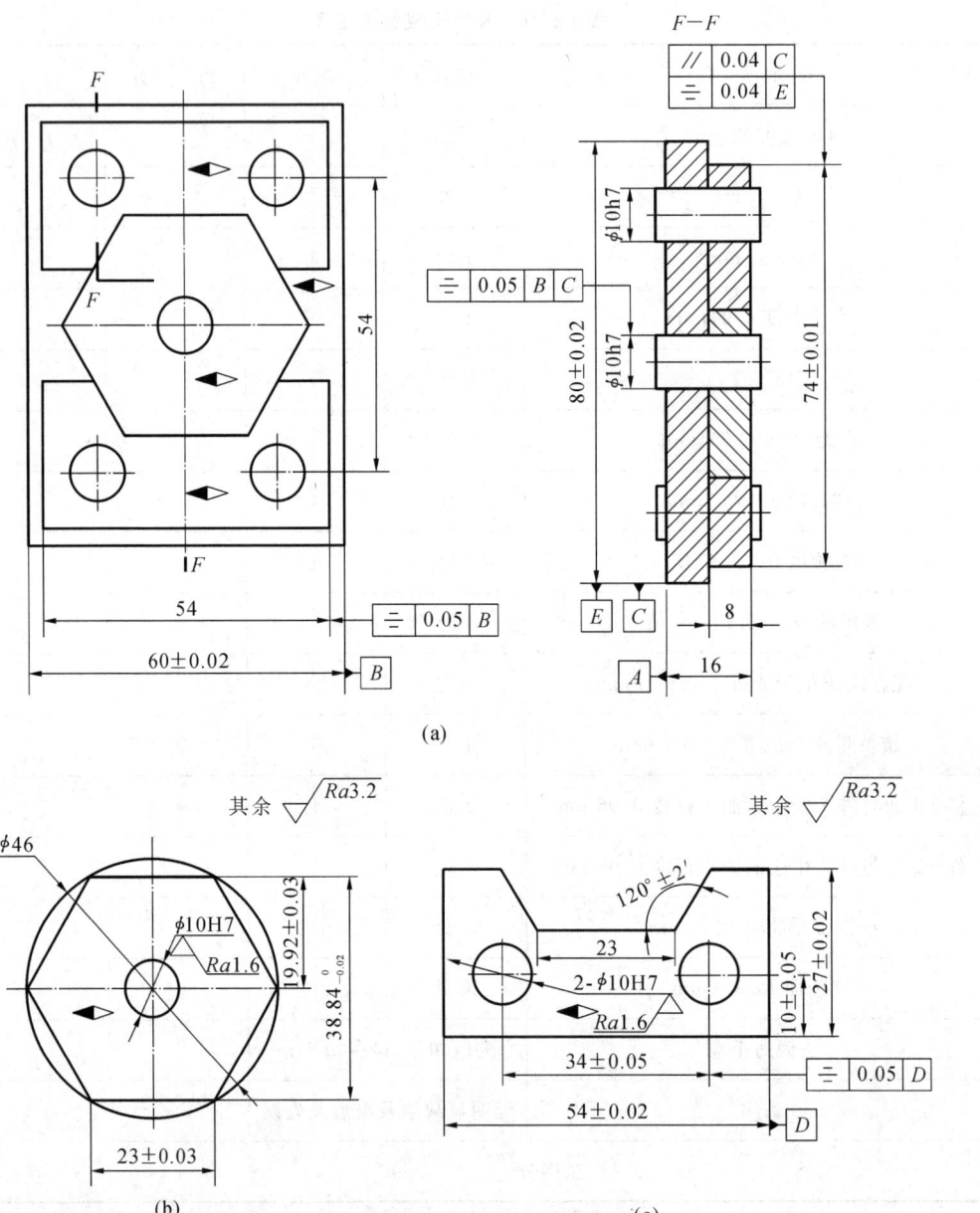

图 1-5-16　六边形卡板旋转装配图及零件图

六边形卡板旋转装配成绩评定表如表 1-5-11 所示。

表 1-5-11 六边形卡板旋转装配成绩评定表

	技术要求	位置	配分	扣分	得分
六边形工件	$120°±2'$	6 处	6		
	$39.84_{-0.02}^{0}$ mm	3 处	4		
	$(23±0.03)$ mm	6 处	6		
	孔距 $(19.92±0.03)$ mm	6 处	6		
	平面度 0.01 mm	6 处	3		
	垂直度 0.01 mm	6 处	3		
	表面粗糙度 Ra 3.2 μm、1.6 μm	6 处	3		
定位板	$(54±0.02)$ mm	2 处	3		
	$(27±0.02)$ mm	2 处	3		
	$(34±0.05)$ mm	2 处	3		
	$(10±0.05)$ mm	4 处	4		
	关于基准 D 的对称度 0.05 mm	2 处	3		
	平面度 0.01 mm	16 处	6		
	垂直度 0.01 mm	16 处	6		
	表面粗糙度 Ra 3.2 μm、1.6 μm	16 处	6		
	配合互换间隙小于或等于 0.04 mm	72 处	25		
	关于基准 B 的对称度 0.05 mm	1 处	2		
	关于基准 B 和 C 的中心对称度 0.05 mm	2 处	4		
	$(74±0.04)$ mm	2 处	4		
总得分					

◀ 项目六　机 械 装 调 ▶

教学目的和要求

（1）掌握设备拆卸工艺方法。

（2）正确使用机械拆卸与装配工具、量具。

（3）了解机械设备的传动结构与工作原理。

（4）具备一定的设备故障诊断分析能力。

课题一　机械设备拆卸的原则及注意事项

一、机械设备拆卸的准备工作

为保证设备修理的质量,在拆卸设备零件之前,必须周密计划,以对可能遇到的问题有所准备,做到有步骤地进行拆卸。为此,拆卸机械设备前要做好各项准备工作,准备工作的好坏直接影响到修理进度的快慢和修理质量的好坏。准备工作主要包括以下几个方面的内容。

（1）了解拆卸机械设备的结构、性能和工作原理。在拆卸前,应熟悉机械设备有关图样和资料,了解机械设备各部分的结构特点,以及零部件的结构特点和相互间的配合关系,明确其用途和相互间的作用。

（2）选择适当的拆卸方法,合理安排拆卸步骤。

（3）准备必要的通用工具和专用工具或设施,特别是自制的特殊工具和量具,并根据机械设备的实际情况,准备可能要更换的备件。

（4）准备好清洁、方便作业的工作场地,做到安全文明作业。

二、机械设备拆卸的一般性原则及注意事项

1.机械设备拆卸的一般性原则

（1）拆装前,仔细观察拆卸对象,确定拆卸顺序,做好记号;按照教师的要求,对机构、轴系组件进行拆卸;拆下后,按装配顺序成组放好;紧定螺钉、键、销等,拆卸后装入原孔(槽)内防止丢失。

（2）拆卸机械设备的顺序与装配机械设备的顺序相反。在切断电源之后,应先拆外部附件,再将整机拆成部件,然后拆成零件。必须按部件归并放置,绝对不能乱扔乱放。对于精密零件,要单独妥善存放。对于丝杠和轴类零件,应悬挂起来,以免变形。

（3）选择正确的拆卸方法,正确使用拆卸工具。直接拆卸轴孔装配件时,通常用多大力量装配就要用多大的力量拆卸,如果出现异常,就要查找原因,防止在拆卸过程中将零件拉伤,甚至损坏。热装零件要通过加热来拆卸。

（4）拆卸大型零件要坚持慎重、安全的原则,拆卸中应仔细检查锁紧螺钉及压板等零件是否拆开。

（5）拆装中,应用铜棒传力,不得用手锤直接敲打工件;拆卸滚动轴承用轴承拉拔器;拆卸轴上零件时,着力点应尽量靠近轮毂;拆装过程中要放稳工件,注意安全。

（6）拆卸螺纹连接件时,要特别检查有无防松垫片或其他防松措施;拆卸角接触轴承、推力轴承要特别注意轴承装配方向和调整垫片的位置。

（7）拆卸中用力适当；拆卸弹性挡圈或调节弹簧力的螺纹连接件，应注意防止零件弹出伤人。

（8）拆卸圆锥销时，要用冲子，从小端施力，防止反向敲击。

（9）重要油路等要做标记。

（10）拆卸零部件要按顺序排列，细小件要放入原位。

2. 机械设备拆卸的注意事项

（1）看懂结构图再动手拆，并按先外后里、先易后难、先上后下、由附件到主机的顺序拆卸。

（2）先拆紧固件、连接件、限位件，如顶丝、销、卡圆、衬套等。

（3）拆前看清组合件的方向、位置排列等，以免装配时搞错。

（4）拆下的零件要有秩序地摆放整齐，做到键归槽、钉插孔、滚珠丝杠盒内装。

（5）注意安全，拆卸时要注意防止箱体倾倒或掉下，拆下的零件要往桌案中间放，以免掉下砸人。

（6）拆卸零件时，不准用铁锤猛砸，当拆不下或装不上时不要硬来，分析原因（看图）搞清楚后再拆装。

（7）在扳动手柄观察机械设备传动时不要将手伸入传动件中，防止挤伤。

三、拆卸机械零件的方法

拆卸就是解除零部件在机械设备中的相互约束与固定的关系，把零件有条不紊地分解出来。零件的拆卸按拆卸的方式有击卸法、拉拔法、顶压法、温差法和破坏法等。拆卸时，应根据被拆卸机械零件的结构特点和连接方式的实际情况，采用相应的拆卸方法。

1. 击卸法

击卸法是拆卸机械零件较为常用的一种方法。它是利用手锤或其他重物的冲击能量，把机械零件拆卸下来的方法。击卸法有使用简便、快捷的优点，但也因力量掌握不好或方法不对，易造成零件损伤。其注意事项如下。

（1）应按被拆卸机械零件的尺寸、质量和配合性质等选择大小适合的手锤，并且要使用适当的敲击力。防止用小锤击卸质量大、配合紧的机械零件，这样不仅不易敲动机械零件，还会伤及零件表面或损坏机械零件。

（2）对敲击部位必须采取保护措施，不得用手锤直接敲击机械零件。一般用铜棒、胶木棒、木板作为介质传力。对于精密重要机械零件，要制作专用工具保护被敲击的表面。

击卸操作时，应选择合适的敲击点，以防止机械零件因敲击部位不当而变形和损坏。对于带有轮辐的带轮、齿轮和链轮，应敲击轮与轴配合处的端面，避免敲击外缘，要对称、均匀敲击。击卸前，要检查手锤是否安全可靠，防止手锤飞出伤人。

（3）击卸时，要先试击，以确定机械零件的走向是否正确和机械零件间接合牢固程度。如果听到坚实的声音或感到反弹力很大，要立即停止敲击，进行检查，看是否由于方向相反或由于紧固件漏拆而引起的，发现上述情况，要纠正击卸方法。若机械零件锈蚀严重，可以加煤油浸润。

2. 拉拔法

拉拔法是一种用专用拉卸工具如顶拔器（见图 1-6-1）把零件拆卸下来的静力或冲击力不大的拆卸方法。它具有拆卸比较安全、不易损伤零件等优点，一般用于拆卸精度较高的零件和无法敲击的零件,如轮系零件。轴端零件轴承的拉拔如图1-6-2所示。可利用各种拉拔器拉拔装在轴端上的带轮、齿轮和轴承等零件。

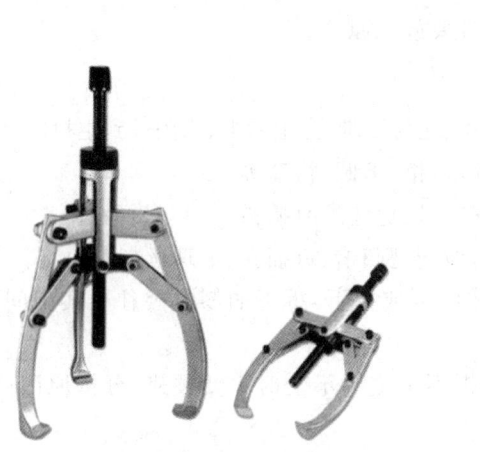

图 1-6-1　顶拔器

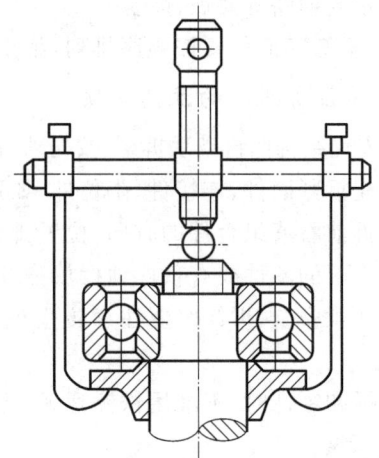

图 1-6-2　轴端零件轴承的拉拔

3.顶压法

顶压法是一种静力拆卸方法,适用于形状简单的过盈配合机械零件。使用顶压法时,常用螺旋C形夹头、手压机、油压机或千斤顶等设备进行机械零件的拆卸。

4.温差法

温差法是利用材料的热胀冷缩的性能,加热包容件拆卸配合件的方法。温差法常用于拆卸尺寸较大、过盈量较大的机械零件或热装机械零件。例如,拆卸尺寸较大的轴承与轴时,通过对轴承内圈加热来拆卸轴承,加热前把靠近轴承部分的轴颈用石棉隔离开来,防止轴颈受热膨胀,用拉拔器拉钩扣紧轴承内圈,给轴承施加一定拉力,然后迅速将100 ℃左右的热油倾倒于轴承内圈上,待轴承内圈受热膨胀后,用拉拔器将轴承拆卸下来。

5.破坏法

破坏法是拆卸中应用得较少的一种方法,是一种在拆卸焊接件、铆接件、密封连接件等固定连接件和相互咬死的配合件时不得已采取的保护主件、破坏副件的拆卸方法。破坏法一般采用车、铣、锯、磨、钻和气割等方法进行。

四、机械零件的清洗

对拆卸后的机械零件进行清洗是修理工作的重要环节。机械零件的清洗包括清除油污、锈层、水垢、积炭、旧的涂装层(如漆层)等。

1.清除油污

清除油污常用的清洗剂如下。

1) 有机溶剂

常见的有机溶剂有煤油、轻柴油、汽油、丙酮、酒精和三氯乙烯等。有机溶剂清除油污是以溶解污物为基础,对金属无损伤,可溶解各类油脂,无须加热。有机溶剂简便,清洗效果好,但成本高,且多数为易燃物,故主要用于小规模的机械维修零件的清洗。

2）碱性溶液

碱性溶液是碱或碱性盐的水溶液。利用碱性溶液和机械零件表面上的可皂化油起化学反应,生成易溶于水的肥皂和不易浮在零件表面上的甘油,然后再用热水冲洗,很容易除油污。清除不同材料机械零件的油污应采用不同的碱性溶液。碱性溶液对金属有不同程度的腐蚀作用,尤其是对铝的腐蚀较强。用碱性溶液清除油污时,一般需将溶液加热到 80～90 ℃。清除油后用热水清洗,去掉表面残留碱性溶液,防止零件被腐蚀。碱性溶液应用最广。

3）化学清洗液

化学清洗液是化学合成水基金属清洗剂,以表面活性剂为主。由于其表面活性物质会降低界面张力而产生湿润、渗透、乳化、分散等多种作用,所以化学清洗液具有很强的去污能力。它还具有无毒、无腐蚀、不燃烧、不爆炸、无公害、有一定防锈能力和成本较低等优点,已逐步替代其他类清洗剂。

2．清除水垢

机械设备的冷却系统长期使用硬水或含杂质较多的水,会在管内壁上沉积一层黄白色的水垢。水垢必须定期清除,否则会影响冷却系统的正常工作。清除水垢一般采用化学清除法,如用酸盐、碱溶液、酸溶液(磷酸、盐酸或铬酸等)等清除。

清洗水垢应根据水垢成分和零件材料选用合适的化学清洗液。

3．清除积炭

发动机的积炭一般积聚在气门、活塞、气缸盖上,是由各种润滑油脂类物质炭化后积成的复杂混合物。积炭会造成发动机某些零件散热差、传热条件恶化、燃烧性变差,导致机械零件过热、机械零件产生裂纹,所以必须定期清除积炭。

清除积炭的方式有机械清除法、化学清除法和电化学清除法等。机械清除法,即用金属丝刷与刮刀去除积炭。使用机械清除法会伤及机械零件表面且不易清除干净。化学清除法是指将机械零件浸入苛性钠、碳酸钠等清洗剂中,加温使油脂溶解,积炭变软,2～3 h 后取出机械零件再用毛刷清除积炭的一种方法。

4．除锈

除锈的方法有机械除锈法、化学除锈法和电化学除锈法等。机械除锈法,即利用机械摩擦、切削作用清除零件表面锈层。化学除锈法,是利用化学反应把金属表面的锈蚀产物溶解掉的一种除锈法。电化学除锈法利用将机械零件在酸洗液中,对机械零件通直流电,通过化学反应达到除锈的目的。

5．清除漆层

零件表面的保护漆层需根据其损坏程度和保护涂层的要求进行全部或部分清除。清除后要清洗干净,准备再喷刷新漆。可用砂纸、钢丝刷或手提电动磨削工具清除漆层,也可用配制的有机溶液清除漆层。

五、机械零件的检测

拆卸后的机械零件通过清洗或装配后,应对机械零件进行检验。机械零件的检验是机械维修工作重要的一环,它决定机械零件是否继续使用和机械零件的装配质量,也是决定维修成本和维修工艺措施的依据。

机械零件的检验内容如下。

（1）机械零件的几何精度检验：包括机械零件的尺寸、形状和表面相互位置精度检验。根据维修特点，不仅要对单个机械零件的尺寸精度进行检验，还要对机械零件的配合精度进行检验。

（2）机械零件的表面质量检验：包括表面粗糙度及表面擦伤、腐蚀、裂纹、剥落、烧损、拉毛等缺陷的检验。

（3）零部件的平衡检验：对曲轴、风扇、传动轴和车轮等高速旋转件进行动、静平衡试验，以及检查传动件和易损件的质量是否符合结构要求。

（4）机械零件表层材料与基体的接合强度检验：电镀层、喷涂层、堆焊层与基体的接合强度检验；机械固定连接件的连接强度检验；轴瓦与轴承座的接合强度检验等。

（5）机械零件结构的配合精度检验与磨损检查：对机械零件结构间的平行度、同轴度和齿轮的啮合精度与配合精度进行检验，对结构件的磨损情况进行检查。

（6）机械零件材料性质缺陷及力学性能指标的检测：对零件的内部缺陷、零件合金成分及硬度指标、机械零件的强度与刚度指标、橡胶材料的老化变质程度等应进行检测。

（7）机械零件的密封性检查，对缸体、气缸盖应检查其有无泄漏，对油封密封圈等的密封性进行检查。

经过上述分析、检验、测量和实验，便可将机械零件分为合格使用件、更换件和修复件三种类型，并根据检验结果采取相应的机械设备修理措施和方案。

课题二　机械设备的装配

一、装配工艺基础

1. 装配的概念

机械产品由许多零件和部件组成，而零件是组成机械产品的基本元件。在机械产品中，由若干个零件组成的、具有相对独立性、能完成一定完整功能的部分称为部件，如机床中的尾座、主轴箱等。在部件中，由若干个零件组成的、在结构与装拆上有一定独立性但不具有完整功能的部分称为组件，如尾座部件中的螺杆组件、套筒组件等。对于复杂的机械产品，组件还可细分为分组件。

按规定的技术要求，把若干零件组装成部件或将若干个零件和部件组装成产品的过程称为装配。因此，装配又分为组件装配、部件装配和总装配，但不论是何种形式的装配，其装配步骤及工作内容基本上是相同的。

产品的结构越复杂、精度及其他技术要求越高，则装配工艺过程越复杂，装配工作量也越大。装配是机械产品制造过程中的一个重要环节，产品的各项技术要求均需在零件加工合格的基础上通过正确的装配工艺（如修刮、选配、检测及调整等）才能达到。因此，研究和发展装配技术、提高装配质量和装配效率是机械制造工艺的一项重要任务。

2. 装配精度

机械产品的装配精度是指通过装配后实际达到的精度。装配精度要求不仅影响产品质量，而且关系到产品制造的经济性，是确定零件制造精度和制订装配工艺的主要依据。

装配精度一般可根据国家标准、部颁标准或其他资料予以确定。当研制新产品时，由于缺乏有关资料,可根据用户的使用要求并参考现有产品的实际数据,用类比法确定装配精度。必要时,还需进行分析计算和试验验证才能最终确定装配精度。产品的装配精度的主要内容如下。

1)尺寸精度

尺寸精度是指相关零部件间的距离尺寸精度,如车床主轴锥孔轴线和尾座顶尖套锥孔轴线对床身导轨的不等高要求。

2)相互位置精度

装配中的相互位置精度包括相关零部件间的平行度、垂直度、同轴度及各种跳动等,如车床主轴锥孔轴线的径向跳动、卧式万能铣床主轴回转轴线对工作台面的平行度等。

3)相对运动精度

相对运动精度是产品中有相对运动的零部件间在运动方向和相对速度上的精度。前者多表现为零部件间相对运动时的平行度和垂直度,如车床溜板移动相对主轴轴线的平行度要求。后者即为传动精度,是指有传动比要求的相对运动精度,如在滚齿机上加工齿轮时滚刀与工件的相对运动精度、车床上车削螺纹时主轴的回转与刀架上车刀移动的相对运动精度。

4)配合表面间的配合精度和接触精度

配合表面间的配合精度是指配合表面间达到规定的配合间隙或过盈的程度。它直接影响到配合的性质,如轴与轴承的配合间隙及转轮与转轴的过盈值等。

接触精度通常由配合表面间的接触面积的大小及接触点的分布情况来衡量。它主要影响相配零件的接触变形,从而也影响到配合性质的稳定性。例如,机床导轨接触面的接触斑点数,一般规定每 25×25 mm^2 面积上应不少于 $10 \sim 20$ 点。

3. 装配精度与零件精度间的关系

机械设备及其部件最终都是由零件装配而成的,因此装配精度直接受到零件特别是关键零件加工精度的影响。例如,如图 1-6-3 所示,普通车床尾座移动对溜板移动的平行度,就主要取决于床身导轨 A 与 B 的平行度。车床主轴锥孔轴线和尾座顶尖套锥孔轴线对溜板移动的等高度(A_0)就取决于床头箱、底板和尾座的 A_1、A_2、A_3 的尺寸精度。

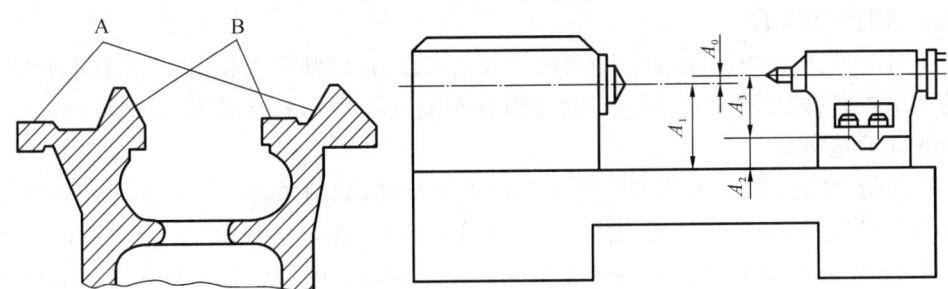

图 1-6-3 车床尾座对溜板移动的平行度
A—溜板移动导轨;B—尾座移动导轨

需要说明的是,装配精度并不完全取决于零件的加工精度,装配中还可采用检测、调整及修配等方法来满足产品装配的精度要求。例如,上述车床尾座移动对溜板移动的平行度要求,虽然主要取决于床身导轨的加工精度,但也与溜板、尾座底板和床身导轨间的接触精度有关,装配中可对溜板及尾座底板进行配刮或配研来提高接触精度。

实际上,对于高精度产品,是不能单靠提高零件的加工精度来保证装配精度要求的,这不仅不经济,而且在技术上也是有困难的。图 1-6-3 中两轴线的等高度要求,由于其等高度允差 A_0 尺寸受到 A_1、A_2 和 A_3 尺寸的共同影响,其中尺寸 A_1 和 A_3 又与床头箱体、轴承、主轴及尾座体、尾座顶尖套等多个零件的尺寸有关。因此如果要求尺寸 A_0 的精度很高,则必须对这些有关零件的尺寸提出很高的加工要求。这必然会给加工带来困难。在这种情况下,往往按加工的经济精度来加工零件,并在装配中通过检测对尾座底板进行配研,这同样可保证其很高的装配精度。

综上可知,零件的加工精度是保证装配精度的基础,但产品的装配精度并不完全依赖于零件的加工精度,它还可以通过合理的产品结构设计和正确的装配工艺方法来达到。

4. 装配工作的内容

装配是产品制造的最后阶段,装配过程是根据装配精度的要求,按一定的施工顺序,通过一系列的装配工作来保证产品质量的复杂过程。零件质量高,如果装配不当,同样会出现质量差甚至不合格的产品。因此,必须十分重视产品的装配工作。

通常对装配一般工艺主要有以下要求。

(1) 做好零部件装配前的准备工作。要研究和熟悉机械设备及各部件总成装配图和有关技术文件资料;了解机械设备及零部件的结构特点、各零部件的作用、零部件间的相互连接关系及其连接方式,对于有配合要求、运动精度较高或有其他特殊技术条件的零部件,应特别重视;根据零部件的结构特点和技术要求,确定合适的装配工艺、方法和程序;准备好必备的工具、量具、夹具及材料;按清单清理检测各待装零部件尺寸精度与制造质量或修复质量,核查技术要求,凡是不合格的一律不得装配;零部件装配前必须进行清洗,对于经过钻孔、铰削、镗削等机械加工的零件,要将金属屑末清除干净;润滑油道要用高压空气或高压油吹洗干净;有相对运动的配合表面要保持清洁,以免因脏物或尘粒等杂质侵入其间而加速配合表面的磨损。

(2) 对于过渡配合和过盈配合零件的装配,如滚动轴承的内、外圈等,必须采用相应的铜棒、铜套等专门工具和工艺措施进行手工装配,或按技术条件借助设备进行加温加压装配。如遇有装配困难的情况,应先分析原因,排除故障,提出有效的改进方法,再继续装配,不可乱敲乱打强行装配。

(3) 对油封件,必须用芯棒压入;对配合表面,要经过仔细检查和擦净,如有毛刺应经修整后方可装配;对螺柱连接,按规定的扭矩值分次序均匀紧固;螺母紧固后,螺柱的露出螺牙不少于两个且应等高。

(4) 凡是摩擦表面,装配前均应涂上适量的润滑油,如轴颈、轴承、轴套、活塞销和缸壁等。各部件的密封垫(纸板、石棉、钢皮、软木垫等)应统一按规格制作。自行制作时,应细心加工,切勿让密封垫覆盖润滑油、水和空气通道。机械设备中的各种密封管道和部件,装配后不得有渗漏现象。

(5) 过盈配合件装配时,应先涂润滑脂,以利于装配和减少配合表面的初磨损。另外,装配时应根据零件拆卸下来做的各种装配记号进行装配,以防装配出错而影响装配进度。

(6) 对某些有装配技术要求的零部件,如装配间隙、过盈量、灵活度、啮合印痕等,应边装配边检查,并随时进行调整,以避免装配后返工。

(7) 装配前,要对有平衡要求的旋转件按要求进行静平衡或动平衡试验,合格后才能装配。这是因为某些旋转件如带轮、飞轮、风扇叶轮、磨床主轴等新配件或修理件,金属组织密度不匀、加工误差、本身形状不对称等,可能会使其重心与旋转轴线不重合,高速旋转时,会产生很大的离心力,从而引起机械设备的振动,加速零件的磨损。

(8)第一个零部件装配完毕后,必须严格仔细地检查和清理,防止有遗漏或错装的零件,特别是要检查对工作环境要求固定装配的零部件。严防将工具、多余零件及杂物留存在箱体之中,确定无误后,再进行手动或低速试运行,以防机械设备运转时发生意外事故。

二、典型机构零件连接装配

连接是装配过程中一项工作量很大的工作,分为可拆卸连接和不可拆卸连接两大类。

可拆卸连接的特点是相互连接的零件拆卸时不损坏任何零件,且拆卸后还能重新装配。常见的可拆卸连接有螺纹连接、键连接和销连接等,其中以螺纹连接应用最广。不可拆卸连接的特点是被连接件在使用过程中不拆卸,若要拆卸则必须损坏某些零件。常见的不可拆卸连接有焊接、铆接、胶接和过盈连接等,其中过盈连接常用于轴和孔的配合。过盈连接常用的装配方法有压入配合法和热胀冷缩法。前者是在常温下沿轴向加压配合,实际过盈量有所减小,常用于一般机械中;后者是将配合件中的孔与轴分别加热和冷却,这种方法易保证过盈量,故常用在重要和精密的机械中,如滚动轴承的装配等。

1.螺纹连接的装配

螺纹连接是由螺纹零件实现的。常用的螺纹连接主要有螺栓连接、双头螺柱连接和螺钉连接三种形式。

(1)螺纹连接装配时,为了润滑和防止生锈,在螺纹连接处应涂上润滑油。螺钉或螺母与零件贴合表面应平整,紧固螺母时应加垫圈,以防止损伤贴合表面。

(2)螺纹连接装配时,拧紧力矩应适宜,达到螺纹连接可靠和紧固的目的。装配时,对有特殊控制螺纹力矩预紧力要求的,应采用测力扳手控制预紧力的大小。

(3)在工作中受振动或冲击时,为防止螺钉和螺母松动,必须采用可靠的防松装置,防松装置应根据防松原理、种类、特点及应用场合进行合理配置。

2.键连接的装配

键连接常用于轴与齿轮、带轮、联轴器等的连接。通过键的两侧面传递转矩而不承受轴向力的键连接称为松键连接。用于松键连接的键主要有平键、半圆键和导向键等。除传递转矩外,还可传递一定的轴向力的键连接称为紧键连接。用于紧键连接的键有楔键、钩头楔键等。用于大载荷和同轴度要求高的设备中的键连接为花键连接,它主要有固定花键连接和滑动花键连接两种。

1)松键连接装配方法与要点

(1)装配前要清理键槽的锐边、毛刺,以防装配时造成过大的过盈。

(2)用键头与键槽试配松紧,应能使键紧紧地嵌在键槽中。

(3)锉配时,键长、键宽方向与键槽间应留 0.1 mm 左右的间隙。

(4)在配合面上涂上机油,用铜棒或台虎钳将键压装在键槽中,直至与槽底面接触。

(5)试配并安装套件,安装套件时要用塞尺检查非配合面间隙,以保证同轴度要求。

(6)对于导向键,装配后应滑动自如,但不能摇晃,以免引起冲击和振动。

2)紧键连接装配方法与要点

(1)将轮毂装在轴上,并对正键槽,涂上机油,用铜棒将键打入,使键的上、下表面和轴、毂槽的底面贴紧,两侧面应有间隙。

（2）配键时,键的斜度一定要吻合,要用涂色法检查斜面的接触情况,若配合不好,可用锉刀、刮刀修整键或键槽,合格后,将键轻敲至键槽内。

（3）钩头楔键安装后,不能使钩头贴紧套件的端面,必须留一定的距离,供修理时拆卸用。

3）固定花键连接装配方法与要点

（1）装配前,应先检查轴、孔的尺寸是否在允许过盈量的范围内,并将毛刺清理干净。

（2）装配时可用铜棒轻轻敲入,不可过紧,否则会拉伤配合表面。

（3）过盈量较大时,可将花键套加热（80~120 ℃）后再进行装配。

4）滑动花键连接装配方法与要点

（1）检查轴、孔的尺寸是否在允许过盈量的范围内,并将毛刺清理干净。

（2）用涂色法修正各齿间的配合,直到花键套在轴上能自动滑动,没有阻滞现象,但不应过松,用手摆动套件,不应感到有间隙存在。

（3）若套孔径有较大缩小现象,可用花键推刀修整。

3. 销连接的装配

销主要有圆柱销和圆锥销两种。销连接具有结构简单、连接可靠和装拆方便等优点。

销连接的装配方法与要点如下。

（1）装配前,应在销表面涂上机油润滑,再将销轻轻敲入销孔。

（2）圆柱销装配时,对销孔精度要求较高,应先采取与被连接件的两孔同时配钻、配铰,以保证连接质量。

（3）圆柱销装配时,可用锤子通过铜棒将销打入销孔内,也可用压力法装入。

（4）圆锥销装配时,应保证销与销孔的锥度正确,其接触面积应大于 70%。钻孔时,按圆锥销小头直径选用钻头（圆锥销以小头直径和长度表示规格）。用 1∶50 锥度的铰刀铰孔。铰孔时用试装法控制孔径,以圆锥销自由插入全长的 80%~85% 为宜。然后用手将销打入销孔,销的大端稍高于工件表面。

（5）不通的锥销孔,应在销外圆用油石磨一通气平面,厚度为 0.02~0.05 mm,以便让孔底空气排出,否则销是装不进去的。

（6）过盈配合的圆柱销,一经拆卸就应更换,不宜继续使用。

4. 滚动轴承的装配

（1）滚动轴承装配时,应以无字标的一面作为基准面,将其紧靠轴肩;将标有代号的端面装在可见部位,以便于将来更换。装配后,保证滚动轴承外圈与轴肩和壳体孔台肩紧贴,没有间隙。

（2）滚动轴承装在轴上和壳体后,不能有歪斜和卡住现象。为了保证滚动轴承工作时有一定的热胀余地,在同轴的两个滚动轴承中,必须有一个外圈（或内圈）可以在热胀时产生轴向移动,以免滚动轴承产生附加应力,甚至在工作中使滚动轴承咬住。要在滚动轴承外圈与端盖之间留有一定的游隙（0.5~1 mm）。

（3）滚动轴承装配时,一定不能有杂物进入滚动轴承内,装配后滚动轴承应运转灵活、无噪声,工作温升控制在图样要求的范围内,添加的润滑油符合图样技术要求。

（4）装配角接触轴承时,轴承内、外圈的装配顺序应遵循先紧后松的原则,即当轴承内圈与轴是紧配合、轴承外圈与轴承座孔是较松配合时,先将轴承安装在轴上,再将轴连同轴承一起装入轴承座孔内;反之,则先将轴承压装在轴承座孔内,然后将轴装入轴承内圈内。如果轴承内圈与轴和轴承外圈与轴承座孔的配合松紧程度相同时,可用安装套施加压力,使该力同时作用在轴承内、外圈上,把轴承同时压入轴颈和轴承座孔中。

(5)圆锥滚子轴承装配时,由于其内、外圈可以分离,装配时可分别将内圈装入轴上,外圈装入轴承座孔内,然后通过改变轴承内、外圈的相对位置来调整轴承的间隙。

(6)推力球轴承装配时应区别紧环与松环,松环的内孔比紧环大,故紧环应靠在轴上相对静止的面上,如图 1-6-4 所示,右端紧环靠在轴肩端面上,左端紧环靠在圆螺母的端面上,否则会使滚动体丧失作用,同时加速配合零件间的磨损。

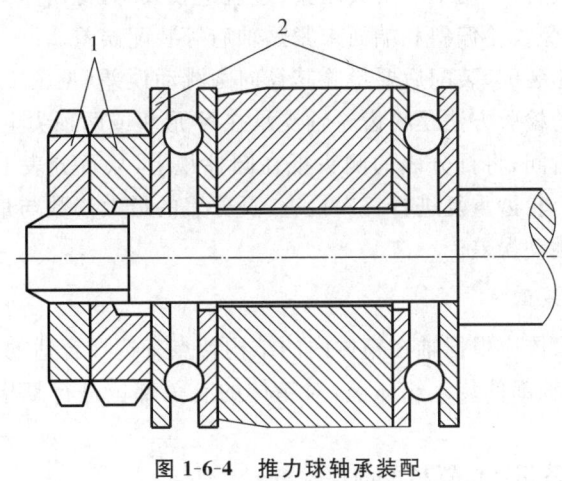

图 1-6-4　推力球轴承装配

1—圆螺母;2—紧环

三、齿轮传动的装配

齿轮传动是利用齿轮副(齿轮副是由两个相互啮合的齿轮组成的基本结构,两齿轮轴线相对位置不变,并各绕其自身轴线转动)来传递运动或动力的一种机械传动。齿轮传动具有应用范围广、传动效率高、使用寿命长、结构紧凑,体积小等优点,同时也具有噪声大、传动平稳性比带传动差,不能进行远距离传动、制造装配复杂等缺点。

1.齿轮传动机构的装配要求

(1)配合。齿轮孔与轴的装配要满足使用要求:固定连接的齿轮不得有偏心和歪斜现象;滑移齿轮在轴上应滑动自如,不能有咬死和阻滞现象,且轴向定位准确;空套在轴上的齿轮,不能有晃动现象。

(2)中心距和侧隙。应保证齿轮副有准确的中心距和适当的侧隙。侧隙过小,则齿轮传动不灵活,热胀时会卡住,加剧齿面磨损;侧隙过大,则换向时空行程大,易产生冲击和振动。

(3)齿面接触精度。保证齿面有一定的接触斑点和正确的接触位置,这两者是相互联系的,接触斑点不正确同时也反映了两啮合齿轮的相互位置误差。

(4)齿轮定位。变换机构应保证齿轮准确地定位,其错位量不得超过规定值。

(5)平衡。对转速较高的大齿轮,一般应在装配到轴上后再进行平衡检查,以免振动过大。

2.齿轮与轴的装配

圆柱齿轮装配时,一般先将齿轮装在轴上,再把齿轮轴组件装入箱体。根据齿轮工作性质不同,齿轮装在轴上有空转、滑移和固定三种连接方式。

在轴上空转或滑移的齿轮与轴的配合为间隙配合,即齿轮孔与轴的装配是间隙配合,装配较方便,可直接将齿轮套入轴,但装配后齿轮在轴上不得有晃动现象。如果齿轮与轴之间是锥面配合,则要用涂色法检查内、外锥面的接触情况,若贴合不良,应对齿轮内孔进行修正,装配后,轴端与齿轮端面应有一定的间隙。

在轴上固定的齿轮与轴的配合一般为过渡配合(少数是过盈配合),装配时需要施加一定的外力。过盈量不大时,可用手工工具压紧;过盈量较大时,可用压力机压装,压装前涂上润滑油,压装时注意避免齿轮偏斜和端面未紧贴轴肩等装配误差。

精度要求高的齿轮装配,装配后要检验其径向圆跳动误差(见图1-6-5)和端面圆跳动误差。径向圆跳动误差的检验方法是将齿轮轴支承在V形块或两顶尖上,使轴和平板平行,把圆柱规放在齿轮的轮齿间,将百分表的测头抵在圆柱规上,从百分表上得出一个读数,然后转动齿轮,每隔3～4个轮齿重复进行一次检查,百分表的最大读数与最小读数之差,就是齿轮分度圆上的径向圆跳动误差。

3.齿轮轴组件的装配

齿轮轴组件装入箱体应根据轴在箱体内的结构特点来选择合适的装配方式。为了保证装配质量,还应在齿轮轴部件装入箱体前,对箱体的有关部位进行复检,作为装配时修配的依据。复检内容如下。

1)孔距精度和孔系相互位置精度的检验

图1-6-6所示为用游标卡尺、专用轴套、检验芯棒测量孔距精度和孔系轴线平行度误差的检验方法。

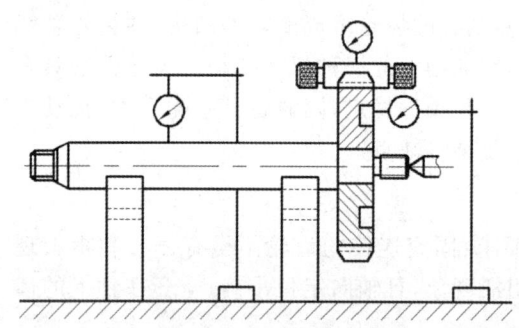

图1-6-5 齿轮径向圆跳动误差的检验   图1-6-6 孔距精度及孔系轴线平行度误差的检验

孔距为

$$A = \frac{L_1 + L_2}{2} - \frac{d_1 + d_2}{2}$$

平行度误差为

$$\Delta = L_1 - L_2$$

2)轴线与基面尺寸精度和平行度误差的检验

将箱体基面用等高块支承在平板上,孔内装入专用定位套。插入检验芯棒,用高度游标尺或百分表测量检验芯棒两端尺寸 h_1 和 h_2,其轴线与基面的距离为 h,如图 1-6-7 所示。

$$h = \frac{h_1 + h_2}{2} - \frac{d_1}{2} - a$$

平行度误差为

$$\Delta = h_1 - h_2$$

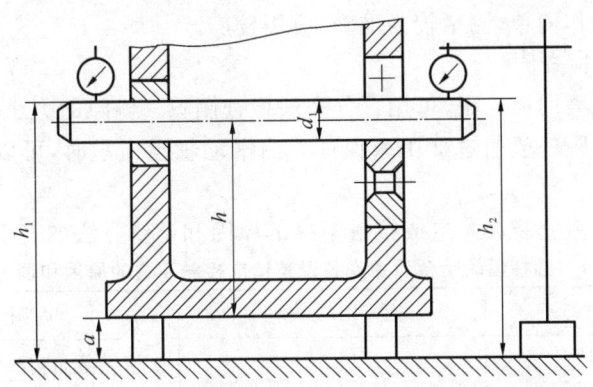

图 1-6-7 轴线与基面尺寸精度和平行度误差的检验

3)轴线与孔端面垂直度误差的检验

将检验芯棒插入装有专用定位套的孔中,轴的一端用角铁抵住,使轴不能轴向窜动。转动芯棒一周,百分表指针摆动的范围即为孔端面与轴线之间的垂直度误差。

4)同轴孔的同轴度误差的检验

在成批生产中,可在各个孔中装入专用定位套,然后用通用检验芯棒检验,检验芯棒能自由地推入几个同轴孔中,表示孔的同轴度误差在规定的范围内。若要求测量出同轴度误差值,则应拆除待测孔的定位套,并把百分表装在检验芯棒上,转动检验芯棒,百分表的指针摆动范围即为同轴度误差值。

5)啮合精度的检查

齿轮装配后,应对齿轮副的啮合质量进行检查。啮合质量包括啮合部位及接触面积、啮合齿隙。主要检查方法如下。

(1)用涂色法检查啮合部位及接触面积。

检查时将红丹粉涂于大齿轮齿面上,使两啮合齿轮进行空运转,然后检查其接触斑点情况,接触斑点在齿轮高度上应不少于 60%,在齿轮宽度上不少于 70%,分布的情况应是自节圆处上下对称分布。转动齿轮时,被动轮应轻微止动。对于双向工作的齿轮,正、反两个方向都应检查。根据接触斑点位置和面积情况,可对齿轮啮合精度进行分析,以便装配时调整。

圆柱齿轮接触斑点的位置如图 1-6-8 所示。

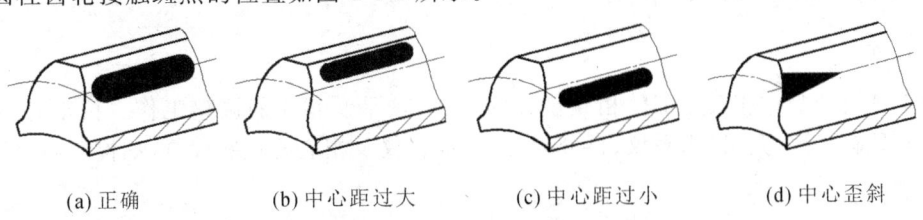

(a)正确　　　(b)中心距过大　　　(c)中心距过小　　　(d)中心歪斜

图 1-6-8 圆柱齿轮接触斑点的位置

（2）用压铅法检查齿轮啮合间隙。

在小齿轮齿宽方向上放置两条以上铅丝，并用油将其粘在轮齿上，铅丝长度以能压上三个齿为宜。齿轮啮合滚压后，压扁后铅丝的厚度可用千分尺和游标卡尺测量，就相当于顶隙和侧隙的数值。

在每条铅丝的压痕中，厚度小的是工作侧隙，厚度较大的是非工作侧隙，而最厚的是齿顶间隙。这种方法操作简单，测量较为准确，应用较广。

（3）用百分表法检查侧隙。

对于传动精度较高的齿轮副，可用百分表法检查侧隙。侧隙的大小与中心距偏差有关，圆柱齿轮传动的中心距一般通过加工来保证。由滑动轴承支承时，可以通过刮削轴瓦来调整侧隙的大小。

圆柱齿轮啮合后由安装误差造成接触不良的原因和调整方法如表1-6-1所示。

表 1-6-1　　圆柱齿轮啮合后由安装误差造成接触不良的原因和调整方法

接触斑点	原因分析	调整方法
同向偏接触	两齿轮轴线歪斜	可在中心距公差范围内，刮削轴瓦或调整轴承座；检查并调整齿轮端面与回转中心线的垂直度
异向偏接触	两齿轮轴线歪斜	可在中心距公差范围内，刮削轴瓦或调整轴承座；检查并调整齿轮端面与回转中心线的垂直度
单向偏接触	两齿轮轴不平行同时歪斜	可在中心距公差范围内，刮削轴瓦或调整轴承座；检查并调整齿轮端面与回转中心线的垂直度
游离接触（在整圆周上，接触区由一边逐渐移至另一边）	齿轮端面与回转中心线不垂直	检查齿轮端面与回转中心线的垂直度误差并校正
不规则接触（有时齿面一个点接触，有时在端面边线上接触）	齿面有毛刺或有碰伤隆起	去除毛刺，修整
接触较好，但不太规则	齿圈径向圆跳动太大	检验并消除齿圈的径向圆跳动误差

四、校正、调整与配作

1.校正

校正是指产品中相关零部件相互位置的找正、校平及相应的调整工作。校正时常用的工具及量具有平尺、角尺、水平仪、百分表、光学准直仪及相应的一些检具（如检验芯棒）等。

2.调整

调整是指相关零部件相互位置的具体调节工作。装配时除了校正零部件的位置精度外,为保证零部件的运动精度,还需调整运动副间的间隙,如导轨副中的间隙、齿轮齿条间的啮合间隙等。

3.配作

配作通常是指配钻、配铰、配刮和配磨等。配钻和配铰多用于固定连接,它们是以连接件中一个零件上的已有孔为基准,去加工另一零件上相应的孔。用这种方法装配可避免位置精度要求很高的孔的加工。配钻和配铰常分别用于螺纹连接孔和定位销孔的加工;配刮和配磨多用于运动副配合面的精加工。

4.平衡

对于转速较高的回转零部件,装配时必须进行平衡,以防止运转过程中由于离心力过大而引起的过大振动,从而提高其工作平稳性及降低噪声。机器零部件产生不平衡的原因有材料不均匀、零件制造误差大、配误差大等。

不平衡分为静力不平衡和力偶不平衡两类。装配时应采取静平衡法和动平衡法两种平衡方法。

消除不平衡量的方法主要有以下三个。

(1)用补焊、粘接、铆接、螺纹连接或钻孔浇铅等方法加配质量。

(2)用钻孔、铣、磨、锉或刮等方法去除质量。

(3)在预制的平衡槽内改变平衡块的数量和位置。砂轮静平衡常用此法。

五、验收试验

机械产品装配完成后,应根据产品的有关技术标准和规定进行全面的检验和试验,验收合格后方可出厂。产品类型不同,其验收试验的内容和方法也不尽相同。一般机械的验收试验内容主要有几何精度的检验、空运转试验和负荷试验等。除了整机试验外,在装配过程中还须对承受各种介质(水、气等)压力的零部件进行各种有关的气密性试验和压力试验。

六、装配尺寸链

产品或部件的装配精度与构成产品或部件的零件的精度有着密切关系。为了定量地分析这种关系,可将尺寸链的基本理论用于装配过程,建立起装配尺寸链。装配尺寸链是产品或部件在装配过程中,由相关零件的尺寸或位置关系所组成的封闭的尺寸系统,即由一个封闭环和若干个与封闭环关系密切的组成环组成。将装配尺寸链画出来就得到了装配尺寸链简图。装配尺寸链虽然起源于产品设计,但应用装配尺寸链原理可以指导制订装配工艺。合理安排装配工序,解决装配中的质量问题,分析产品结构的合理性等装配尺寸链理论是进行尺寸分析和计算的基础。

课题三　机械设备装调综合训练

一、CA6140 型车床拆装

1.CA6140 型车床拆装的内容和要求

(1)打开主轴箱盖,观察双向多片式摩擦差动离合器、制动器的结构形式和工作原理。

（2）对照图纸,辨别每根传动轴的轴号,观察它们的传动顺序。

（3）观察变速机构的工作原理,了解滑动齿轮的作用和操纵机构的工作原理。

（4）分别观察主轴高速正转、低速正转和反转时的传动路线。

（5）打开变速箱盖,观察内部结构,了解传动路线、变速原理。

（6）打开溜板箱盖,观察内部结构,了解光杠(又称光杆)、丝杠(又称丝杆)的运动传递原理,以及纵向进给和横向进给的工作原理。

（7）将机床按原状重新装好。

2.CA6140 型车床拆卸实习步骤

（1）严格遵照上述机械设备拆卸的原则及注意事项拆卸该车床。

（2）做好相应的设备拆卸准备工作。清理场地,在所拆卸车床旁边垫上胶皮,以便安全和平稳地放置拆卸零部件。

（3）领取并检查拆卸所需工、量具、照明用具是否齐全和使用是否可靠。

（4）制订机床拆卸方案,分工明确,团结协作。

（5）拆卸下来的零部件按机械设备装配要求分类整齐放置,即按机床总成装配原则由部件→组件→零件或合件的拆卸,并按一个机构单元(部件)以零件的形式放置在同一个区域。机器总成划分如下所示。

机器总成 {
零件:组成机械产品的基本元件
合件: 由两个或两个以上零件组成,不具有独立性和完整功能, 分可拆和不可拆两类
组件:在结构与装拆上有一定独立性但不具有完整功能
部件:由若干个零件组成,具有相对独立性,能完成一定完整功能
}

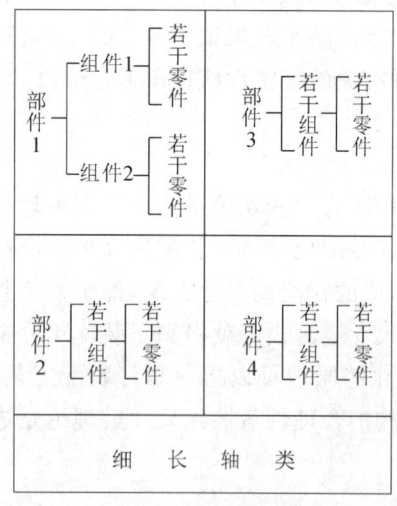

图 1-6-9　胶皮上零件放置区域的划分

一台车床由主轴箱、进给箱、溜板箱、尾座、附件、床身和底座七个部件组成。拆卸车床时即可按这种划分形式进行。拆卸 CA6140 型车床时,主要拆卸主轴箱、进给箱、溜板箱、附件四个机床设备部件。放置拆卸下来的机床零件时,可将胶皮划分成四个摆放区域,如图1-6-9所示,假如将部件 1 区域划分为车床主轴箱拆卸零件放置区域,而主轴箱由七组主轴传动系统组成,则该部件由七个组件组成,在拆卸时,从组件 1 到组件 7 拆卸的零件,即按组件按其装配顺序摆放。其他部件机构如同部件一样,按组件按其装配顺序放置零件。当然也可将组件拆卸下来的零件做好记号,再按顺序放置。这样,在零件装配时可以按顺序进行装配,而不至于因对机构的不熟悉导致在装配时出现失误。

（6）CA6140 型车床拆卸的基本顺序如下。

① 拆除车床上的电气设备和电气元件,断开影响部件拆卸的电气接线,并注意不要损坏、丢失线头上的线号,将线头用胶布包好。

② 放出溜板箱和前床身底座油箱和残存在主轴箱、进给箱中的润滑油,拆掉润滑泵。放掉后床身底座中的冷却液,拆掉冷却泵和润滑、冷却附件。

③ 拆除防护罩、油盘,并观察、分析部件间的联系结构。

④ 拆除部件间的联系零件,如联系主轴箱与进给箱的挂轮机构,联系进给箱与溜板箱的丝杆、光杆和操纵杆等。

⑤ 拆除基本部件,如尾座、主轴箱、进给箱、刀架、溜板箱和床鞍等。

⑥ 将床身与床身底座分解。

⑦ 按先外后内、先上后下的顺序,分别将各部件分解成零件。

(7) 车床拆卸后,按要求清洗零件。

(8) 检查车床零部件的质量与精度。

(9) 观察机床零部件结构特点,了解机床传动结构间的联系及零件间的相互作用,熟悉机械零件的设计原理。

(10) 按要求装配机床并进行调试。在条件允许情况下可以通电试车。在指导教师的检查下交验机床。

3. CA6140 型车床主要部件的拆装方法

1) 主轴变速箱中轴 I 的构造及拆装方法

主轴箱的主要功能是支承主轴,使主轴带动工件按规定的转速旋转,以实现主运动。主轴箱轴 I 的拆卸,首先从主轴箱的左端开始。轴 I 的左端是三角皮带轮,第一步用销冲把锁紧螺母拆下,然后用内六角扳手把带轮上的端盖螺丝卸下,用手锤配合铜棒把端盖卸下。第二步拆下带轮上的另一个锁紧螺母,使用撬杠把带轮卸下,然后用手锤配合铜棒从主轴箱的右端向左端敲击轴承套,直到卸下为止。到这时,轴 I 整体轴组可以一同卸到箱体外面。

装在轴 I 上的零件较多,拆装麻烦,所以通常在箱体外拆装好后再将轴 I 装到箱体中。

轴 I 上的零件首先从两端开始拆卸,两端各有一盘轴承,拆卸轴承时,应用手锤配合铜棒敲击齿轮,连带轴承一起卸下,敲击齿轮时注意用力均匀,卸下轴承后,把轴 I 上的空套齿轮卸下,然后把摩擦片取出,到这时整个轴 I 上的零件都卸下了。

轴 I 的装配在箱体外进行,在装配过程中应注意轴承的位置和轴 I 上的滑套是否能在半圆键上比较通顺地滑动,否则应视为装配不合理,重新进行装配。轴 I 装好后,再从箱体外装到箱体中。

主轴的拆卸应从两端的端盖开始,然后从箱体左侧向右侧拆卸,左侧箱体外有端盖和锁紧螺母,卸下后,把主轴上的卡簧松下退后,此时用大手锤配合垫铁将主轴从左端向右端敲击,敲击的过程中,应注意随时调整卡簧的位置。

主轴的装配应从箱体的左侧向右侧进行,在装配的过程中,主轴的前轴承的装配应该均匀地装在轴承圈中,否则会损坏轴承,齿轮的装配应咬合均匀,无顶齿现象。装配好后,主轴应能正常旋转。

2) 进给箱的拆装

进给箱固定在床身的左前侧,是调节车刀进给速度的机构。主轴转速确定之后,通过调整进给箱内的变速机构来调节进给速度使其与主轴转速相适配。进给箱里有三套操纵机构,它们分别是基本组的操纵机构,增倍组的操纵机构,螺纹种类变换及丝杆、光杆传动的操纵机构。这些机构的操纵手柄都设在进给箱的正面。

进给箱用来将主轴箱经交换齿轮传来的运动进行各种传动比的变换,使丝杆、光杆得到与主轴速比不同的转速,以取得机床不同的进给量和适应不同螺距的螺纹加工,它由箱体、箱盖、齿轮轴组、倍数齿轮轴组、丝杆、光杆连接轴组及各操纵机构等组成。

进给箱中零部件的拆卸方法与主轴箱中的轴Ⅰ及轴Ⅲ一样,安全注意事项与主轴箱相同(略)。

3) 溜板箱的拆装

溜板箱与滑板部件合称溜板部件,可带动刀架一起运动。溜板箱主要由蜗杆轴结构、开合螺母的控制和进给运动及快速运动的操纵机构、互锁机构(纵、横进给运动的互锁,十字槽限位,开合螺母与纵、横进给运动的互锁)等组成。溜板箱拆装顺序如下。

(1) 拆下三杆支架,取出丝杆、光杆、φ6锥销及操纵杆、M8螺钉,抽出三杆,取出溜板箱定位锥销φ8,旋下M12内六角螺栓,取下溜板箱。

(2) 开合螺母机构的拆装。

开合螺母由上、下两个半螺母组成,装在溜板箱体后壁的燕尾形导轨中,开合螺母背面有两个圆柱销,其伸出端分别嵌在槽盘的两条曲线中,转动手柄开合螺母可上下移动,实现与丝杠的啮合、脱开。

开合螺母机构的拆卸方法是:拆下手柄上的锥销,取下手柄;旋松燕尾槽上的两个调整螺钉,取下导向板,取下开合螺母,抽出轴等。

装配时按反顺序进行。

(3) 纵、横向机动进给操纵机构的拆装。

纵、横向机动进给动力的接通、断开及其变向由一个手柄集中操纵,且手柄扳动方向与刀架运动方向一致,使用比较方便。

纵、横机动进给操纵机构的拆卸方法如下。

① 旋下十字手柄、护罩等,旋下M6顶丝,取下套,抽出操纵杆,抽出φ8锥销,抽出拨叉轴,取出纵向、横向两个拨叉(观察纵、横向的动作原理)。

② 取下溜板箱两侧护盖,旋下M8沉头螺钉,取下护盖,取下两牙嵌式离合器轴,拿出齿轴1、2、3、4及铜套等(观察牙嵌式离合器动作原理);旋下蜗轮轴上M8螺钉,打出蜗轮轴,取出齿轮、蜗轮等。

③ 旋下快速电动机螺钉,取下快速电动机。

④ 旋下蜗杆轴端盖上的M8内六角螺钉,取下端盖,抽出蜗杆轴。

⑤ 旋下横向进给手轮螺母,取下手轮,旋下进给标尺轮M8内六角螺栓,取下标尺轮。取出齿轮轴装配时按反顺序进行。抽出φ6锥销,打出齿轮轴,取下齿轮轴。

4. 机床典型零部件的拆卸

1) 螺纹连接件的拆卸

螺纹连接在机械设备中应用最为广泛。拆卸螺纹连接件相对比较容易,但有时因各种原因,或因拆卸方法不当而造成螺纹连接件损坏,因此应选用合适的旋具,尽量不要用活络扳手。对于较难拆卸的螺纹连接件,应先弄清螺纹的旋向,不要盲目乱拧或用过长的加力杆。拆卸双头螺柱时,要用专用扳手。

(1) 断头螺钉的拆卸。

当螺钉断在机体表面及以下时,有以下三种拆卸方法:一是在螺钉上钻孔,打入多角淬火冲销后,将螺钉拧出,注意打击力不可过大,以免损坏机体上的螺纹;二是在螺钉中心钻孔,攻反向螺纹,拧入反向螺钉旋出;三是在螺钉上钻直径相当于螺纹小径的孔,再用相同规格的丝锥攻螺纹,或者钻直径相当于原螺纹大径的孔,重新攻螺纹,并重新选配螺栓。断头的特殊螺钉,可用电火花打出方形或扁形槽,再用相应的旋具拧出螺钉。

当螺钉的断头露出机体表面外一部分时,有以下三个拆卸方法:一是在螺钉的断头上用锯子锯出沟槽,用一字起旋出,或将断头锉出方形,用扳手拧出;二是在断头上加焊弯杆,或加焊一个螺母再拧出;三是可采用錾子或冲子沿圆周逐渐剔出(断头螺钉较粗时常用此法)。

(2)打滑的六角螺钉的拆卸。

六角螺钉用于固定连接的场合较多,当六角磨圆后会产生打滑现象而很不容易拆卸,这时用一个孔径比螺钉头外径稍小一些的六角螺母,放在内六角螺钉头上,然后将螺母与螺钉焊接在一起,待冷却后用扳手拧六角螺母,即可将打滑的六角螺钉迅速拧出。

(3)锈死螺纹连接件的拆卸。

螺钉、螺母、螺柱等用于紧固或连接时,由于生锈而很不容易拆卸,这时可采用如下几种方法拆卸。

① 用手锤敲击螺纹连接件的四周,以振松锈层,然后拧出螺纹连接件。

② 先向拧紧方向稍拧动一点,再向反方向拧,如此反复拧紧和拧松,直到拧出螺纹连接件为止。

③ 在螺纹四周浇些煤油或松动剂,浸渗一定时间后,先轻敲四周,锈蚀面略微松动后拧出螺纹连接件。

④ 若零件允许,可采用加热包容件的方法,使其膨胀,然后迅速拧出螺纹连接件。

⑤ 采用车削、锯、錾、气割等方法,破坏螺纹连接件。

(4)成组螺纹连接件的拆卸。

除按单个螺纹连接件拆卸方法外拆卸,还要做到如下几点。

① 连接将各螺纹连接件拧松1~2圈,然后按一定的顺序,先四周后中间按对角线方向逐一拆卸,以免力量集中到最后一个螺纹连接件上,造成难以拆卸或零部件的变形和损坏。

② 处于难拆部位的螺纹连接件要先拆卸下来。

③ 拆卸悬臂部件的环形螺柱组时,要特别注意安全。首先要仔细检查零部件是否垫稳了,起重索是否捆牢了,然后从下面开始按对称位置拧松螺柱进行拆卸。最上面的一个或两个螺柱,要在最后分解吊离时拆下,以防事故发生或零部件损坏。

④ 仔细检查在外部不易观察到的螺纹连接件,在确定整个成组螺纹连接件已经拆卸完后,方可将连接件分离,以免造成零部件的损伤。

2)过盈配合件的拆卸

拆卸过盈配合件,应根据零件配合尺寸和过盈量的大小,选择合适的拆卸方法和工具、设备,如顶拔器、压力机等,不允许用手锤直接敲击零部件,以防损坏零部件。在无专用工具的情况下,可通过铜棒、木块等介质用手锤敲击。拆卸之前,一定要检查有无销、螺钉等附加固定或定位装置,若有应先拆下。施力部位应在零部件合适的部位,且受力均匀,轴类零件力应作用在受力面的中心。要保证拆卸方向的正确性,特别是带台阶、有锥度的过盈配合件的拆卸。

滚动轴承的拆卸属于过盈配合件的拆卸,拆卸时除遵循过盈配合件的拆卸要点外,还要注意尽量不用滚动体传递力。拆卸尺寸较大的轴承或过盈配合件时,为了使轴和轴承免受损害,可加热来拆卸。

3)不可拆连接件的拆卸

焊接件的拆卸可用锯割、等离子切割或用小钻头排钻孔后再用锯或錾的方法,也可用气割等方法。铆接件的拆卸可采用可錾掉、锯掉或气割掉铆钉头,或用钻头去掉铆钉等方法。操作时注意不要损坏基体构件。

5.CA6140型车床拆卸验收

拆卸后的CA6140型车床由指导教师进行检查验收,要求如下。

(1)遵守拆卸相关规定要求,按要求拆卸各部件。

(2)平稳放置拆卸零部件,按部件区域,并以组件、以零件装配顺序放置在胶皮上。

(3)拆卸零部件无伤痕。

(4)全部机床部件拆分为零件(不可拆零件除外)。按要求清洗机床零部件。

(5)安全无事故。

以上每条各20分,共100分。

二、CA6140型车床的装配

CA6140型车床拆卸经验收合格后进行装配,其工艺过程如下。

1.CA6140型车床装配前的准备工作与要求

(1)原则上最后拆下的零件最先装,装配顺序是由下向上、由里向外、由主机到附件。

(2)确定装配方法、顺序,准备所需要的工具、夹具、量具。

(3)清理全部零件。熟悉机床装配图和技术要求,熟悉有关说明及装配技术文件。

(4)先将零件装配成部件,按部件技术条件检验达到合格。

2.CA6140型车床装配顺序和方法

(1)清理床身、导轨及部件安装表面。

(2)将拆卸下的零件组装成组件,再将组件装配成部件。

(3)安装齿条,保证齿条与溜板箱齿轮具有0.08 mm的啮合侧隙。

(4)安装溜板箱、进给箱、丝杠、光杠及托架,保证丝杠两端支承孔中心线和开合螺母中心线在上下、前后对床身导轨平行,且等距度小于0.15 mm。调整进给箱丝杠支承孔中心线、溜板箱开合螺母中心线和后托架支承孔中心线三者与床身导轨的等距度,保证上母线等距度为0.01 mm/100 mm,侧母线等距度为0.01 mm/100 mm。然后配作进给箱、溜板箱、后支座的定位销,以确保精度不变。

(5)安装主轴箱。主轴箱以底平面和凸块侧面与床身接触来保证正确的安装位置。要求检验芯棒上母线公差小于0.03 mm/100 mm,外端向上抬起,侧母线公差小于0.015 mm/300 mm,外端偏向操作者位置方向。超差时,通过刮削主轴箱底面或凸块侧面来满足要求。

(6)安装尾座。第一步,以床身导轨为基准,配刮尾座底面,经常测量套筒孔中心与底面平行度,尾座套筒伸出长度100 mm时移动溜板,保证底面对尾座套筒锥孔中心线的平行度达到精度要求。第二步,调整主轴锥孔中心线和尾座套筒锥孔中心线对床身导轨的等距度,上母线的等距度为 0.06 mm,只允许尾座比主轴中心高,若超差,则通过修配尾座底板厚度来满足要求。

(7) 安装刀架。保证小刀架移动对主轴轴心线在垂直平面内的平行度,允差为 0.03 mm/100 mm,若超差,通过刮削小刀架转盘与横溜板的接合面来调整。

(8) 安装电动机、挂轮架、防护罩及操纵机构。

3.CA6140 型车床装配检查验收

CA6140 型车床装配好后,在进行性能试验之前,必须仔细检查车床各部分是否安全、可靠,以保证试运转时不出事故。

(1) 用手转动各传动件,应运转灵活。

(2) 变速手柄和换向手柄应操作灵活,定位准确,安全可靠。手轮或手柄操作力小于 80 N。

(3) 移动机构的反向空行程应尽量小,直接传动的丝杆螺母不得超过 1/30 转,间接传动的丝杆螺母不得超过 1/20 转。

(4) 溜板、刀架等滑动导轨在行程范围内移动时,应轻重均匀和平稳。

(5) 顶尖套在尾座孔中全程伸缩应灵活自如,锁紧机构灵敏,无卡滞现象。

(6) 开合螺母机构准确、可靠,无阻滞和过松现象。

(7) 安全离合器应灵活可靠,超负荷时能及时切断运动。

(8) 挂轮架交换齿轮之间侧隙适当,固定装置可靠。

(9) 各部分润滑充分,油路畅通。

(10) 电气设备启动、停止应安全可靠。

(11) 安全文明生产,无事故。

(1)~(11)均达到机床装配质量要求合计 80 分,安全文明生产无事故计 20 分,共 100 分。

三、减速器的拆卸与装配

1.减速器的拆装的目的

通过对二级齿轮减速器进行拆卸与装配,全面认识典型传动机构及零部件的传动形式,掌握传动零件的拆卸与装配,了解齿轮、轴承、销、键的装配形式与配合关系;了解上述零件在减速器中的作用,全面掌握减速器的装配工艺、装配方法和各种工具的正确使用方法;培养装配操作技术、分析问题和解决问题的能力。

除此之外,通过对齿轮装配的配合间隙的检测,掌握传动机构的运动精度和配合精度的检查方法。

2.减速器的拆装内容与要求

(1) 遵守设备拆卸与装配相关规定。

(2) 打开减速器上盖壳体,观察减速器传动结构。

(3) 确定减速器输出与输入轴,并进行传动比计算。

(4) 用压铅法和百分表法检测传动齿轮啮合间隙与侧隙。

（5）检测箱壳体轴孔同轴度。

（6）装配合格后报告验收。

3. 减速器拆装实习步骤

（1）拆卸减速器上盖壳体。

（2）拆除密封盖板、轴端挡圈、销、轴承端盖等。

（3）拆卸轴承、齿轮等。

（4）零件清洗。

（5）减速器装配。

① 高速轴组装配。将高速轴竖立放置，套上挡油环，再放上轴承，将轴承专用套筒对准轴承内圈用手锤轻敲入轴中；轴组掉头，用相同方法装配另一端的挡油环和轴承。

② 中间轴组装配。将大齿轮和小齿轮周向定位的键放置在键槽内，用铜棒轻敲入，再将大齿轮装到轴上，用专用套筒对准齿轮的轮毂用手锤敲入轴位，用同样方法从另一端装上小齿轮，分别把两端挡油环和轴承装上（方法同上）。

③ 低速轴装配。用上述方法将齿轮装配到轴上，装入挡油环和轴承。

④ 把箱底壳放置在工作台上，将三个轴组分别放到对应的轴承孔内，使齿轮啮合正确。

⑤ 用压铅法检查齿轮啮合精度，用游标卡尺检查轴间中心距，用高度游标卡尺检查轴线与基面尺寸精度与平行度。

⑥ 根据检查结果做相应调整，达到配合精度要求。

⑦ 装上壳体上盖板，把六个轴承端盖装上，将固定螺丝稍拧紧，再将壳体连接螺栓装上，逐一拧紧，打入定位销，最后将轴承端盖螺丝按对角顺序全部拧紧。

⑧ 全部将其他附属零件装配后，检查是否有遗漏或尚未紧固的零部件。整改后，用手旋转输入轴，观察能否转动灵活，有无无明显间隙或轴向窜动现象。

4. 减速器拆装检查验收

装配完成后，指导老师进行检查并评分，要求如下。

（1）准备工作充分、高速轴组装工艺正确、中间轴组装工艺正确、低速轴组装工艺正确、总装工艺正确，共 40 分。

（2）零件拆卸方法正确、零件摆放规范、操作过程标准规范，共 30 分。

（3）齿轮啮合精度、侧隙精度、中心距尺寸精度与平行度检查，共 30 分。

（4）安全文明生产，违反者扣 10 分。

普通车床加工

◀ 项目一　车工基础知识及基本操作 ▶

教学目的和要求

（1）了解车床的工作原理、操作注意事项。

（2）掌握车床加工过程中各部位手柄调整或移动的技巧。

（3）了解实习场地及设备使用注意事项、安全文明生产。

（4）了解车床保养及润滑常识。

在机械加工车间中，车床约占车床总数的一半。车床的加工范围很广，车床主要加工各种回转表面，包括端面、外圆、内圆、锥面、螺纹、回转沟槽、回转成形面等。普通车床加工尺寸精度一般为 IT10～IT8 级，表面粗糙度值 Ra 为 $6.3\sim1.6\ \mu m$。车床工作内容如图 2-1-1 所示。

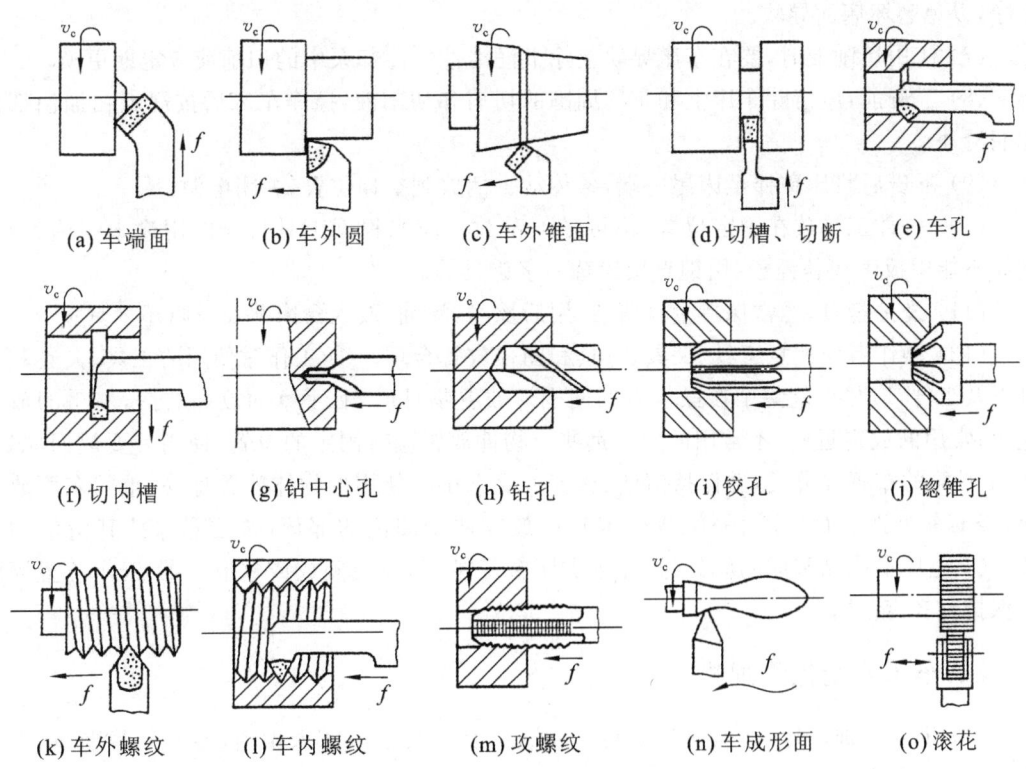

(a) 车端面　　(b) 车外圆　　(c) 车外锥面　　(d) 切槽、切断　　(e) 车孔

(f) 切内槽　　(g) 钻中心孔　　(h) 钻孔　　(i) 铰孔　　(j) 锪锥孔

(k) 车外螺纹　　(l) 车内螺纹　　(m) 攻螺纹　　(n) 车成形面　　(o) 滚花

图 2-1-1　车床工作内容

课题一 文明生产和车工安全操作规程

一、文明生产

文明生产是工厂管理的一项十分重要的内容,它直接影响产品的质量,影响设备、工具、夹具和量具的使用寿命,影响操作工人技能的发挥。开始学习基本操作技能时,就要重视培养文明生产的良好习惯。因此,对于车工操作,要求操作者在操作时必须做到以下几点。

(1)开车前,应检查车床各部分机构是否完好,各传动手柄、变速手柄所处的位置是否正确,以防开车时因突然撞击而损坏车床,启动后,应使主轴低速空转 1~2 分钟,使润滑油散布到各需要之处(冬天尤为重要),运转正常后车床才能工作。

(2)工作中需要变速时,必须先停车。改变进给箱手柄位置要在低速时进行。使用电气开关的车床不准通过正、反车来紧急停车,以免打坏齿轮。

(3)不允许在卡盘和床身导轨上敲击或校直工件,床面上不准放置工具或工件。

(4)装夹较重的工件时,应该用木板保护床面,下班时如工件不卸下,应用千斤顶支承。

(5)车刀磨损后,要及时刃磨,用磨钝的车刀继续切削会增加车床负荷,甚至损坏车床。

(6)车削铸铁或气割下料的工件时,导轨上的润滑油要擦去,工件上的型砂杂质应清除干净,以免磨坏床面导轨。

(7)使用切削液时,要在车床导轨上涂上润滑油。冷却泵中的切削液应定期更换。

(8)下班前,应清除车床上和车床周围的切屑和切削液,擦净车床后按规定在加油部位加润滑油。

(9)下班后将床鞍摇至床尾一端,各传动手柄放到空挡位置,关闭电源。

(10)每件工具放在固定位置,不可随便乱放。应当根据工具自身的用途来使用工具,例如不能用扳手代替锤子、用钢直尺代替一字旋具等。

(11)爱护量具,经常保持量具清洁,用后擦净,涂油,放入盒内并及时归还工具室。

(12)操作者应注意工具、夹具、量具和图样放置合理。① 工作时使用的工具、夹具和量具以及工件,应尽可能集中在操作者的周围。放置物件时,右手拿的放在右面,左手的放在左边;常用的放得近些,不常用的放得远些。物件放置应有固定的位置,使用后要放回原处。② 工具箱的布置要分类,并保持清洁、整齐。要求小心使用的物体放置稳妥,重的东西放下面,轻的东西放上面。③ 图样、操作卡片应放在便于阅读的部位,并注意保持其清洁和完整。④ 毛坯半成品和成品应分开,并按次序整齐排列,以便安放或拿取。⑤ 工作位置周围应保持整齐、清洁。

二、车工安全操作规程

(1)进入实训场地,必须规范"两穿一戴"。女生长发应塞入帽内,不允许戴围巾、手套等进行车工操作。

(2)车床启动后,应低速运行几分钟,使各部位的润滑正常。车工四周的工作场地必须保持清洁,道路畅通,调节车床照明灯,使工作区域光线充足。

（3）不允许在床面上堆放工件或工具，不能在主轴和床身导轨上敲击工件。

（4）工件和刀具必须装夹牢固，开车前要用手扳动卡盘检查工件与床面、刀架滑板等是否会相撞，操作者不宜站在卡盘转动的同一平面上，以免工件装夹不牢固而飞出伤人。

（5）改变主轴转速时，必须先停车，严禁开车变速。变速时必须将手柄扳到正确位置，使齿轮啮合良好。

（6）工件转动时，不允许用手摸或进行测量，更不允许用丝织物擦拭旋转的工件。清除切屑时，严禁用手直接清除或用嘴吹除，必须使用专用的铁钩和毛刷。

（7）加工中进行观察时，头部不能太靠近工件，以免切屑飞入眼睛。

（8）加工中发现异常应立即停车进行检查，排除故障后方可重新开车。

（9）操作时必须一人操作，不能同时几人操作。

（10）工作时必须精力集中，注意身体和衣服不能靠近正在旋转的机件，如工件、带轮、皮带和齿轮等。

（11）毛坯棒料从主轴孔尾端面伸出不得太长，防止甩动伤人。

（12）不准随意拆装电气设备，以免发生触电事故。

（13）不准用手刹住正在转动的卡盘或工件。

（14）卡盘扳手应随手取下，以免发生飞出伤人事故。

（15）工作结束时，将车床擦拭干净，关闭电源。在导轨上加注防锈油，将各操作手柄置于空挡。将大拖板、尾座摇至床尾，清理所用的全部工具、量具、刀具和夹具等，并将它们整齐有序地放在工具架上。

课题二 车床传动和结构原理

一、CA6140 型车床的结构

车床一般由主轴箱（床头箱）、交换齿轮箱、进给箱（走刀箱）、溜板箱（拖板箱）、滑板箱和床鞍、刀架、尾座、床身、冷却装置、照明装置等部分组成。图 2-1-2 所示为 CA6140 型车床实物结构图。

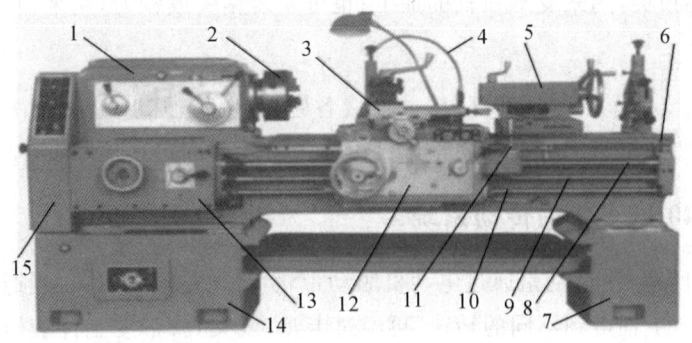

图 2-1-2 CA6140 型普通车床实物结构图

1—主轴箱；2—卡盘；3—刀架；4—冷却装置；5—尾座；6—床身；7、14—床脚；
8—丝杠；9—光杠；10—操纵杠；11—自动进给手柄；12—溜板箱；13—进给箱；15—交换齿轮箱

1. 主轴箱

主轴箱内装有由滑移齿轮组成的变速机构。它通过改变手柄的位置来操纵滑移齿轮，从而获得不同的主轴转速。主轴前端可以安装卡盘（用于夹持工件），主轴中有锥孔（用于安装前顶尖）。

2. 进给箱

进给箱内也装有由滑移齿轮组成的变速机构。它也通过改变手柄的位置来操纵滑移齿轮，从而获得不同的光杠或丝杠转速，以获得不同的自动进给速度或车削不同螺距的螺纹。

3. 溜板箱

溜板箱是车床进给运动的操纵箱，其上装有刀架。溜板箱接通丝杠时，合上开合螺母，可车削螺纹。溜板箱接通光杠时，可使刀架作纵向移动或横向移动，用来车削圆柱面或端面。

4. 刀架

刀架用来夹持车刀，在水平面内可作纵向移动、横向移动和斜向移动。它主要包括以下几个部分。

（1）大拖板（大溜板）：大拖板与溜板箱相连，可带动整个刀架沿床身导轨作纵向移动。

（2）中拖板（中溜板）：中拖板可带动小拖板沿大拖板上的导轨作横向移动。

（3）转盘：转盘与中拖板用螺钉紧固。松开螺钉，转盘在水平面内可扳转任意角度。

（4）小拖板（小刀架）：小拖板可沿转盘上面的导轨作短距离移动。转动转盘后小刀架的移动用于车削圆锥面。

（5）方刀架：方刀架固定在小拖板上。方刀架可安装四把车刀；绕垂直轴转换刀架位置，即可快速换刀。

5. 尾座

尾座可安装顶尖，用来支承长轴的加工；也可安装钻头或铰刀，用来加工孔。

6. 床身

床身是用来支承车床的基础部分，并连接各主要部件。床身上面有两条互相平行的导轨，用以确定刀架和尾座的移动方向。床身由床脚支承并固定在地基上。

二、CA6140型车床的传动系统

如图 2-1-3 所示，主运动是通过电动机驱动带轮，带轮把运动输入主轴箱，通过变速机构中的变速齿轮，使主轴得到不同的转速，再经过卡盘（或夹具）带动工件旋转。进给运动则是由主轴箱把旋转运动通过交换齿轮箱传给进给箱变速后，由丝杠（或光杠）驱动溜板箱、滑板箱和刀架，从而控制车刀的运动轨迹，完成车削各种表面的工作。

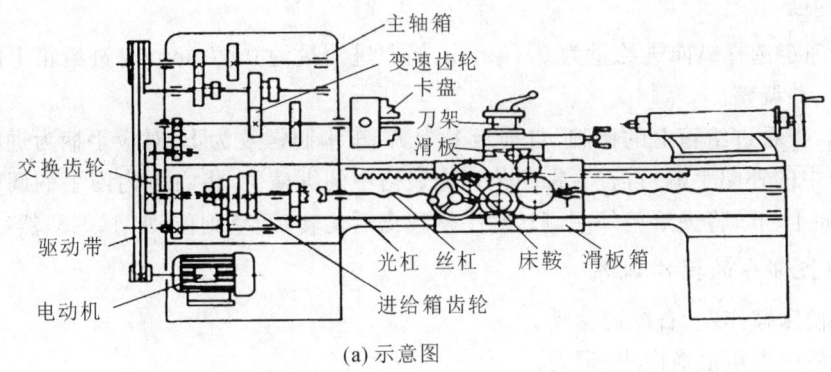

(a) 示意图

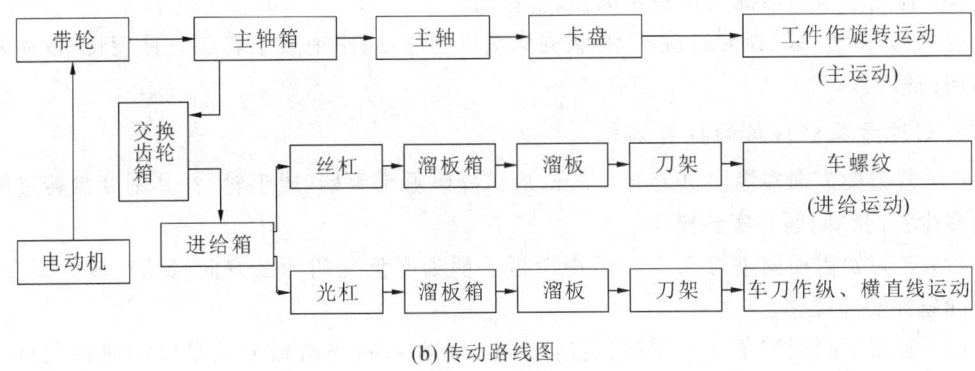

(b) 传动路线图

图 2-1-3 CA6140 型车床的传动系统

三、车床操作

1. 车床的启动操作训练

(1) 进行启动车床的操作,掌握启动车床的先后步骤。

(2) 进行用操纵杆控制主轴正、反转和停车的训练。

提示:在挂轮箱外打开主电源开关,在大拖板上拨出红色停止开关,按下绿色启动开关,机床启动。操作杆上抬机床主轴正转,下压机床主轴反转,处于中间位机床停车。

2. 主轴箱的变速操作训练

(1) 调整主轴转速至 115 r/min、400 r/min、1 000 r/min。

(2) 选择车削右旋螺纹和车削左旋加大螺距螺纹的手柄位置。

提示(1):主轴的转速通过改变主轴箱正面右侧两个手柄的位置来控制。前面的手柄有六个挡位,每个挡位上有四级转速,选择其中一级转速,是靠后面的手柄来进行的。后面的手柄除有两个空挡外,还有四个挡位,挡位所显示的颜色与前面手柄所处挡位上的转速数值字体的颜色相对应。

提示(2):主轴箱正面左侧的手柄是加大螺距及螺纹左、右旋向变换的操纵结构,它有四个挡位,左上挡位为车削右旋螺纹,右上挡位是车削左旋螺纹,左下挡位为车削右旋加大螺距螺纹,右下挡位为车削左旋加大螺距螺纹。

3. 进给箱操作训练

(1) 确定车削螺距为 1 mm、1.5 mm、2.0 mm 的米制螺纹时进给箱上的手轮和手柄的位置,并调整。

(2)确定选择纵向进给量为 0.46 mm、横向进给量为 0.20 mm 时进给箱上的手轮与手柄的位置,并调整。

提示:查看进给箱上的铭牌,自动走刀为 A,车米制螺纹为 B,对应手柄为进给箱外右侧两个手柄中的外圈手柄;再查看螺距值对应表格中的纵横位,将右侧内圈手柄调整至对应罗马数字,如Ⅰ、Ⅱ,将进给箱外左侧转轮手柄拔出后旋转,调整到位,如1、2、3,然后压入。

4.溜板部分的操作训练

(1)使床鞍作左、右纵向移动。

(2)使中滑板沿横向进、退刀。

(3)控制小滑板沿纵向作短距离左、右移动。

提示:大拖板手轮逆时针旋转,拖板向床头纵向移动;中拖板手轮顺时针旋转,带动刀架横向向前移动。

5.刻度盘及分度盘的操作训练

(1)若刀架需向左纵向进刀 250 mm,应该操纵哪个手柄(或手轮)? 其刻度盘转过的格数为多少? 回答问题并实施操作。

(2)若刀架需横向进刀 0.5 mm,中滑板手柄刻度盘应朝什么方向转动? 转过多少格? 回答问题并实施操作。

(3)若需车制圆锥角 $\alpha = 30°$ 的正锥体(即小头在右),小滑板分度盘应如何转动? 回答问题并实施操作。

提示:大拖板手轮刻度盘每格 1 mm;中拖板丝杠螺距为 5 mm,刻度盘等分 100 份,即每格移动 0.05 mm;转角刻度每格 1°。

6.自动进给的操作训练

进行使刀架实现纵、横向机动进给的操作训练。

提示:先按正确方法启动车床主轴,再调整进给量手柄,观察光杠是否旋转;自动进给手柄拨动方向与刀具移动方向相同。

7.开合螺母操纵手柄的训练

根据所需螺距和螺纹调配表选择好走刀箱相关手轮、手柄的位置后,进行如下操作训练。

(1)不扳下开合螺母操纵手柄,观察溜板箱的运动状态。

(2)扳下开合螺母操纵手柄后,观察溜板箱是否按选定的螺距作纵向运动。体会开合螺母操纵手柄压下与扳起时手中的感觉。

(3)先横向退刀,然后快速向右纵进,实现车完螺纹后的快速纵向退刀。

提示:与自动进给的操作训练相同,丝杠旋转起来后,再压下开合螺母操纵手柄;刚开始时可能不能立即接能,保持压下动作,直到合上。

8.刀架的操作训练

(1)刀架上不装夹车刀,进行刀架转位和锁紧的操作训练;体会刀架手柄转位或锁紧刀架时的感觉。

(2)在刀架上安装四把车刀,再进行刀架转位与锁紧的操作训练。

（3）进行刀架旋转 45°后锁紧再复位的操作训练。

当刀架上装有车刀时，转动刀架时其上的车刀也跟着转动，注意避免车刀与工件或卡盘相撞。必要时，在刀架转位前可将中滑板向远离工件的方向退出适当距离。

9.尾座的操作训练

（1）进行尾座套筒进、退移动操作训练，掌握操作方法。

（2）进行尾座沿床身向前移动、固定操作训练，掌握操作方法。

提示：尾座套筒进、退前要松开紧固手柄；尾座体移动前，要松开夹紧手柄或下部压紧螺丝。

课题三 车床保养及润滑常识

为保证车床的加工精度、延长车床的使用寿命和提高劳动生产率，必须加强对车床的维护和保养。车床日常维护的内容主要是清洗和润滑。每天下班后应清洗车床上的切屑、切削液及杂物，清理干净后加注润滑油。

1.润滑方法

车床的润滑方法主要有浇油润滑、溅油润滑、油泵循环润滑及油绳润滑（见图 2-1-4（a））、压注油杯润滑（见图 2-1-4（b））和润滑脂润滑（见图 2-1-4（c））。

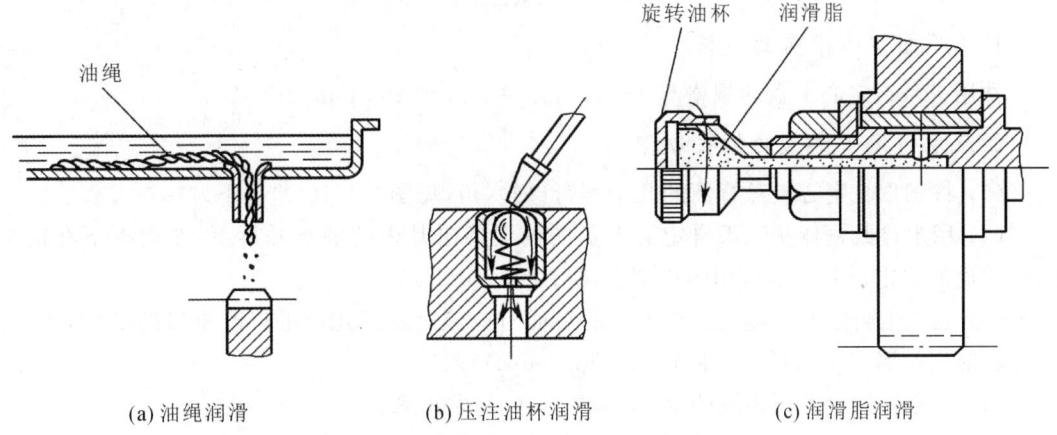

|(a) 油绳润滑 | (b) 压注油杯润滑 | (c) 润滑脂润滑|

图 2-1-4 车床的部分润滑方法

2.机床具体润滑部位

浇油润滑：机床各导轨面。

溅油润滑：主轴箱内各齿轮运动部位。

油泵循环润滑：主轴箱内轴承及摩擦离合器。

油绳润滑：进给箱。

压注油杯润滑：挂轮箱中间轴。

润滑脂润滑：床头箱内齿轮。

3.车床的日常维护、保养要求

（1）每天工作后，切断电源，对车床各表面、各罩壳、导轨面、丝杠、光杠、各操纵手柄和操纵杆进行擦拭，做到无油污、无铁屑，车床外表清洁。

（2）每周要求保养床身导轨面和中、小滑板导轨面，进行转动部位的清洁、润滑，要求油眼畅通、油标清晰，清洗油绳和护床油毛毡，保持车床外表清洁和工作场地整洁。

课题四　三爪自定心卡盘零部件的装拆练习

三爪自定心卡盘（见图 2-1-5）是车床上的常用工具。当卡盘扳手插入小锥齿轮的方孔中转动时，就带动大锥齿轮旋转。大锥齿轮的背面是平面螺纹，平面螺纹又和卡爪的端面螺纹啮合，因此就能带动三个卡爪同时向心或离心移动。

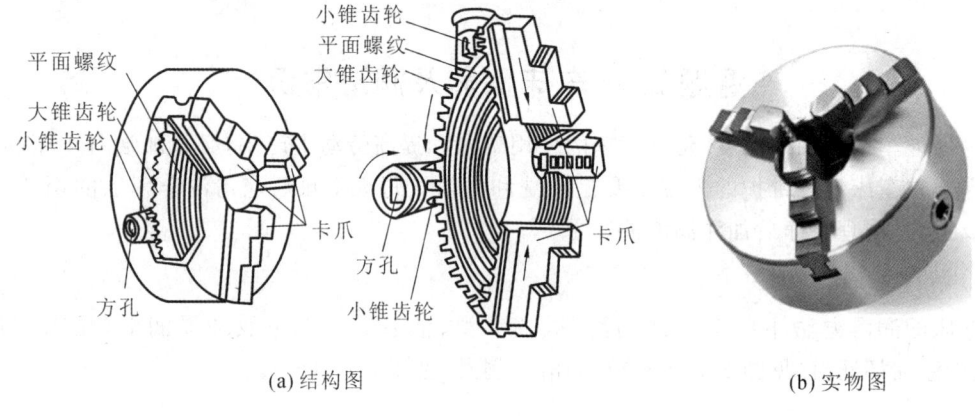

(a) 结构图　　　　　　　　　　　　　　(b) 实物图

图 2-1-5　三爪自定心卡盘

1. 三爪自定心卡盘的规格

常用三爪自定心卡盘的规格有 150 mm、200 mm 和 250 mm。

2. 三爪自定心卡盘的拆装步骤

（1）将三爪自定心卡盘背面的几个螺钉（内六角，见图 2-1-6(a)）拆下。

（2）用木棒或铜棒从三爪自定心卡盘的前面锤击其内的圆盘并拆下，然后拆下在这个圆盘后面的起定位和防尘作用的小圆盘（见图 2-1-6(b)）。

（3）在三爪自定心卡盘的三个卡爪的后面对应位置找到几个平口改锥口的螺丝，卸下。这样就能把拧紧三个卡爪的锥齿轮（见图 2-1-6(c)）取出。

（4）小心地把带平面螺纹的盘（见图 2-1-6(d)）拿出来。

（5）从三爪自定心卡盘的前面将三个卡爪（见图 2-1-6(e)）取下来。这样，三爪自定心卡盘的拆卸就完成了。

3. 装三个卡爪的方法

装卡爪时，将卡盘扳手的方头插入小锥齿轮的方孔中，扳动卡盘扳手，使其带动大锥齿轮的平面螺纹转动。当平面螺纹的螺扣转到将要接近壳体槽时，将 1 号卡爪装入壳体槽内。其余两个卡爪按 2 号、3 号顺序装入，装 2 号卡爪和 3 号卡爪的方法与装 1 号卡爪的方法相同。

4. 三爪自定心卡盘在主轴上的装卸练习

（1）在主轴上装三爪自定心卡盘时，首先将主轴和三爪自定心卡盘的连接部分擦净并涂油，以确保卡盘安装的准确性；将三爪自定心卡盘旋上主轴时，应使卡盘法兰的平面和主轴平面贴紧。

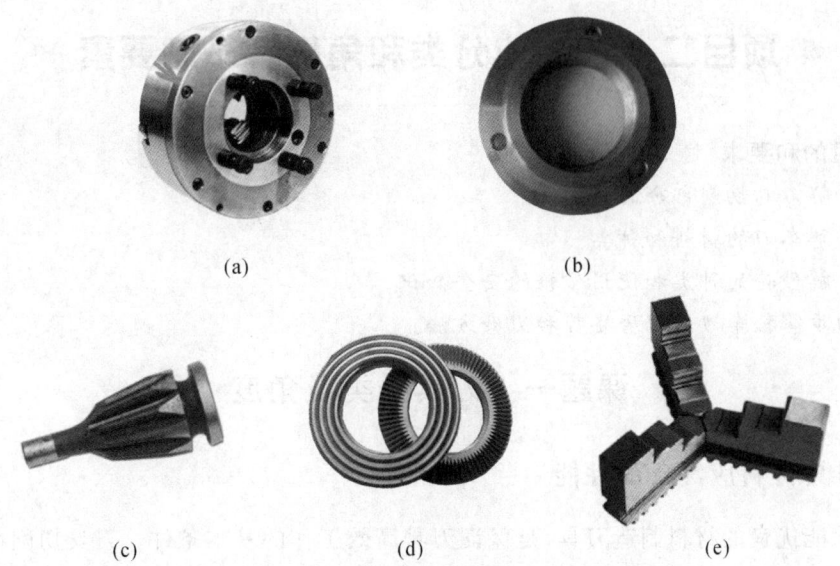

图 2-1-6　三爪自定心卡盘的拆卸

（2）拆三爪自定心卡盘时，在操作者对面的卡爪与导轨面之间放置一定高度的硬木块或软金属，以免导轨面受意外撞击而损坏；然后将卡爪转至接近水平位置，慢速倒车冲撞；三爪自定心卡盘松动后，必须立即停车，然后用双手把卡盘旋下。

5.三爪自定心卡盘装卸注意事项

（1）在主轴上装卸三爪自定心卡盘时，应在主轴孔内插一铁棒，并垫好床面护板，防止砸坏床面。

（2）装三个卡爪时，应按逆时针方向顺序进行，并防止平面螺纹的螺扣转过头。

（3）装三爪自定心卡盘时，不准开车。

项目二 车刀的分类和角度及车削要素

教学目的和要求

（1）了解刀具切削部分的组成。

（2）了解车刀的材料和种类。

（3）了解砂轮的种类和使用砂轮的安全知识。

（4）初步掌握车刀的刃磨姿势和刃磨方法。

课题一 刀具分类及角度

一、刀具材料应具备的性能

采用性能优良的材料制造刀具，是保证刀具高效工作的基本条件。刀具切削部分在强烈摩擦、高压、高温的条件下工作，应达到以下基本要求。

1. 具有高硬度和高耐磨性

刀具材料的硬度高于被加工材料的硬度才能切下被加工材料。刀具材料的硬度高于被加工材料的硬度是刀具材料必须满足的基本要求。刀具材料的硬度应在 60 HRC 以上。刀具材料越硬，其耐磨性越好，但由于切削条件较复杂，刀具材料的耐磨性还决定于其化学成分、金相组织的稳定性。

2. 具有足够的强度与冲击韧性

在这里，强度是指刀具材料抵抗切削力的作用而不致刀刃破碎和刀杆折断所具备的性能。它一般用抗弯强度来表示。

冲击韧性是指刀具材料在间断切削或有冲击的工作条件下保证不崩刃的能力。刀具材料的硬度越高，其冲击韧性越低，刀具材料越脆。

3. 具有高耐热性

耐热性又称为红硬性，是衡量刀具材料性能的主要指标。

4. 具有良好的工艺性和经济性

为了便于制造，刀具材料应有良好的工艺性，如锻造加工性能、热处理性能和磨削加工性能等。当然，制造和选用刀具时还应综合考虑经济性。当前超硬材料和涂层刀具材料较贵，但用它们制成的刀具使用寿命很长，在成批大量生产中，分销到每个零件中的费用有所降低。因此，在选用刀具材料时一定要综合考虑其经济性。

二、刀具材料的种类

常用的刀具材料主要有高速钢、硬质合金、陶瓷、金刚石和立方氮化硼等。

1. 高速钢

高速钢是含钨、铬和钒等元素的高合金工具钢。热处理后，高速钢的硬度为 62～65 HRC，耐热温度为 500～600 ℃，切削速度可达 40 m/min。高速钢的强度和冲击韧性较好,能承受较大的冲击力。与硬质合金刀具相比,高速钢刀具制造容易、刃磨方便。用于制造刀具的高速钢的牌号主要有 W18Cr4V 和 W9Cr4V2。

2.硬质合金

硬质合金是用碳化钨(WC)、碳化钛(TiC)和黏结剂(钴、钼、镍)等材料,用粉末冶金的方法制成的。硬质合金的硬度为 69~81 HRC,耐热温度为 800~1 000 ℃。硬质合金的冲击韧性和刃磨性不如高速钢。

常用的硬质合金有钨钴类和钨钴钛类。

钨钴类硬质合金由碳化钨和钴组成。钨钴类硬质合金刀具常用于加工脆性材料。用于制造刀具的钨钴类硬质合金的牌号主要有 YG3、YG6 和 YG8。其中 YG3 用于制造用于精加工的刀具,YG8 用于制造用于粗加工的刀具。

钨钴钛类硬质合金由碳化钨、碳化钛和钴组成。钨钴钛类硬质合金刀具常用于加工塑性材料。用于制造刀具的钨钴钛类硬质合金的牌号主要有 YT5、YT15 和 YT30。其中 YT5 用于制造用于粗加工的刀具,YT30 用于制造用于精加工的刀具。

3.其他高硬刀具材料

陶瓷刀具比硬质合金刀具有更高的硬度及更好的耐磨性、耐热性、化学稳定性和抗黏结性,其切削速度比硬质合金刀具的高 2~5 倍;但陶瓷刀具的抗弯强度较差,冲击韧性差。

金刚石可分为天然金刚石和人造金刚石两类,是目前已知的最硬物质,硬度可达 10 000 HV。金刚石热稳定性较差,切削温度超过 700~800 ℃时,金刚石刀具就会完全失去硬度。人造金刚石主要用于制造磨具和磨料。

立方氮化硼的硬度可高达 9 000 HV,仅次于金刚石。立方氮化硼的耐磨性和耐热性都很好,热稳定性较好,但抗弯强度较低,价格较高。

三、车刀的种类和组成

1.车刀的种类

按用途,可将车刀分为外圆车刀、端面车刀、切断车刀、内孔车刀、成形车刀和螺纹车刀等,如图 2-2-1 所示。

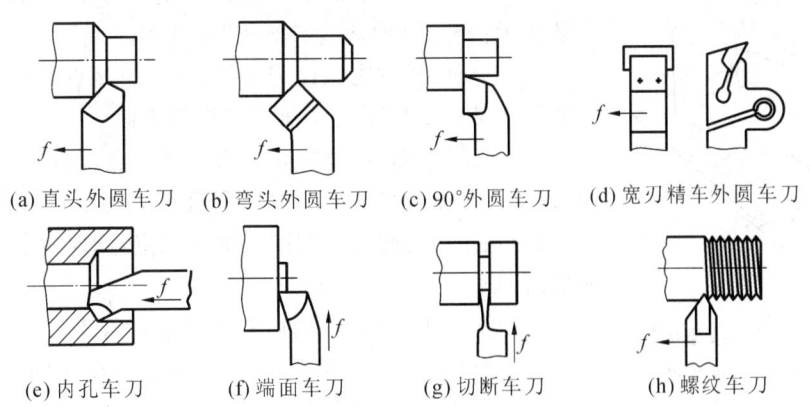

(a) 直头外圆车刀 (b) 弯头外圆车刀 (c) 90°外圆车刀 (d) 宽刃精车外圆车刀

(e) 内孔车刀 (f) 端面车刀 (g) 切断车刀 (h) 螺纹车刀

图 2-2-1　车刀的分类

2.车刀的组成

车刀由刀头(或刀片)和刀杆两个部分组成。刀头担负切削工作,所以又称为切削部分。

车刀的刀头由三面二刃一尖即一点二线三面组成。其中,三面是指前刀面、主后刀面和副后刀面,二刃是指主切削刃和副切削刃,一尖是指刀尖。外圆车刀的刀头组成如图 2-2-2 所示。

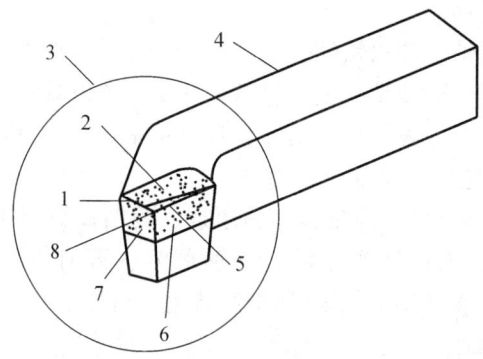

图 2-2-2　外圆车刀的刀头组成

1—副切削刃;2—前刀面;3—刀头;4—刀体;5—主切削刃;6—主后刀面;7—副后刀面;8—刀尖

(1)前刀面。前刀面是切屑流过的表面。

(2)主后刀面。主后刀面是与工件切削表面相对的表面。

(3)副后刀面。副后刀面是与工件已加工表面相对的表面。

(4)主切削刃。主切削刃是前刀面与主后刀面的交线,担负主要的切削工作。

(5)副切削刃。副切削刃是前刀面与副后刀面的交线,担负少量的切削工作,起修光作用。

(6)刀尖。刀尖是主切削刃与副切削刃的相交部分,一般为一小段过渡圆弧。

四、车刀的主要角度及其作用

车刀的主要角度有前角(γ_o)、后角(α_o)、主偏角(κ_r)、副偏角(κ'_r)和刃倾角(λ_s)。

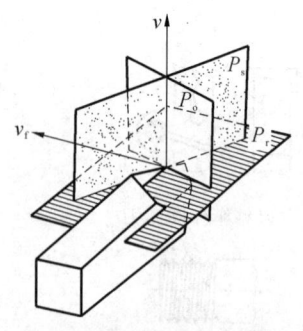

为了确定车刀的角度,要建立三个坐标平面,即基面 P_r、切削平面 P_s 和主剖面 P_o,如图 2-2-3 所示。

(1)基面:通过主切削刃上某一点,与该点切削速度相垂直的平面。基面一般平行于车刀底面的平面。

(2)切削平面:通过主切削刃上某一点,与该点切削速度相切,且垂直于基面的平面。切削平面与主切削刃重合。

(3)主剖面:通过主切削刃上某一点,同时垂直于基面和切削平面的平面。

图 2-2-3　确定刀具角度的三个坐标平面

三个坐标平面两两垂直,构成三维直角体系。

对于车削而言,如果不考虑车刀安装和切削运动的影响,切削平面可以认为是铅垂面,基面可以认为是水平面。当主切削刃水平时,垂直于主切削刃所作的剖面为主剖面。

车刀角度图如图 2-2-4 所示。

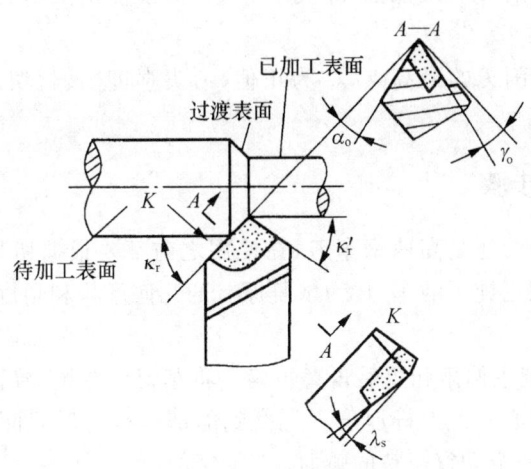

图 2-2-4 车刀角度图

1. 前角 γ_o

前角在主剖面中测量,是前刀面与基面之间的夹角。前角的作用是使刀刃锋利,便于切削。前角不能太大,否则会削弱刀刃的强度,容易使刀刃磨损甚至崩坏。加工塑性材料时,前角可选得大些,如用硬质合金车刀切削钢件,可取 $\gamma_o = 10° \sim 20°$;加工脆性材料时,车刀的前角 γ_o 应比粗加工时大,刀刃锋利,以利于使工件的表面粗糙度值小。

2. 后角 α_o

后角在主剖面中测量,是主后面与切削平面之间的夹角。后角的作用是减小车削时主后刀面与工件的摩擦,一般取 $\alpha_o = 6 \sim 12°$,粗车时取小值,精车时取大值。

3. 主偏角 κ_r

主偏角在基面中测量,是主切削刃在基面的投影与进给方向的夹角。主偏角的作用是改变主切削刃参加切削的长度,影响刀具寿命,影响径向切削力的大小。

小的主偏角可增加主切削刃参加切削的长度,因而散热较好,对延长刀具的使用寿命有利。但在加工细长轴时,工件刚度不足,小的主偏角会使刀具作用在工件上的径向切削力增大,易产生弯曲和振动,因此,主偏角应选得大些。

车刀常用的主偏角有 45°、60°、75° 和 90° 等。

4. 副偏角 κ'_r

副偏角在基面中测量,是副切削刃在基面上的投影与进给反方向的夹角。副偏角的主要作用是减小副切削刃与已加工表面之间的摩擦,以改善已加工表面的粗糙度。

在切削深度 a_p、进给量 f、主偏角 κ_r 相等的条件下,减小副偏角 κ'_r,可减小车削后的残留面积,从而减小表面粗糙度值,一般选取 $\kappa'_r = 5° \sim 15°$。

5. 刃倾角 λ_s

刃倾角在切削平面中测量,是主切削刃与基面的夹角。刃倾角的作用主要是控制切屑的流动方向。车刀刃倾角 λ_s 一般在 $-5° \sim +5°$ 选取。

(1) 主切削刃与基面平行,$\lambda_s = 0$,刀尖与刀刃等高,切屑垂直于刀刃排出。

（2）刀尖处于主切削刃的最低点，λ_s 为负值，刀尖强度增大，切屑流向已加工表面。λ_s 为负值的车刀用于粗加工。

（3）刀尖处于主切削刃的最高点，λ_s 为正值，刀尖强度削弱，切屑流向待加工表面。λ_s 为正值的车刀用于精加工。

五、车刀的刃磨步骤

无论是硬质合金车刀还是高速钢车刀，在使用之前都要根据切削条件所选择的合理切削角度进行刃磨。一把用钝了的车刀，为恢复原有的几何形状和角度，也必须重新刃磨。车刀刃磨步骤如下。

（1）磨主后刀面：把主偏角和主后角磨正确。将车刀放在调整后的砂轮搭板上，并使刀具的前刀面高于砂轮中心一个刀杆厚度。先磨到的部位是主后刀面下部即远离刀刃部位。磨主后刀面，要求它是一个大致完整的弧面。

（2）磨副后刀面：把副偏角和副后角磨正确。将车刀放在砂轮搭板上，刀杆尾下压，使刀尖向上翘起约 8°，车刀接触砂轮后应作左右水平移动。车刀离开砂轮时，刀尖先离开砂轮。

（3）磨前刀面：把前角和刃倾角磨正确。手工刃磨车刀的前角，一般是磨出圆弧形前刀面形成前角。刀与砂轮端面的夹角约为 45°，刀尖垂直向上，利用砂轮的尖角磨出圆弧形前刀面。此步是磨削车刀的关键。

（4）磨刀尖圆弧：圆弧半径为 0.5～2 mm。

（5）研磨刀刃：车刀在砂轮上磨好以后，用油石加些机油研磨车刀的前刀面和后刀面，使刀刃锐利和光洁，这样可延长车刀的使用寿命。车刀不是很钝时，也可用油石在刀架上修磨。硬质合金车刀可用碳化硅油石修磨。

六、磨削车刀注意事项

（1）磨削车刀时，人应站在砂轮的侧前方，且磨削前应确认砂轮没有裂纹。双手握稳车刀，用力要均匀。

（2）磨削车刀时，戴好防护眼镜，防止磨屑飞入眼中。

（3）将车刀左右移动着磨削，否则会使砂轮产生凹槽。

（4）磨削硬质合金车刀时，不可把刀头放入水中，以免刀片突然受冷收缩而碎裂。磨削高速钢车刀时，要经常冷却，以免其硬度降低。

（5）砂轮搭板与砂轮之间的空隙不得大于 3 mm，此间隙过大应当及时调整。

课题二　车削运动和车削的基本概念

一、车削运动

车削运动分为主运动和进给运动。主运动是机床的主要运动，消耗主动力。车削时工件的旋转运动即为主运动。进给运动是指去除多余材料的运动。车刀的运动即为进给运动。

车削时工件上形成的表面有已加工表面、过渡表面和待加工表面。切削深度(a_p)、进给量(f)和切削速度(v_c)称为切削用量三要素。

二、粗车和精车

在车床上加工一个零件，往往要经过许多车削步骤才能完成。为了提高生产效率，保证加工质量，生产中把车削加工分为粗车和精车。如果零件精度要求高还需要磨削时，车削又可分为粗车、半精车和精车。

粗车的目的是，尽快地从工件上切去大部分的加工余量，使工件接近最后的形状和尺寸。粗车要给精车留合适的加工余量，表面粗糙度等技术要求都较低。实践证明，加大切削深度不仅使生产效率提高，而且对车刀的耐用度影响不大。因此，粗车时首先选用较大的切削深度，其次根据可能性适当加大进给量，最后选用中等偏低的切削速度。

为精车（或半精车）留的加工余量一般为 0.5～2 mm，加大切削深度对精车来说并不重要。精车的目的是，保证零件的尺寸精度和表面粗糙度等技术要求。零件的尺寸精度主要是依靠准确度量、准确进刻度并加以试切来保证的。因此，操作时要细心认真。精车时，保证表面粗糙度要求的主要措施是：

（1）采用较小的主偏角，采用较小的副偏角和刀尖磨小圆弧。采取这些措施会减小残留面积，使 Ra 减小。

（2）选用较大的前角，并用油石把车刀的前刀面和后刀面打磨得光一些，也可使 Ra 减小。

（3）合理选择切削用量，选用高的切削速度、较小的切削深度和较小的进给量，都可使残留面积减小，从而提高表面质量。

车削的步骤是，一次装夹过程中对零件要加工的部位进行全部粗车，改变切削要素后，对加工部位依次精车。不得先将单个部位粗车后精车，再粗车、精车另一部位。原因是，粗车中切削用量较大，工件由于切削热而温度较高，在切削力的影响下会产生变形，这些变形在分别精车过程中得以消除，同时，也便于合理选择切削用量。

◀ 项目三 刀具、工件的装夹及找正 ▶

教学目的和要求

（1）了解三爪自定心卡盘的规格、结构和作用。

（2）能够根据工件的形状正确选择卡盘装夹和找正工件。

（3）掌握装夹和找正工件的步骤和方法。

课题一 车刀的安装

车刀装夹得是否正确，直接影响切削是否能顺利进行和工件加工质量的高低。即使刃磨了合理的车刀角度，如果不正确装夹，也会改变车刀工作时的实际角度。装夹车刀时，必须注意以下几点。

（1）车刀装夹在刀架上，不宜伸出太长。在不影响观察的前提下，车刀应尽量伸出短些，否则切削时刀杆的刚性减弱，容易产生振动，影响工件的表面粗糙度，甚至使车刀损坏。车刀的伸出长度，一般以不超过刀杆厚度的 1.5 倍为宜。将刀架装刀面和车刀柄安装面擦净，车刀下面的垫片要平整，并应与刀架对齐，而且尽量以少量的厚垫片代替较多的薄垫片，以防止车刀产生振动。

（2）车刀刀尖应与工件轴线（即主轴旋转中心）等高。车刀装得高于主轴旋转中心，会使车刀的实际后角减小，使车刀后刀面与工件之间的摩擦增大；车刀装得太低，会使车刀的实际前角减小，使切削不顺利；同时，车端面时，由于刀尖与主轴旋转中心不等高，会敲掉刀尖，损坏刀具。车刀刀尖对准工件轴线，一般采用目测法或直尺测量法。

（3）装夹车刀时，刀杆中心线应与进给方向垂直，否则会使主偏角和副偏角的数值发生变化。

（4）将刀架位置转正后，用手柄锁紧，车刀至少要用两个螺钉压紧在刀架上，并逐个轮流旋紧。旋紧时不得用加力杆，以免损坏压紧螺钉。

课题二 找正工件

找正工件的目的是使被加工部位的中心与机床的主轴旋转中心重合。

一、在三爪自定心卡盘上找正

三爪自定心卡盘主要由爪盘体、小锥齿轮、大锥齿轮（背面为平面螺纹）和三个卡爪等组成。

当用卡盘扳手转动任何一个小锥齿轮时，小锥齿轮便带动大锥齿轮转动，大锥齿轮背面的平面螺纹就使三个卡爪同时等距离地向中心靠拢或者向外张开，从而实现自动定心。三个卡爪可以反装，此时称为反爪。反爪可以装夹较大直径的工件。三爪自定心卡盘的定心精度不高，一般为 0.05～0.15 mm，但三爪自定心卡盘装夹方便。三爪自定心卡盘适于安装截面呈圆形或正六边形的短轴类或盘类工件。

用三爪自定心卡盘装夹工件时，工件必须放正。先轻轻夹紧工件，用手扳动卡盘，检查刀架与卡盘有无碰撞，然后低速开车，观察工件歪斜偏摆的方向，也可用百分表找正，并做好记号,停车后轻敲工件校正,确认无偏摆后,夹紧工件,取下卡盘扳手,开车切削。工件的夹持长度一般不小于 10 mm,但也不宜过长,否则会引起切削振动、顶弯工件或打刀现象。

在三爪自定心卡盘上找正使用的方法是敲击法。工件预夹紧在三爪自定心卡盘上。由于三爪自定心卡盘具有自动定心的特性,卡爪端不能变动。用百分表或划针找正远爪端(见图 2-3-1)。当工件歪斜时,工件外圆表面与划针之间的间隙在工件的旋转下产生变化。调整划针与工件外圆表面之间的间隙,使工件回转后其最高点与划针之间的间隙很小(划针不能与工件接触),工件旋转 180° 后

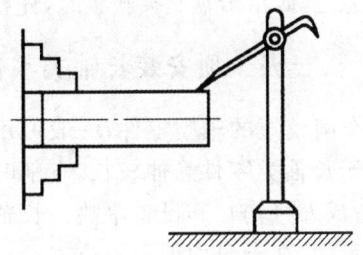

图 2-3-1　在三爪自定心卡盘上找正远爪端

观察划针与工件外圆表面之间的距离,用铜棒向上敲工件,使间隙变化为最大间隙的一半。再次略夹紧工件,调整划针与工件外圆表面之间的间隙使之最小。重复上述动作,直至工件整周外圆表面与划针之间的间隙一致,最后将工件夹紧。如在卡爪端工件有跳动,只能更换卡爪或重新安装卡盘。

三爪自定心卡盘每副三个爪,一般在爪上打了记号,新爪(正爪)更换时,旋转卡盘扳手,使端面螺纹旋转到起头位置露出在壳体槽中,插入卡爪,顺时针旋转卡盘扳手,确认卡爪已经与端面螺纹啮合。

在三爪自定心卡盘上找正时,还有一种方法是找正已经加工过的端面。操作与上述类似,最终目的是使端面与划针之间的间隙一致。

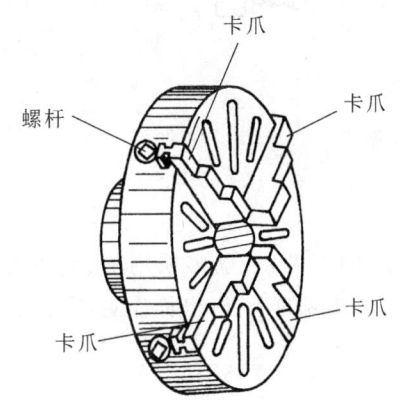

图 2-3-2　四爪卡盘

二、在四爪卡盘上找正

四爪卡盘有四个互不相关的卡爪(见图 2-3-2),各卡爪的背面有一半瓣内螺纹与一螺杆相啮合。螺杆端部有一方孔,当用卡盘扳手转动某一螺杆时,相应的卡爪即可沿径向移动。若将卡爪调转 180° 安装,卡爪即成反爪。

四爪卡盘由于四个卡爪均可独立移动,因此可安装截面为方形、长方形、椭圆形和不规则形状的工件。同时,四爪卡盘的夹紧力比三爪自定心卡盘的夹紧力大,所以四爪卡盘常用来安装较大的工件。

由于四爪卡盘的四个卡爪是可以独立移动的,在安装工件时须仔细地找正工件。一般用划针盘按工件内、外圆表面或预先划出的加工线找正,其定位精度较低,为 0.2～0.5 mm。用百分表按工件精加工表面找正,其定位精度可达 0.02～0.01 mm。

在四爪卡盘上找正时,卡爪端用调整法,远爪端用敲击法。工件预夹紧在四爪卡盘上。用划针找正卡爪端工件外圆表面。当工件歪斜时,工件外圆表面与划针之间的间隙在工件的旋转下发生变化。四个卡爪上分别编上号,如 1,2,3,4。在爪 1 上用钢板尺测量工件外圆表面与划针之间的距离(假设为 4 mm),工件旋转 180° 后测量爪 3 划针与工件外圆表面之间的距离(假设为 7 mm),采用"紧小松大"的方法:紧爪 1,松爪 3。重复上述动作,直到爪 1 与

爪 3 间隙相等。然后调整爪 2、爪 4，方法同上。

工件远爪端采用的方法与三爪自定心卡盘的敲击法相同。

总之，四爪卡盘装夹找正时，先找正卡爪端，后找正远爪端，然后精找正一次。

三、一夹一顶安装长轴类零件

车削较短的轴类零件，一般可用三爪自定心卡盘或四爪卡盘直接装夹后车削。但一般由于长轴类零件悬伸较长，车削时长轴类零件刚性差，受力较大时长轴类零件易松动飞出，造成人身伤亡和设备事故。长轴类零件常采用一端夹住（用三爪自定心卡盘或四爪单动卡盘，并在卡盘内做一限位支承，或夹住工件台阶处，以防止工件轴向窜动），另一端用后顶尖顶住的装夹方法（见图 2-3-3）。这种方法比较安全，能承受较大的切削力，因此应用很广泛。

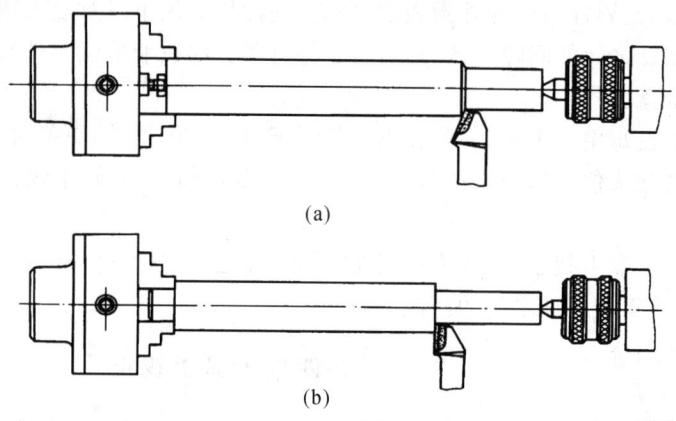

(a)

(b)

图 2-3-3　一夹一顶安装较长轴类零件

四、两顶尖安装工件

加工较长的轴和丝杠以及车削后需经铣削、磨削等加工的工件，一般多采用前、后顶尖安装，如图 2-3-4 所示。主轴的旋转运动通过拨盘带动夹紧在轴端的卡箍（也称作鸡心夹头）来传给工件。

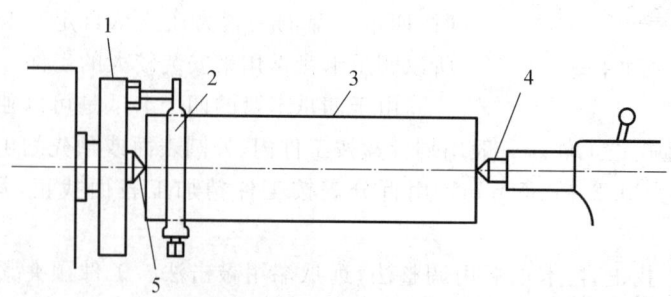

图 2-3-4　两顶尖安装工件
1—拨盘；2—鸡心夹头；3—棒料；4—后顶尖；5—前顶尖

用顶尖安装工件的步骤如下。

1. 在轴的两端钻中心孔

中心孔一般是在车床或钻床上用标准中心钻加工的,加工前应将轴端面车平。常用的中心孔有普通中心孔和双锥面中心孔。中心孔的60°锥面与顶尖的锥面相配合,前面的小圆柱孔是为了保证顶尖和中心孔锥面能紧密接触,同时可储存润滑油。双锥面中心孔的120°外锥面的主要作用是,防止60°锥面被碰坏而影响与顶尖的配合。中心孔的尺寸是根据工件的质量和直径大小来决定的,大而重的工件应选择较大的中心孔。具体选择可参阅有关中心孔的国家标准。

2. 安装和校正顶尖

常用的顶尖有固定顶尖和回转顶尖两种。前顶尖可插在一个过渡专用锥套内,再将锥套插入主轴锥孔内;也可将其直接装入主轴锥孔内,并随主轴和工件一起旋转,故前顶尖用不需淬火的固定顶尖。后顶尖装在尾座的套筒内,既可用固定顶尖,也可用回转顶尖。前者不随工件一起转动,会因摩擦发热而烧损顶尖和中心孔,但安装工件比较稳固,精度较高。后者随工件一起转动,克服了固定顶尖的缺点,但安装工件不够稳固,精度较低。一般粗加工、半精加工可用回转顶尖,精加工用淬火的固定顶尖,且应合理选择切削速度。

安装顶尖前,要将顶尖尾部锥面及与其配合的主轴和尾座套筒的锥孔擦拭干净,然后将顶尖装牢、装正。装后顶尖的尾座套筒伸出尽量短些,以增强支承刚性,避免切削时振动。装好前、后顶尖后,应将尾座推向床头,检查两顶尖是否在同一轴线上。对精度要求较高的轴,仅靠目测是不够的,要边加工,边测量,边校正。若两顶尖的轴线不重合,工件回转轴线与进给方向不平行,轴会被加工成锥体。

3. 安装工件

把鸡心夹头夹紧在轴端,且使工件露出尽量短些。对于已加工过的轴,为避免鸡心夹头的紧固螺钉夹伤工件表面,可在装鸡心夹头处垫以纵向开缝的套筒或铜皮。鸡心夹头有直尾和弯尾两种。直尾鸡心夹头与带拨杆的拨盘配合使用。弯尾鸡心夹头既可与带U形槽的拨盘配合使用,也可由卡盘的卡爪代替拨盘传递运动。若用固定顶尖,应在中心孔内涂上黄油。工件安装在顶尖间不能太松或太紧:过松,则工件不能正确定心,车削时易产生振动,影响加工质量,且不安全;过紧,则会加剧摩擦,烧损顶尖和中心孔,且工件会因升温、无伸长余地而弯曲变形。一般手握工件既感觉不到轴向窜动又转动自如即可。

五、在花盘、角铁上安装工件

当工件外形复杂,并要求工件的被加工表面与基准面垂直时,可将工件安装在花盘上加工。

1. 花盘的安装

安装花盘时,要先检查轴颈、端面和连接部分有无脏物、铁屑和毛刺等,需去毛刺并擦净,加油后再将花盘安装到主轴上。安装在车床主轴上的花盘,要求其端面与主轴轴线垂直,盘面平整、光洁。必要时,还需用百分表检测花盘的端面跳动量,一般在 0.02 mm 以内才算合格。

如果安装好花盘后,经检查仍不符合要求,可对花盘端面精车一刀,车削时应紧固床鞍以避免让刀,保证精车后的端面平整。

2.工件在花盘上的装夹

在花盘上安装工件前,必须先检查花盘端面是否平直、花盘端面与主轴轴线是否垂直。由于在花盘上安装的工件重量一般都偏向一边,因此必须在花盘偏重的对面装上适当的平衡铁。平衡铁安装好后,将主轴置于空挡位置,用手转动卡盘,观察花盘能否在任意位置停下来。花盘能在任意位置停下来,就表明花盘上的工件已被调整平衡,否则需要重新调整平衡铁的位置和增减平衡铁的质量。

3.在角铁上装夹车削工件

当工件外形复杂,并要求工件的被加工表面与基准面平行时,可将工件安装在角铁上加工。在花盘安装角铁时,角铁应具有较高的平面度和垂直度,因此,角铁的平面必须精刮过。在将角铁装到花盘上前,必须擦净角铁和花盘的接触表面,以保证工件的装夹精度。

角铁安装好后,用百分表检查角铁工作平面与主轴轴线的平行度。先把磁性表座放在中滑板上,使百分表接触角铁平面,移动中滑板找正角铁的水平位置。然后缓慢移动床鞍,观察百分表的摆动值,一般允许百分表读数不超过工件公差的二分之一。如果出现超公差,就在角铁和花盘的接触表面间相应垫上薄铜片,将角铁找正到符合要求。

在花盘、角铁上加工工件时,由于工件形状不规则,且螺钉、压板等露在外面,所以要特别注意安全。同时,车削工件时转速不宜太高,否则,离心力很容易导致螺钉松动,致使工件飞出,发生事故。

项目四 轴类零件的车削加工

教学目的和要求

(1) 熟悉台阶轴类零件的车削工艺过程。

(2) 掌握车削端面的技巧。

(3) 掌握试切的操作要领。

(4) 掌握直径和长度的控制技巧。

(5) 了解轴类零件的技术要求。

课题一 台阶轴类零件车削加工

一、轴类工件车削工艺分析

车削轴类工件,如果毛坯余量大且不均匀,或精度要求较高,应分粗车和精车进行。另外,根据工件的形状特点、技术要求、数量和装夹方法,应对轴类工件进行车削工艺分析,一般考虑以下几个方面。

(1) 用两顶尖装夹车削轴类工件,至少要装夹 3 次,即粗车第一端,掉头再粗车和精车另一端,最后精车第一端。

(2) 车短小的工件,一般先车某一端面,这样便于确定长度方向的尺寸。车铸锻件时,最好先适当倒角再车削,这样刀尖就不易碰到型砂和硬皮,可避免车刀损坏。

(3) 轴类工件的定位基准通常选用中心孔。加工中心孔时,应车端面后钻中心孔,以保证中心孔的加工精度。

(4) 车削台阶轴,应先车削直径较大的一端,以避免过早地降低工件刚度。

(5) 在轴上车槽,一般安排在粗车或半精车之后、精车之前进行。如果工件刚度高或精度要求不高,也可在精车之后再车槽。

(6) 车螺纹一般安排在半精车之后进行,待螺纹车好后再精车各外圆,这样可避免车螺纹时轴发生弯曲而影响轴的精度。如果工件精度要求不高,可最后车削螺纹。

(7) 工件车削后还需磨削时,只需粗车或半精车,并注意留磨削余量。

二、车端面

常用的端面车刀(弯头刀和偏刀)和车端面的方法如图 2-4-1 所示。

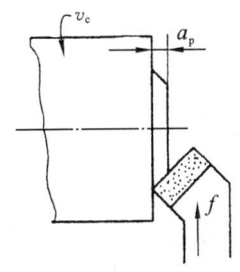 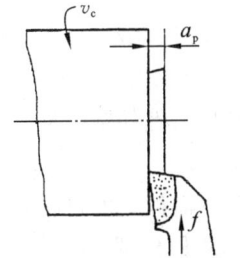 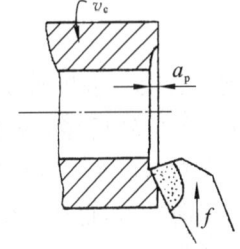

(a) 弯头刀车端面　　(b) 右偏刀车端面（由外向中心）　　(c) 右偏刀车端面（由中心向外）

图 2-4-1　车端面

对于既车外圆又车端面的场合,常使用弯头刀和偏刀来车削端面。弯头刀是用主切削刃进行切削,适用于车削较大的端面。偏刀从外向里车削端面,是用车外圆时的副切削刃进行切削,副切削刃的前角较小,若背吃刀量大,容易扎刀,由里向外车削端面,便没有这个缺点,不过工件必须有孔。

车端面时应注意的问题如下。

(1) 车刀的刀尖应对准工件中心,以免车出的端面中心有凸台。

(2) 偏刀车端面,当背吃刀量较大时,容易扎刀。背吃刀量 a_p 的选择:粗车时,$a_p = 0.2 \sim 1$ mm;精车时,$a_p = 0.05 \sim 0.2$ mm。

(3) 端面的直径从外到中心是变化的,切削速度也在改变,在计算切削速度时必须按端面的最大直径计算。

(4) 车直径较大的端面,若出现凹心或凸肚,应检查车刀、方刀架及大拖板是否锁紧。

三、试切外圆的方法与步骤

工件在车床上安装以后,要根据工件的加工余量决定走刀次数和每次走刀的切削深度。半精车和精车时,为了准确地定切削深度,保证工件加工的尺寸精度,只靠刻度盘来进刀是不行的。因为刻度盘和丝杠都有误差,往往不能满足半精车和精车的要求,这就需要采用试切的方法,如图 2-4-2 所示。

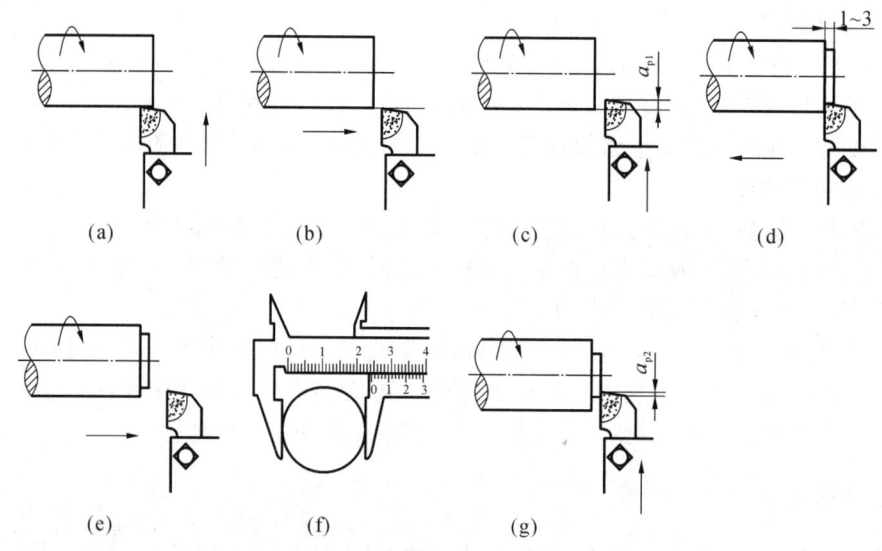

图 2-4-2 试切操作过程

试切的方法与步骤如下。

(1) 工件旋转后移动中拖板,使车刀与工件外圆表面轻微接触。

(2) 向右退出车刀,此时中拖板不动。

(3) 横向进刀,根据所留余量计算出中拖板刻度盘格数。

(4) 切削纵向长度 $1 \sim 3$ mm,以方便测量外圆。

(5) 纵向退出车刀。

(6) 停车进行测量。

(7) 测量得到的尺寸与图纸要求尺寸进行比较,多退少补,然后开车,纵向走刀车出所需要的长度。

以上是试切的一个循环。在每车削一个外圆时,均重复上述动作来确定尺寸。对刀、试切、测量是控制工件尺寸精度的必要手段,是车床操作者的基本功,一定要熟练掌握。

当精确控制工件长度尺寸时,也按类似的步骤,只不过第一步变为横向移动使刀尖接触端面,也即横向移动变为纵向移动。

四、台阶长度尺寸的控制方法

车高度在 5 mm 以下(含 5 mm)的台阶时,可用主偏角为 90°的偏刀在车外圆时同时车出;车高度在 5 mm 以上的台阶时,应分层进行切削,如图 2-4-3 所示。

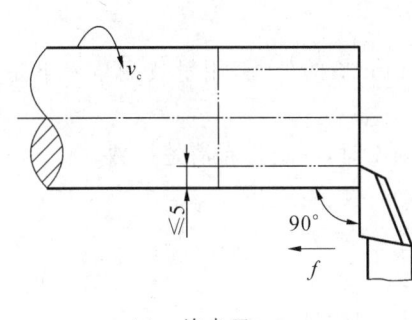 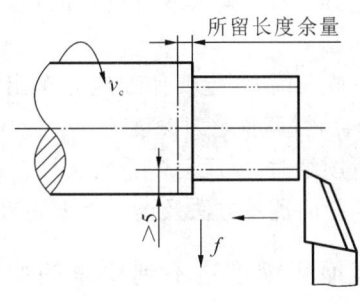

(a) 一次走刀   (b) 多次走刀

图 2-4-3 车削台阶

台阶长度尺寸的控制方法有以下 3 种。

(1) 台阶长度尺寸要求较低时,可直接用大拖板刻度盘控制。

(2) 台阶长度可用样板或钢直尺确定位置,如图 2-4-4 所示。车削时,先用刀尖车出比台阶长度略短的刻痕作为加工界限,台阶的准确长度尺寸可用游标卡尺测量。

(3) 台阶长度尺寸要求较高且长度较短时,可用小滑板刻度盘控制其长度。精确控制台阶长度尺寸的方法同外圆试切。

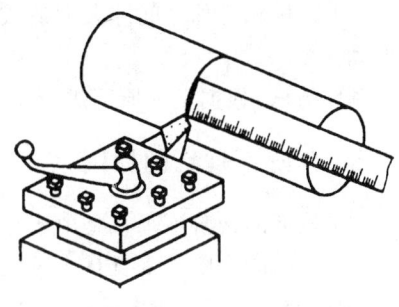

图 2-4-4 用钢直尺控制台阶长度

五、车外圆操作步骤

车刀和工件在车床上安装以后,即可开始车削加工。车削加工必须按照如下步骤进行。

(1) 选择主轴转速和进给量,调整主轴箱外转速手柄和走刀箱外进给量手柄。

(2) 主轴旋转,先对刀将端面车平整,作为长度方向基准。

(3) 旋转主轴,用钢直尺或大拖板刻度盘确定所车外圆的长度尺寸,并在外圆表面刻线。

(4) 进行外圆的试切,确定好车削过程尺寸。

(5) 车刀切削到长度刻线前 0.5～1 mm 时,应及时停止自动进给,改用手动移动大拖板,车到指定长度,中拖板在机床旋转状态下退刀,使刀刃离开工件后再停车。若工件长度尺寸要求很严格,适当留 0.2 mm 左右,用车端面的方法精确控制长度尺寸。

(6) 依次加工其他台阶。总体原则是台阶由大到小车削,保证工件具有足够的刚度。

课题二 车削质量问题及控制

一、尺寸精度达不到要求的原因

(1) 操纵者粗心大意,看错图纸或刻度。

(2) 盲目吃刀,没有进行试切。

(3) 量具本身误差大或测量不正确。

预防方法:

(1) 在吃刀时,一定要仔细地先车出 2～3 mm 长的外圆,用量具测量一下是否符合要求,若不符合,就调整吃刀深度。

(2) 看图纸时,要反复多看几次尺寸;调度刻度时,一定要看清楚格数。

(3) 测量时测量方法及读数都要正确。

二、表面粗糙度达不到要求的原因

(1) 车刀角度不正确,如前角太小、后角太小、刀尖钝化等。

(2) 切削用量选择得不恰当,如吃刀深度太大、走刀量太大、切削速度选择得不恰当。

(3) 因机床各部分间隙太大造成振动(如主轴太松、中拖板和小拖板的塞铁太松都会引起振动)。

预防方法:根据上述原因进行检查,并消除刀具、切削用量、机床等的不正确现象。

三、台阶不垂直的原因

(1) 较低的台阶不垂直是由于车刀安装得不正确。

(2) 较高的台阶不垂直是由于没有车台阶端面。

预防方法:装刀时要使主刀刃垂直工件中心,车较高的台阶时要以基准端面用深度游标卡尺仔细测量,横向走刀精车端面。

四、台阶长度尺寸不正确的原因

(1) 粗心大意,没有看图纸,测量不准。

(2) 自动走刀没有及时停车。

课题三 项目训练

车削加工图 2-4-5 所示的台阶轴。材料为 45 号钢,所用毛坯为直径为 $\phi45$ mm 的圆钢,长度根据需要选取。

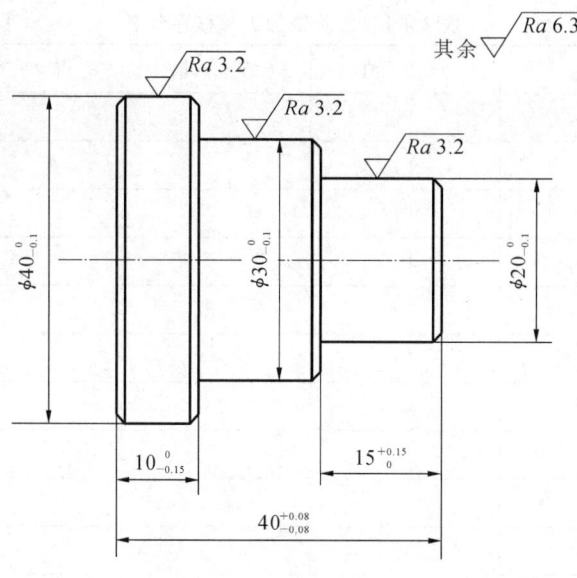

图 2-4-5 台阶轴(一)

一、加工工艺步骤

(1) 工件伸出长度为 60 mm,用三爪自定心卡盘装夹。用 90°外圆偏刀,刀架逆时针偏 15° 左右,车平 $\phi20$ mm 右端面。选择主轴转速为 600 r/min,背吃刀深度为 1 mm,走刀量 为 0.25 mm/r。

(2) 刀具摆正,使主切削刃垂直于工件轴线,用钢直尺以车出端面为基准,测量出长度 48 mm,在外圆上刻线;用试切法车削 $\phi40$ mm 外圆到 $\phi40.6$ mm,长 48 mm。

(3) 用钢直尺在外圆上测量出长度 30 mm 并刻线。用试切法分 2～3 刀车削 $\phi30$ mm 外圆到 $\phi30.6$ mm,长 29.5 mm。

(4) 用钢直尺在外圆上测量出长度 15 mm 并刻线。用试切法分 2～3 刀车削出 $\phi20$ mm 外圆 到 $\phi20.6$ mm,长 14.5 mm。结束粗车。

(5) 精车选取主轴转速 900 r/min,走刀量为 0.15 mm/r。用试切法精车 $\phi20$ mm 外圆。 台阶长度不要车。

(6) 车好 $\phi30$ mm,$\phi40$ mm 外圆后,刀架逆时针偏 15°左右,用深度游标卡尺测量 $\phi20$ mm 的实际长度,刀尖接触 $\phi20$ mm 左端面,计算好长度 15 mm 的余量,用小拖板上刀(每格移动 0.05 mm),横向走刀,精车出 15 mm 的台阶长度,并车出 $\phi30$ mm 的台阶长度。

(7) 刀架偏转 45°左右,用偏刀的副切削刃倒出 3 处外圆倒角。选取主轴转速为 400 r/min,换 切断刀,留出长度 41 mm,将工件切断。

(8) 工件重新装夹,夹住 $\phi30$ mm 外圆并找正端面,卡爪与工件间垫上铜皮。选择主轴 转速为 600 r/min,走刀量为 0.25 mm/r。分粗、精车控制工件总长到尺寸。

(9) 零件倒角。对工件进行尺寸检查,上交工件,对车床进行清理。

二、台阶轴加工考核评分

台阶轴加工考核评分表如表 2-4-1 所示。

表 2-4-1　台阶轴加工考核评分表

内　　容	分　值	结　果	得　分	备　注
$\phi20_{-0.1}^{0}$ mm	10			
$\phi30_{-0.1}^{0}$ mm	10			
$\phi40_{-0.1}^{0}$ mm	10			
$15_{0}^{+0.15}$ mm	10			
$10_{-0.15}^{0}$ mm	10			
(40 ± 0.08) mm	15			
$Ra\,3.2\ \mu$m 计 3 处	12			
4 处外圆倒角	8			
其余 $Ra\,6.3\ \mu$m	6			
安全文明生产	9			
总得分				

项目五 套类零件的车削加工

教学目的和要求

(1) 了解套类零件的类型和用途。

(2) 掌握套类零件的几种加工方法、装夹特点和精度要求。

课题一 套类零件的加工工艺

套类零件一般选用钢、铸铁、青铜或者黄铜等材料。有些滑动轴承采用在钢或铸铁套的内壁上浇铸巴氏合金等轴承合金材料。

套类零件的毛坯选择与其材料、结构和尺寸等因素有关。孔径较小(如 $D<20$ mm)的套类零件一般选择热轧或冷拉棒料,也可采用实心铸铁。孔径较大时,常采用无缝钢管或带孔的空心铸件和锻件。大量生产时,可采用冷挤压等先进的毛坯制造工艺。

套类零件是机械加工中经常碰到的一类零件,其应用范围很广。套类零件通常起支承和导向作用。套类零件结构上有共同的特点:零件的主要表面为同轴度要求较高的内、外回转面;零件的壁厚较薄,易变形;长径比 $L/D>1$ 等。

套类零件的加工一般需要考虑尺寸精度、几何形状精度、相互位置精度、表面粗糙度等几个方面的技术要求。套类零件图如图 2-5-1 所示。

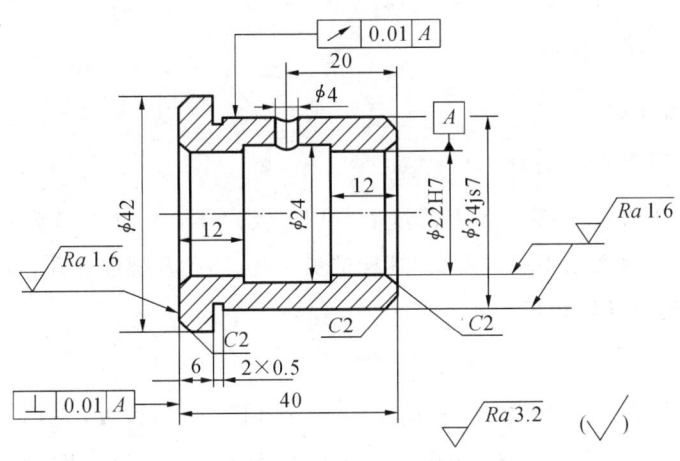

图 2-5-1 套类零件图

一、尺寸精度要求

内孔是套类零件起支承作用或导向作用的最主要表面,它通常与运动着的轴、刀具或活塞等相配合。内孔直径的尺寸精度一般为 IT7 级,精密轴套有时取 IT6 级,油缸由于与其相配合的活塞上有密封圈,要求较低,一般取 IT9 级。外圆表面一般是套类零件本身的支承面,常以过盈配合或过渡配合同箱体或机架上的孔连接。外径的尺寸精度通常为 IT6~IT7级。也有一些套类零件外圆表面不需加工。

二、几何形状精度要求

内孔的几何形状精度,应控制在孔径公差以内,有些精密轴套控制在孔径公差的 1/2~1/3 内,甚至更严。对于长的套类零件,除了圆度要求外,还应注意孔的圆柱度要求。外圆表面的几何形状精度控制在外径公差以内。

三、相互位置精度要求

当内孔的最终加工是在装配后进行时,套类零件本身的内、外圆之间的同轴度要求较低;如果最终加工是在装配前完成,则要求较高,一般为 0.01~0.05 mm。当套类零件的外圆表面不需加工时,内、外圆之间的同轴度要求很低。对于套孔轴线与端面的垂直度精度,当套类零件端面在工作中承受载荷或不承受载荷但加工中作为定位基准面时,要求较高,一般为 0.01~0.05 mm。

四、表面粗糙度要求

为保证套类零件的功用和提高其耐磨性,内孔表面粗糙度 Ra 值要求为 2.5~0.16 μm,有的要求高达 Ra 0.04 μm。外圆的表面粗糙度要求为 Ra 5~0.63 μm。

课题二　套类零件的加工工艺过程

一、孔加工方法

孔加工方法如下。

1. 钻孔

钻孔是孔的粗加工方法,尺寸精度在 IT10 级以下,表面粗糙度一般只能控制在 Ra 12.5 μm。对于精度要求不高的孔,如螺栓的贯穿孔、油孔及螺纹底孔,可直接采用钻孔方法。钻孔所使用的刀具为麻花钻头。

2. 扩孔

扩孔是孔的半精加工方法,一般加工精度为 IT10~IT9 级,表面粗糙度可控制在 Ra 6.3~3.2 μm。当钻削直径 d_w>30 mm 的孔时,为了减小钻削力及扭矩,提高孔的质量,一般先用 $(0.5~0.7)d_w$ 大小的钻头钻出底孔,再用扩孔钻进行扩孔,这样可较好地保证孔的精度和控制表面粗糙度,且生产率比直接用大钻头一次钻出时还要高。扩孔所使用的刀具为麻花钻头或专用的扩孔钻。

3. 铰孔

铰孔是孔的精加工方法。铰削不完全是一个切削过程,而是一个包括切削、刮削、挤压、熨平和摩擦等效应的综合作用过程,可加工精度为 IT7 级、IT8 级、IT9 级的孔,表面粗糙度可控制在 Ra 3.2~0.2 μm。铰孔所使用的刀具为铰刀,它是定尺寸刀具,手工一般无法刃磨。

4.镗孔

镗削可对不同孔径的孔进行粗、半精和精加工,加工精度可达为IT7~IT6级,表面粗糙度可控制在 $Ra\,6.3~0.8\,\mu m$。镗孔能修正前工序造成的孔轴线的弯曲、偏斜等几何误差。镗孔所使用的刀具为镗孔车刀。

5.拉孔

拉削生产率高,精度高,质量稳定。拉削精度一般可达IT9~IT7级,表面粗糙度一般可控制在 $Ra\,1.6~0.8\,\mu m$,拉削表面的形状、尺寸精度和表面质量主要依靠拉刀的设计、制造及正确使用保证。拉刀是定尺寸、高精度、高生产率专用刀具,制造成本很高,所以拉削加工只适用于批量生产,最好是大批量生产,一般不宜用于单件、小批量生产。

6.磨削

磨削是零件精加工的主要方法之一,对长径比小的,内孔磨削的经济精度可达IT5~IT6级,表面粗糙度可控制到 $Ra\,0.8~0.2\,\mu m$,可加工较硬的金属材料和非金属材料,如淬火钢、硬质合金和陶瓷等。内孔磨削与外圆磨削相比,内孔磨削的表面较外圆磨削的粗糙,生产率较低,磨削接触区面积较大,砂轮易堵塞,散热和切削液冲刷困难。因此,内孔磨削一般仅适用于淬硬工件的精加工,在单件、小批量生产中和在大批量生产中都有应用。

一般孔的加工方案为:钻—扩—镗。

精度要求高的孔的加工方案为:钻—扩—镗—铰(磨)。

二、中心钻和中心孔

1.中心孔的分类

1)A型中心孔

A型中心孔又称为不带护锥中心孔,只包含60°锥孔,如图2-5-2(a)所示。A型中心孔的主要缺点是,孔口容易碰坏,进而导致中心孔与顶尖锥面接触不良,引起工件的跳动,影响工件的精度。

2)B型中心孔

B型中心孔(见图2-5-2(b))又称为带护锥中心孔。B型中心孔60°锥孔的外端还有120°的保护锥面,以保护60°锥孔外缘不被损坏。

3)C型中心孔

C型中心孔(见图2-5-2(c))的主要特点是在圆柱孔上有一段螺纹孔。

4)R型中心孔

R型中心孔(见图2-5-2(d))又称为圆弧形中心孔。

2.钻中心孔的方法

将工件夹持在卡盘上,找正好,将端面车平,切勿留小头(车刀刀尖必须严格对准中心);将中心钻夹持在钻夹头上,再将钻夹头安装在机床尾座套筒锥孔中;开车后,慢慢地在工件中心钻中心孔(中心钻必须严格对准工件中心)。钻中心孔时,主轴转速要高(因为中心钻直

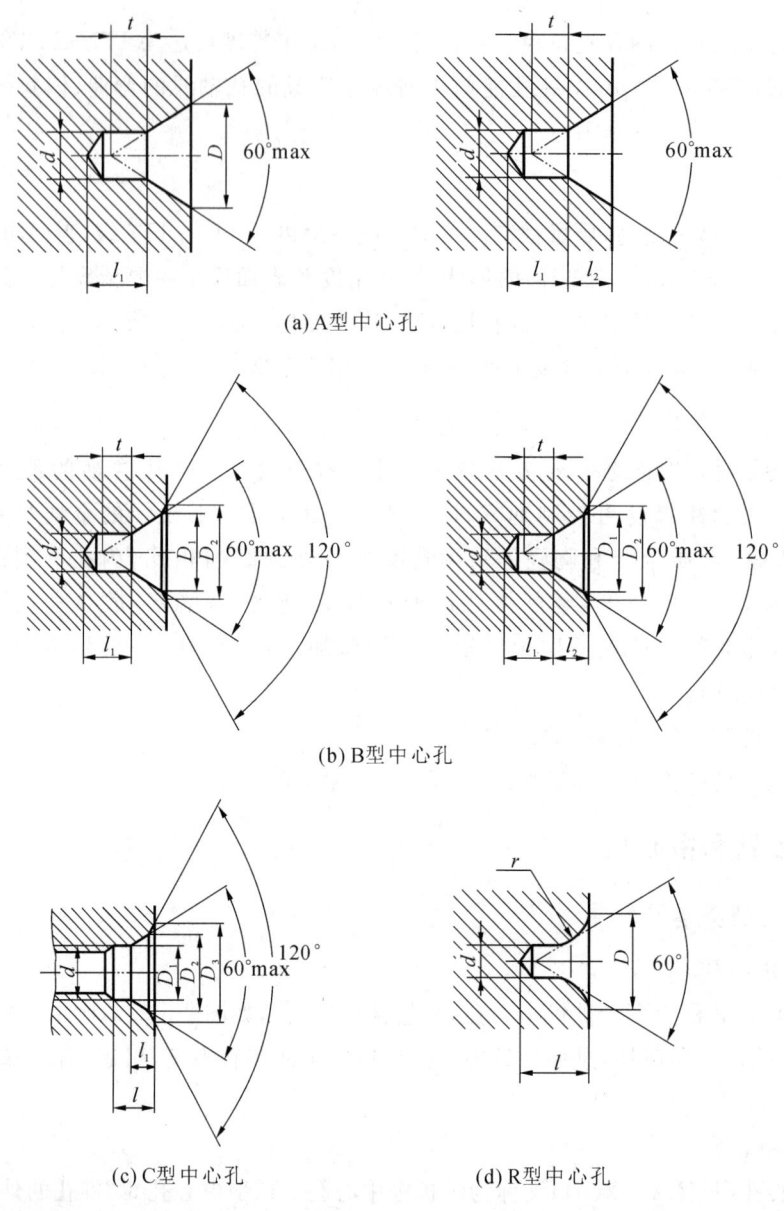

(a) A型中心孔

(b) B型中心孔

(c) C型中心孔   (d) R型中心孔

图 2-5-2　中心孔的分类

径小),手摇则需缓慢均匀,要经常退刀,清除切屑并进行充分的冷却润滑,60°圆锥部分轴向长度可按标准加工(一般加工到中心钻锥度长度的 2/3 左右),锥面的表面粗糙度要求为 Ra 1.6 μm(因为它是工件加工时的辅助基准面)。

3. 中心钻折断的原因

(1) 工件端面没车平,在中心处留有小头。

(2) 中心钻没有对准工件的中心。

(3) 切削用量选择不当:主轴转速过低,尾座手轮进给过快。

(4) 没有加冷却液,没有及时排除切屑。

课题三　镗孔车刀介绍

孔分为通孔、台阶孔和盲孔三种。车削不同类型的孔,所使用的镗孔车刀不同。例如:车削通孔时,镗孔车刀的主偏角可选择 $75°\sim90°$;车削台阶孔和盲孔时,镗孔车刀的主偏角一般选 $92°\sim95°$。

一、车削孔的关键技术

车削孔的关键技术是解决镗孔车刀的刀杆刚性问题和排屑问题。

1.尽量增加刀杆的截面积

可根据孔的大小来选择刀杆的粗细,并尽可能选粗刀杆。使用一般焊接刀杆时,为使刀杆下部不至于擦到孔壁,尽可能使刀片上表面位于刀杆中心,这样可增大刀杆有效截面积。

2.尽可能缩短刀杆的伸出长度,以减少车削中产生的振动

刀杆伸出越长,发生振动的可能性越大。

3.控制切屑的排出方向

解决排屑问题,主要是控制切屑的排出方向。对于通孔来说,可使用正刃倾角的镗孔车刀,使切屑向孔前端排出,不致因切屑堵塞损坏刀刃。

二、镗孔车刀的安装和孔深度的控制

镗孔车刀的刀尖应对准工件的中心,但在精车时可略装高一点,以防车削孔受力而扎刀;粗车时可略低些,使镗孔车刀前角增大,以便于顺利切削,刀杆要与走刀方向平行,不能伸得太长,以防振动。

在车削台阶孔时,孔深度与车外圆长度尺寸类似,可以用大拖板刻度和钢直尺来控制,也可以在刀杆上做记号来控制。

三、用镗孔车刀车削孔时切削用量的选择

因镗孔车刀的刀杆细长、强度较低,所以用镗孔车刀车削孔时的进给量、切削深度都要小些,切削速度也要低些,尤其是不通孔更要慢些。

四、内孔的测量

孔常用的测量方法有用游标卡尺测量、用塞规测量、用内径千分尺测量、用内径百分表测量和用内测千分尺测量。

课题四　项 目 训 练

车削加工图 2-5-3 所示的轴套零件。材料为 45 号钢。毛坯为直径为 $\phi35$ mm 的圆钢,长度根据需要选取。

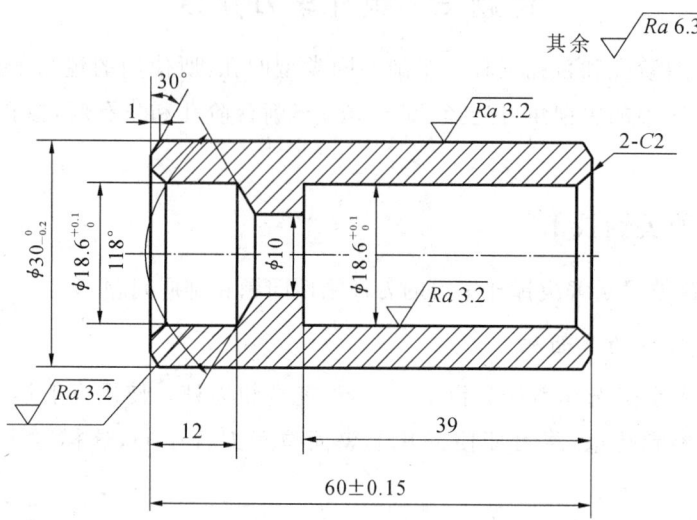

图 2-5-3 轴套零件

一、加工工艺步骤

(1) 装夹 φ35 mm 毛坯,留出长度 45 mm。使用外圆偏刀车平右端面,主轴转速为 600 r/min,走刀量为 0.25 mm/r。粗车外圆 φ30 mm 到 φ31 mm。

(2) 尾座上安装钻夹头及中心钻,钻中心孔,主轴转速为 1 000 r/min。卸下中心钻,安装 φ10 mm 麻花钻头,夹紧,钻通孔,主轴转速为 500 r/min。加注冷却液。

(3) 卸下钻夹头,换配好莫氏锥套的 φ16 mm 锥柄钻头,扩孔,深度为 35 mm,主轴转速为 350 r/min。

(4) 安装好镗孔车刀,刀尖对工件右端面,大拖板刻度回零,车内端面见平,深度为 38.8 mm。因内部无法观察,可分 φ12 mm、φ14 mm、φ16 mm 三次将内端面车平,手动走刀车削,主轴转速为 700 r/min。

(5) 粗车内孔 φ18.6 mm 到 φ18 mm。精车内孔到尺寸,精车内端面到 39 mm 的尺寸。主轴转速为 900 r/min,走刀量 0.1 mm/r。

(6) 精车外圆到尺寸。内孔孔口倒角 C2,外圆倒角 30°,长度为 1 mm。工件掉头装夹车好的 φ31 mm 外圆,夹持长度为 20 mm,垫铜片防止夹伤。找正工件。

(7) 用偏刀车端面,控制好全长 60 mm。主轴转速为 600 r/min,走刀量为 0.2 mm/r。粗车外圆到 φ31 mm。

(8) 尾座上安装 φ18 mm 钻头,钻孔,深度为 12 mm,主轴转速为 350 r/min。精镗孔到 φ18.6 mm,深度为 12 mm,主轴转速为 900 r/min,走刀量为 0.1 mm/r。

(9) 精车外圆到 φ30 mm,注意接线处外圆尺寸的一致性。

(10) 孔口及外圆按要求倒角。检测合格后卸下工件,并上交工件。

二、轴套零件加工考核评分

轴套零件加工考核评分表如表 2-5-1 所示。

表 2-5-1 轴套零件加工考核评分表

内 容	分 值	结 果	得 分	备 注
外圆 $\phi30_{-0.2}^{0}$	10			
左 $\phi18.6_{0}^{+0.1}$ mm 孔	10			
右 $\phi18.6_{0}^{+0.1}$ mm 孔	10			
$\phi10$ mm 孔	5			
全长 (60 ± 0.15) mm	10			
孔深度 39 mm	10			
孔深度 12 mm	5			
$Ra\,3.2\,\mu$m 计 3 处	12			
4 处倒角	8			
其余 $Ra\,6.3\,\mu$m	6			
$\phi30$ mm 接线美观	5			
安全文明生产	9			
总得分				

◀ 项目六　圆锥零件的车削加工 ▶

教学目的和要求

（1）掌握圆锥的车削方法、步骤和测量方法。

（2）掌握圆锥体的相关计算。

（3）掌握锥度的检测。

课题一　圆锥零件的加工

与轴线成一定角度且一端相交于轴线的一条直线段，围绕着该轴线旋转形成的表面，称为圆锥表面（简称圆锥面），如图 2-6-1（a）所示。该直线段称为圆锥母线。如果将圆锥体的尖端截去，则成为一个截锥体，如图 2-6-1（b）所示。

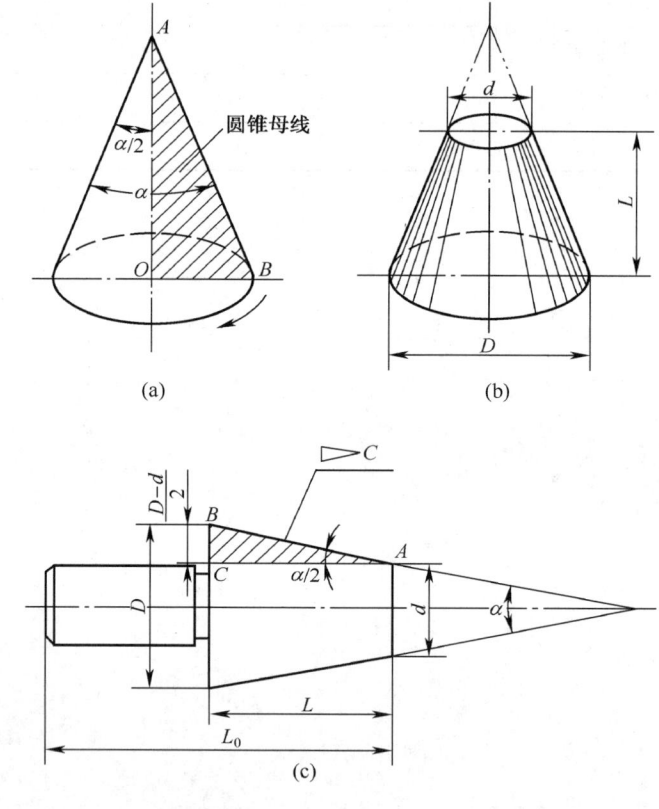

图 2-6-1　圆锥及参数

圆锥是由圆锥表面与一定尺寸所限定的几何体。圆锥可分为外圆锥和内圆锥两种。通常把外圆锥称为圆锥体，内圆锥称为圆锥孔。

圆锥在机械中应用广泛，如车床的主轴、尾座孔，麻花钻头的尾部，圆锥齿轮等。相同参数的内、外圆锥配合时，当锥角很小（3°以下）时，可传递转矩，配合的同轴度很高，并能做到无间隙配合。

加工圆锥时，除尺寸精度、几何精度和表面粗糙度外，还有角度精度要求。

一、圆锥体的计算

图 2-6-1(c)所示为圆锥的各部分参数。其中：D 表示最大圆锥直径(简称大端直径，mm)；d 表示最小圆锥直径(简称小端直径，mm)；α 表示圆锥角($\degree$)；$\alpha/2$ 表示圆锥半角($\degree$)；L 表示最大圆锥直径与最小圆锥直径之间的轴向距离(简称工件圆锥部分长，mm)；C 表示锥度；L_0 表示工件全长(mm)。

D、d、L、α 这四个值中，只要知道任意三个量，其他一个未知量就可以求出，计算公式为

$$\tan(\alpha/2) = \frac{D-d}{2L}$$

当圆锥半角 $\alpha/2 < 6\degree$ 时，可以用下列近似公式计算：

$$\frac{\alpha}{2} \approx 28.7\degree \times \frac{D-d}{L} \approx 28.7 \times C$$

度以后的小数部分是十进位的，而角度是六十进位。应将含有小数部分的计算结果转化成度、分、秒。例如 $2.35\degree$ 并不等于 $2\degree35'$。因此，要用小数部分乘以 $60'$，即 $60' \times 0.35 = 21'$，所以 $2.35\degree$ 应为 $2\degree21'$。

二、常用的标准工具圆锥

1. 莫氏圆锥

莫氏圆锥是机器制造业中应用得较为广泛的一种圆锥。

2. 米制圆锥

米制圆锥有八个号码，即 4 号、6 号、80 号、100 号、120 号、140 号、160 号和 200 号。米制圆锥的号码是指大端的直径，锥度固定不变，即 $C = 1 : 20$。

三、采用转动小拖板法加工圆锥

1. 粗车外圆锥

与车外圆一样，车外圆锥也要分粗、精车。通常按圆锥大端尺寸车成圆柱体，松开小拖板的 2 个压紧螺钉，旋转小拖板，注意方向不能错误，如图 2-6-2 所示，始终是小拖板的中心线与工件圆锥母线平行。

采用这种方法粗车外圆锥的优缺点如下。

优点：操作简单，调整范围大，能保证一定精度，可车各种角度的外圆锥，适用范围广。

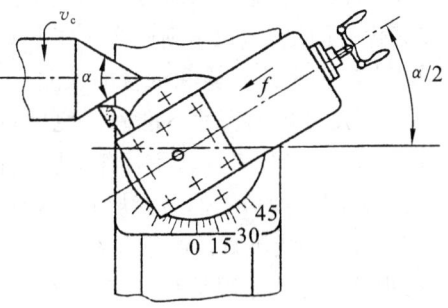

图 2-6-2 采用转动小拖板法粗车外圆锥

缺点：只能手动进给，劳动强度较大，表面粗糙度较难控制，只能车削圆锥不长的工件。

2. 找准角度

外锥度长度车出一半的时候，应及时调整角度，以保证其正确性，毕竟小拖板刻度盘的最小单位是度。检验外圆锥的角度，常用标准的内锥套与之相配。

将标准内锥套套在粗车后的外圆锥上，摇动内锥套：

(1) 没有明显的晃动，表明角度基本正确；

（2）小端有晃动，表明角度扳大了，要将小拖板回调一点；

（3）大端有晃动，表明角度扳小了，要将小拖板的转动角度再调大一点。

调整角度时，不能心急，调整完角度后，应将圆锥表面细车一刀，再次检验，直到角度正确。每一刀的切削深度不能很大，基本能将上次圆锥表面车光即可。

课题二　锥度的检测方法

对于精度不高的圆锥，一般用角度样板或万能角度尺进行锥度的检测。对于精度较高的圆锥，可用标准圆锥套规，用涂色法进行检测，如图 2-6-3 所示。

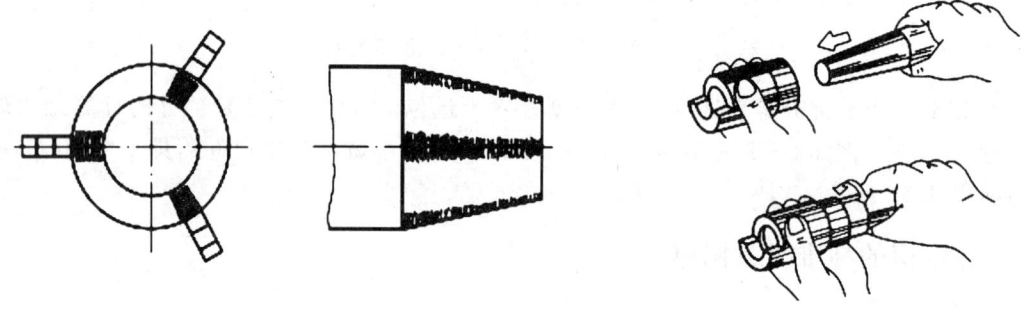

图 2-6-3　用涂色法检测锥度

着色检验前，要求将工件表面细车一刀，表面粗糙度 Ra 不低于 $3.2\ \mu m$，且无毛刺和明显刀痕。在圆锥表面按 $120°$ 等分并用着色剂（机油和红丹粉调和物）涂三条极薄的线。将工件套入套规后，略施加轴向力，将套规旋转半圈，取下套规后观察着色剂擦去的情况。三条全长擦痕均匀，表明圆锥接触良好、角度正确；小端擦去，表明角度偏小；大端擦去，表明角度偏大。对于高精度的圆锥配合，要求着色接触面积达 85% 以上。

车削圆锥容易出现的问题如下。

（1）锥度不准确。原因有：计算圆锥斜角差错；小拖板转动角度调整不精确；车刀、拖板、刀架没有固定好，在车削中产生了移动；工件的表面粗糙度太差，量规或工件上有毛刺或没有擦干净，而造成检验和测量的误差。

（2）锥度准确而尺寸不准确。原因有：操作者粗心大意，粗车锥度时切削深度过大，直接将圆锥车小；操作者计算不仔细，进刀深度控制不好，尤其是最后一刀没有掌握好进刀量而造成误差；测量时，工件与套规间有杂物或铁屑，影响测量结果。

（3）圆锥母线不直。圆锥母线不直就是锥面不平整，锥面上存在凹凸现象或中间低、两头高的现象。主要原因是车刀安装没有对准中心。

（4）表面粗糙度不合要求。配合锥面一般精度要求较高，表面粗糙度不高往往会造成废品，因此一定要注意。表面粗糙度不合要求的原因有：

切削用量选择不当，最后一刀精车时背吃刀深度过大或过小；车刀磨损或刃磨角度不对；没有进行表面抛光，余量不够；用小拖板车削锥面时，手动走刀不均匀、不连续；机床的小拖板间隙过大或过小，工件刚性差。

课题三 项目训练

一、加工陀螺零件

车削加工图 2-6-4 所示的陀螺。材料为尼龙,毛坯的直径为 $\phi105$ mm,长度可根据需要选取。

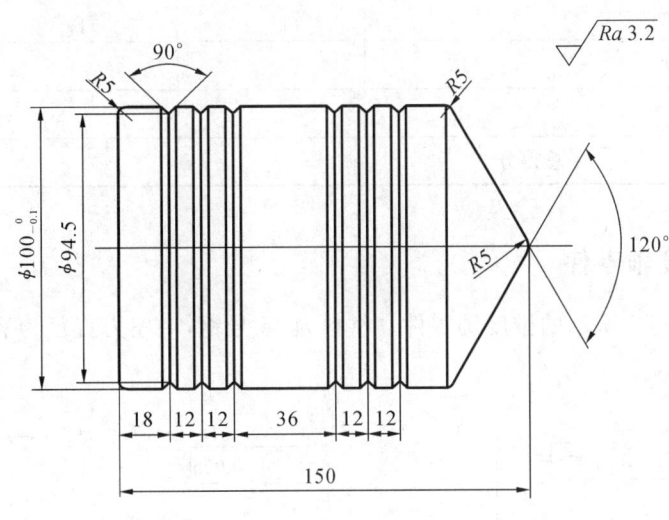

图 2-6-4 陀螺

1. 零件加工工艺步骤

(1) 毛坯装夹,留出长度 125 mm。

(2) 车平工件左端面,主轴转速为 250 r/min,进给量为 0.25 mm/r。

(3) 打中心孔,主轴转速为 800 r/min。

(4) 尾座顶住工件,形成一夹一顶装夹。粗车后精车外圆到 $\phi100$ mm。粗车时,主轴转速为 250 r/min,进给量为 0.2 mm/r;精车时,主轴转速为 400 r/min,进给量为0.1 mm/r。

(5) 换 90°尖刀或 45°弯头刀,刀尖对齐端面后利用大拖板刻度盘控制长度尺寸,车出 6个沟槽。

(6) 用 R 样板刀倒角 R5 mm。

(7) 工件掉头卡夹 $\phi100$ mm 外圆,找正远爪端。

(8) 小拖板逆时针扳角度 60°,粗、精车出锥度。可用万能角度尺测量角度。

(9) 用 R 样板刀倒两处 R5 mm。

(10) 检验尺寸,去除毛刺,将零件上交评分。

2. 陀螺零件加工考核

陀螺零件加工考核评分表如表 2-6-1 所示。

表 2-6-1 陀螺零件加工考核评分表

内　　容	分　值	结　果	得　分	备　注
外圆 $\phi 100_{-0.1}^{\ 0}$ mm	30			
6 处沟槽	18			
3 处 $R5$	15			
120° 锥度	10			
全长 150 mm	10			
$Ra\,3.2\ \mu m$	12			
安全文明生产	5			
总得分				

二、加工锥度轴零件

车削加工图 2-6-5 所示的锥度轴零件。材料为 45 号钢,毛坯为直径为 $\phi 40$ mm 的圆钢,长度根据需要选取。

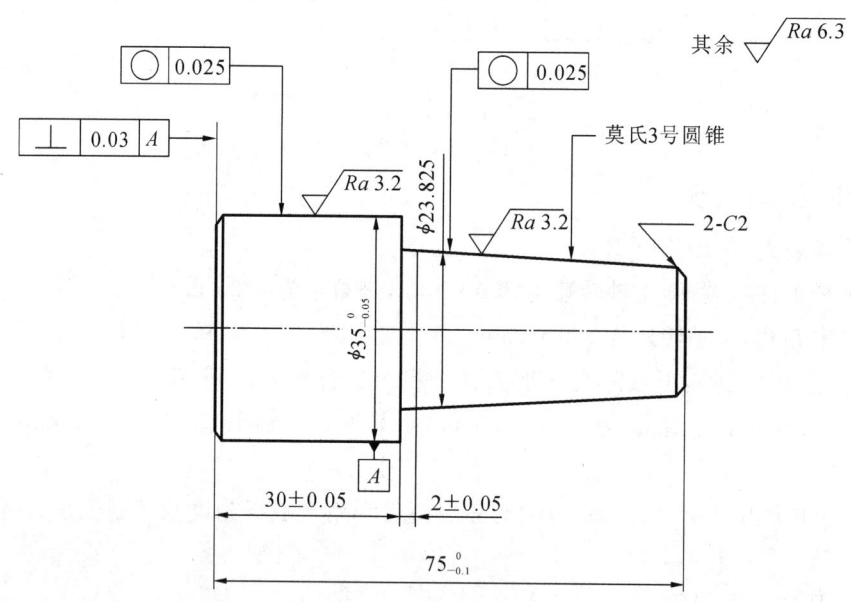

图 2-6-5　锥度轴零件

1. 锥度轴加工工艺步骤

(1) 毛坯装夹,留出长度 95 mm。

(2) 车平工件右端面,主轴转速为 450 r/min,进给量为 0.25 mm/r。

(3) 粗车外圆 $\phi 35$ mm 到 $\phi 36$ mm,车锥度外圆到 $\phi 24$ mm。粗车时,主轴转速为 450 r/min,进给量为 0.2 mm/r。

(4) 小拖板扳 $1°26'16''$,粗车锥度长约 20 mm 时用莫氏 3 号圆锥试配,找正锥度。精车锥度到尺寸,注意保证与套规的接触面积不小于 60%,端面离工件台阶 2 mm。粗车时,主轴转速为 450 r/min;精车时,主轴转速为 900 r/min,手动进给。

(5)精车 ϕ35 mm 外圆至给定尺寸,主轴转速为 900 r/min,进给量为 0.1 mm/r。

(6)工件掉头装夹 ϕ35 mm 外圆,找正远爪端。卡爪与工件间垫铜片,防止夹伤工件。

(7)车端面,保证工件全长 75 mm,同时兼顾 30 mm 长度。

(8)倒角。检验尺寸,去除毛刺,将零件上交评分。

2.锥度轴零件加工考核

锥度轴零件加工考核评分表如表 2-6-2 所示。

表 2-6-2 锥度轴零件加工考核评分表

内　容	分　值	结　果	得　分	备　注
莫氏 3 号圆锥	30			
外圆 ϕ35$_{-0.05}^{0}$ mm	10			
(30±0.05) mm	10			
(2±0.05) mm	20			
全长 75$_{-0.1}^{0}$ mm	10			
Ra 3.2 μm、6.3 μm	8			
倒角 2 处	2			
安全文明生产	10			
总得分				

项目七 成形面、滚花加工

教学目的和要求

(1) 熟悉滚花刀及其加工方法。

(2) 掌握用样板比较、采用透光法加工曲面的方法。

(3) 了解特型面的其他车削方法。

(4) 掌握成形面加工和表面修饰的安全步骤。

(5) 掌握偏心零件车削技巧及相关计算。

课题一 车削成形面方法

一、成形面

带有曲线的零件表面叫作成形面,也称特型面。在车床上加工成形面,应根据成形面的特点、质量要求及批量大小等不同情况,分别采取不同的车削方法。

1. 成形面的车削方法

1) 双手控制法加工成形面

双手控制法加工成形面,即用双手控制中、小滑板或控制中滑板与大拖板的合成运动,使刀尖的运动轨迹与零件表面素线(曲线)重合,以达到车成形面的目的,常用于单件生产。加工中要求双手协调动作,此方法灵活、方便,不需要其他工具和辅助工具,但要求操作人员有较高的技术水平。

2) 成形刀法加工成形面

成形刀切削部分的形状与工件相同,也称样板刀。用其他方法粗加工后,可直接用样板刀精修,但容易振动,切削速度应选择得很低。该方法适用于批量生产。

2. 靠模法加工成形面

靠模法加工成形面,是指在机床上安装专用工装,一般是将中拖板丝杠抽出,换滑块及弹簧,在中拖板对侧装靠模,滑块在靠模的槽中滑动,利用大拖板自动,滑块拉中拖板改变直径进行车削的方法。该方法的缺点是要对机床改动及增加靠模装置。

3. 双手控制车圆弧的基本方法

先将工件外圆车至工件最大外圆的尺寸,定出圆弧最高点与最低点在工件上的轴向位置,然后从最高点处左右分别赶刀车削。车削中注意中拖板与小拖板的进给速度是不一样的(若一样就车成 45°锥面了),在最大外圆处,小拖板走刀快,中拖板走刀慢,随着走刀的继续,中拖板逐渐加快,进给速度在整个轮廓上是不断变化的。

二、双手配合车圆球

1. 圆球的车削方法

如图 2-7-1 所示,首先要计算出球冠的长度尺寸 L,将直径 d 车出,然后用圆弧刀从中间最高点分别向右移动大拖板、向前移动中拖板,车到工件中心,再从中间最高点向左移动大拖板、向前移动中拖板,车到工件直径 d 处。分多次走刀车削,车削中可用圆筒做简易量具,观察毛坯与孔壁相交处,用粉笔做记号,每次车掉记号处毛坯,逐渐逼近圆球尺寸。

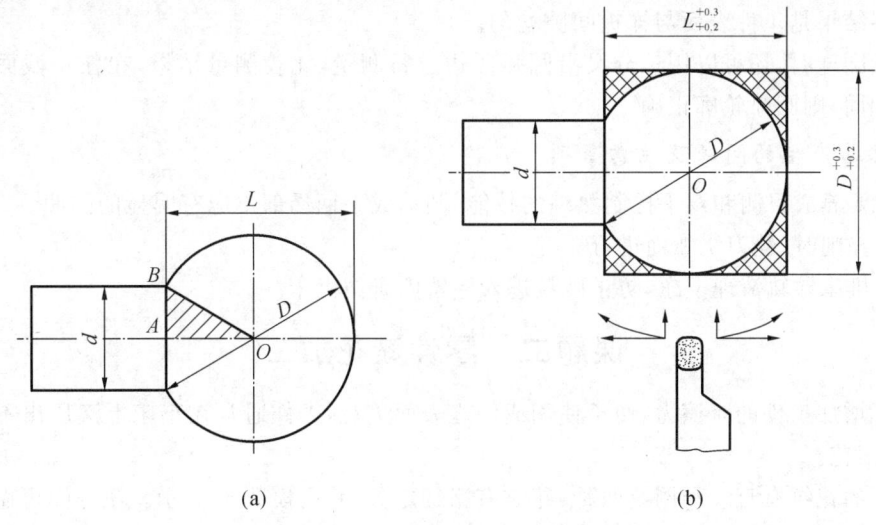

图 2-7-1 车圆球及尺寸计算

2.球状部分长度 L 的计算

$$OA = \sqrt{\left(\frac{D}{2}\right)^2 - \left(\frac{d}{2}\right)^2} = \frac{1}{2}\sqrt{D^2 - d^2}$$

$$L = \frac{D}{2} + OA$$

则

$$L = \frac{1}{2}(D + \sqrt{D^2 - d^2})$$

式中:L——球状部分长度(mm);

　　 D——圆球直径(mm);

　　 d——柄部直径(mm)。

3.圆球及弧面的修饰及抛光

双手配合车削出的成形面高低不平,必须用锉刀、砂纸进行抛光。抛光前余量不要留得过多,一般为 0.05~0.1 mm,锉刀选择中齿锉或细齿锉。为保证安全,锉刀柄部必须有手柄,防止伤手。左手握柄部,右手捏锉刀前端面,机床开正车,左手在后,右手在前,对加工部位进行锉削,注意卡盘在旋转时,衣袖不得与卡盘有接触,锉削频率在 40 次/分左右,机床主轴转速为 300~500 r/min。经常检查锉刀的齿部铁屑情况,及时清理,可用钢丝刷清理,也可在锉削之前在锉刀上涂粉笔防止铁屑粘连。

将工作表面锉削到近似所要的轮廓后,就可以用砂纸进行抛光。砂纸有 00、0、1、1.5、2 等型号,号数越大,砂粒越粗,抛光后的表面越粗糙。抛光时手拿砂纸,也可将砂纸垫在锉刀下,开车后匀速移动,主轴转速可为 700~900 r/min。为保证安全,最好用抛光夹夹住工件和砂纸进行抛光。

4.特型面的测量和检查

测量时可用样板检查特型面。粗加工时,可将样板放在工件的轮廓上,使用透光法观察,工件与样板接触的部位就有余量。每次可将接触部位用粉笔做记号,开车后将记号车掉。最终结果是工件表面与样板间隙均匀。

测量圆球时,还可以用千分尺沿圆弧周边进行测量,比较测量结果,在任一截面测量的尺寸都相同,则圆弧轮廓正确。

5.容易产生的问题及注意事项

(1)要养成目测和双手控制熟练的技能,圆球或手柄局部不应有明显的凸凹。

(2)锉削时,锉刀绕弧面进行。

(3)机床导轨清理干净,防止砂粒进入导轨内研伤机床。

课题二 零件滚花加工

为了增加工件的摩擦力、便于使用或使之表面美观,工件通常在车床上滚压出不同的花纹,称为滚花。

滚压的花纹有直纹和网纹两种,花纹有粗细之分,并用模数 m 表示。滚花刀可做成单滚轮、双滚轮和六滚轮三种(见图2-7-2)。单滚轮滚花刀通常用来滚直纹。双滚轮网纹滚花刀由不同旋向的滚轮和浮动连接头及刀柄组成,用来滚网纹。六滚轮网纹滚花刀由三对滚轮组成,可以分别滚粗、中、细三种模数的网纹。

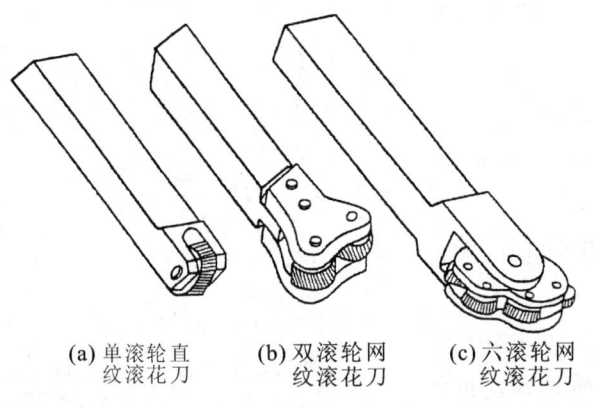

(a) 单滚轮直纹滚花刀　　(b) 双滚轮网纹滚花刀　　(c) 六滚轮网纹滚花刀

图 2-7-2　滚花刀的种类

一、滚花刀的安装及加工方法

滚花前将工件的滚花表面车小 $0.5\sim0.8$ mm,滚花刀杆中心与工件的回转中心等高,滚压有色金属表面要求较高的工件时,滚花刀的滚轮表面与工件表面平行安装;滚压碳素钢、滚花表面要求一般的工件时,滚花刀的滚轮表面相对于工件表面刀头向右倾斜 $3°\sim5°$ 安装。滚花刀的安装如图2-7-3所示。

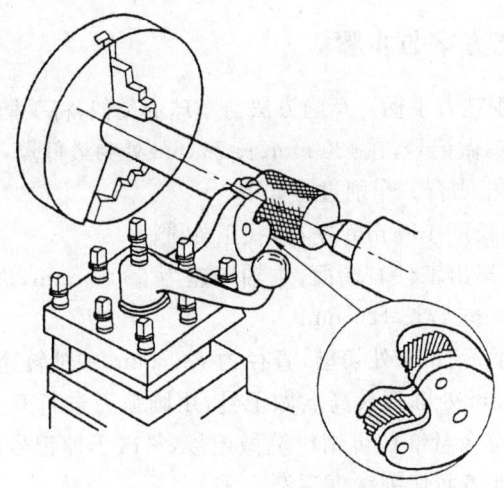

图 2-7-3　滚花刀的安装

二、滚花加工的操作要点

（1）滚花刀接触工件开始滚压时，挤压力要大且猛，以使工件圆周上一开始就形成较深的花纹，不产生乱纹。

（2）先使滚轮表面宽度的 1/3～1/2 与工件接触，使滚花刀容易切入工件表面，在停车检查花纹符合要求后，纵向机动进给，滚压 1～2 次，直至花纹凸出达到要求。

（3）滚花时，应选择低的切削速度，一般为 5～10 m/min。纵向进给量可选择的大些，一般为 0.3～0.6 mm/r。

（4）滚花时，应充分浇注切削液以润滑和冷却滚轮，并经常清除滚压产生的切屑，不得用毛刷给滚花表面加油，防止毛刷轧入工件中。

（5）滚花时径向力很大，所用设备刚度应较大，工件必须装夹牢靠。为避免滚花时出现工件移位带来的精度误差，车削带有滚花表面的工件时，滚花应安排在粗车之后、精车之前进行。

课题三　项目训练

车削图 2-7-4 所示的锉刀手柄。材料为尼龙，毛坯直径为 $\phi35$ mm，长度根据车削需要确定。

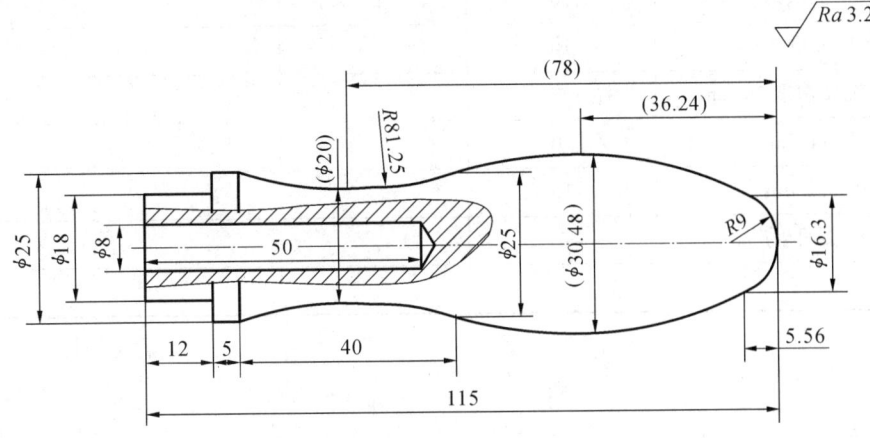

图 2-7-4　锉刀手柄

一、工件加工工艺方案与步骤

采用双手控制法车削锉刀手柄。车削方法与车球的类似,将手柄最大外圆车到ϕ30.5 mm,在36.24 mm处为最高点,做记号,在ϕ20 mm、长78 mm处为最低点,也做记号,分左、右次序车成形面,直到成形面与样板吻合。车削过程如下。

(1) 装夹工件,留出长度130 mm左右,找正外圆。

(2) 安装外圆车刀,车出工件右端面,主轴转速为600 r/mm,进给量为0.2 mm/r,车外圆直径ϕ30 mm到ϕ30.5 mm,长120 mm。

(3) 用圆弧刀在长度78 mm处切槽,直径约ϕ20 mm,主轴转速为350 r/min。

(4) 在长度36.24 mm处圆弧最高点做记号,用圆弧刀进行双手控制车成形面,车削过程中,不断进行检查,对有余量部位可用粉笔做记号,每次车掉记号处余量。每次车削时,刀具在ϕ20 mm车出的槽部表面切削深度逐渐为零。

(5) 精车直径为ϕ25 mm、长为5 mm+12 mm=17 mm的外圆。

(6) 上锉刀修整球形,主轴转速为400 r/min。用砂纸抛光球部,主轴转速为900 r/min。按长度116 mm将工件切断,主轴转速为350 r/min,手动进给。

(7) 工件掉头卡夹ϕ30.48 mm处,工件与卡爪间垫铜皮,找正ϕ25 mm的外圆,分多次车平端面,保证全长尺寸。

(8) 装上麻花钻头,钻ϕ8 mm孔,深度为50 mm。

(9) 用外圆刀车出ϕ18 mm台阶,长度为12 mm,主轴转速为400 r/min,进给量为0.1 mm/r。

(10) 倒角后去工件毛刺,主轴转速为400 r/min。上交工件。

二、锉刀手柄考核评分标准

锉刀手柄考核评分表如表2-7-1所示。

表 2-7-1 锉刀手柄考核评分标准

内　容	分　值	结　果	得　分	备　注
外圆 ϕ30.48 mm	10			
轮廓合样板	40			
外圆 ϕ25 mm、ϕ18 mm	10			
长度 12 mm、5 mm	10			
ϕ8 mm孔及深度50 mm	5			
全长 115 mm	10			
Ra 3.2 μm	10			
安全文明生产	5			
总得分				

◀ 项目八 偏心轴车削加工 ▶

教学目的和要求

（1）了解偏心轴的传动形式和装夹方法。

（2）会计算偏心距。

（3）熟悉车削偏心零件的安全注意事项。

课题一 三爪自定心卡盘车削偏心工件

外圆和外圆轴线或内孔与外圆的轴线平行而不重合（偏一个距离）的零件叫作偏心工件。这两条平行轴线之间的距离称为偏心距 e。外圆与外圆偏心的零件称为偏心轴（见图2-8-1）。外圆与内孔偏心的零件称为偏心套。

偏心工件可用三爪自定心卡盘、四爪单动卡盘等夹具装夹车削。

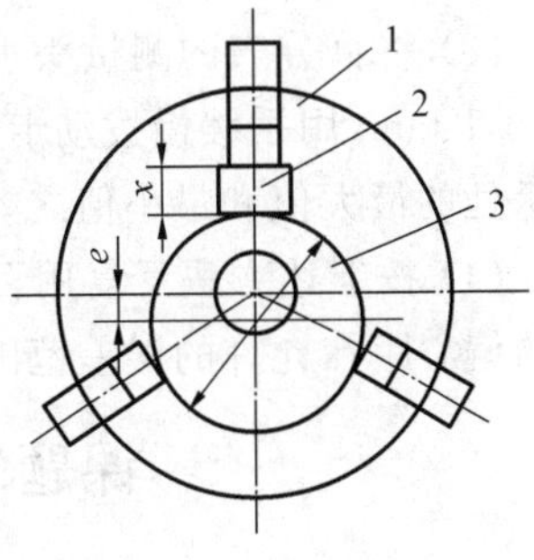

图 2-8-1 用三爪自定心卡盘安装偏心工件（偏心轴）

1—三爪自定心卡盘；2—垫片；3—工件

一、用三爪自定心卡盘安装偏心工件

用三爪自定心卡盘安装进行车削，具体方法是：在三爪中的任意一个卡爪与工件接触面之间，垫上一块预先选好的垫片，使工件轴线相对车床主轴轴线产生位移，并使位移距离等于工件的偏心距。

垫片厚度 x 可按下列公式计算：

$$x = 1.5 \pm eK$$
$$K \approx 1.5\Delta e$$

式中：x——垫片厚度（mm）；

e——偏心距（mm）；

K——偏心距修正值，正负值可按实测结果确定（mm）；

Δe——试切后，实测偏心距误差。

用三爪自定心卡盘安装、偏心工件进行车削的注意事项如下。

（1）应选用硬度较高的材料做垫片，以防止在装夹时发生挤压变形。

（2）装夹时，工件轴线不能歪斜，否则会影响加工质量。

（3）对精度要求较高的偏心工件，必须按 $x = 1.5 \pm eK$ 计算，再按实测偏心距误差求得修正值 K，从而调整垫片厚度。

二、偏心精度的检验及校正

受三爪自定心卡盘的制造及安装精度的限制，对偏心距要求很高的偏心工件，在找正偏心距时，必须用百分表来检验中心距。

百分表校正的具体操作步骤如下。

（1）用手拨动卡盘，将夹有偏心垫片的一个卡爪转动到最高的位置，使偏心工件处于最低的测量点位置。

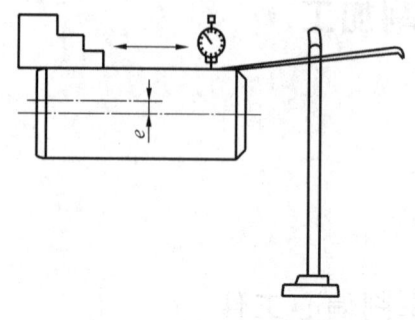

图 2-8-2　找正工件侧母线

（2）将百分表的测量头垂直接触偏心工件的基准轴最高侧母线，再左右移动床鞍，观察百分表指针读数并校正工件，如图 2-8-2 所示，当百分表从床头移动到床尾时指针读数相同，即表明基准轴最高侧母线与车床主轴轴线平行。为了保证偏心轴两轴线的平行度，应用百分表分别校正工件水平和垂直的两个方向的侧母线，即一个方向的一条侧母线校正平行后，应用手拨动卡盘把工件转过 90°，校正另一条侧母线使其平行。

（3）将百分表的测量头垂直接触偏心工件的基准轴最高侧母线，并使百分表压缩量为 0.5～1 mm，用手缓慢拨动卡盘，同时仔细观察百分表指针读数，当工件转动一周时，百分表指示处的最大值和最小值之差的一半即为偏心距值。

（4）按上述方法反复用百分表测量，并根据实际偏心距数值调整偏心垫片厚度，直至校正的偏心距在允许的误差范围内。

课题二　用其他方法车削偏心工件

一、用四爪卡盘装夹车削偏心工件

加工数量少而精度不高的偏心工件，一般用四爪卡盘装夹。用四爪卡盘装夹车削偏心工件时，要先在工件上划线，就是划出一个偏心圆以及保证水平和垂直方向的十字线，以便根据这些线条来确定它在四爪卡盘中的位置。如图 2-8-3 所示，工件表面涂上蓝色显示剂，移动高度尺接触工件顶部，计下数值后，向下移动高度尺一个工件半径，得到工件中心位置，在四周划线。再将高度尺向上移动一个偏心距，四周划线，得到偏心位置线。相交点 A 即偏心的中心点。

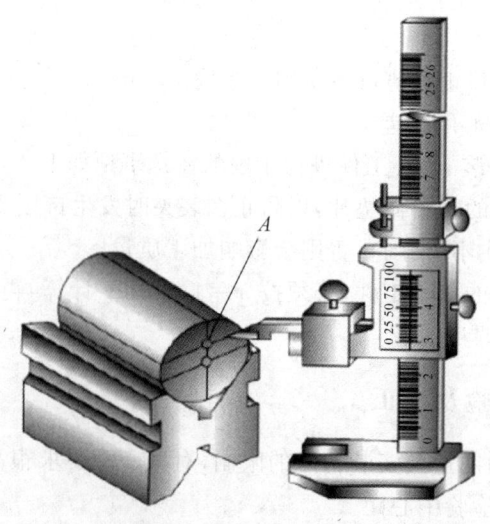

图 2-8-3　偏心工件划线

对外圆所划线打上样冲眼,防止刻线模糊。以 A 为圆心,在工件端面划圆周线,也打上样冲眼。在四爪上按所划圆周线找正工件,同时也要检验侧母线与机床导轨的平行度,保证其达到要求。

二、用两顶针装夹车削偏心工件

较长的偏心工件可以装夹在两顶针间车削,用鸡心夹头带动工件旋转。

采用双顶尖方法车削工艺较简单,适于单件或小批量零件的加工,成本也比较低,但零件加工的精度不高。

三、车削偏心工件的安全注意事项

(1)垫片材料要有一定硬度,并且厚度要标准。

(2)进给量要合适,启动卡盘前,车刀要与待加工外圆保持较大距离。

(3)装夹时,可用百分表校验中心距是否正确。

课题三 项目训练

车削图 2-8-4 所示的偏心轴零件。材料为 45 号钢,毛坯直径为 $\phi40$ mm,长度尺寸根据实际加工情况确定。

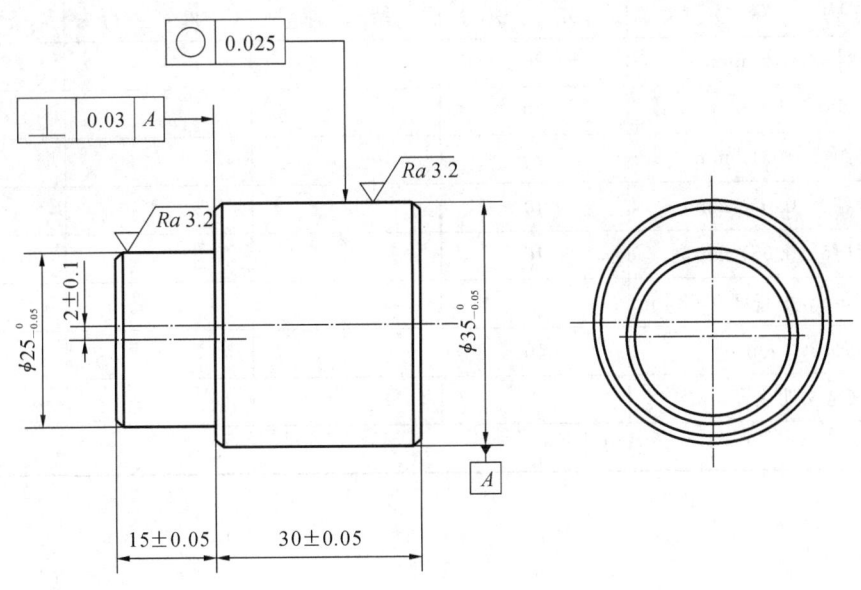

图 2-8-4 偏心轴零件

一、偏心轴车削工艺步骤

(1)工件装夹 15 mm 左右,车工件右端面,车平即可,主轴转速为 500 r/min,进给量为 0.25 mm/r。

(2)粗车 $\phi35$ mm 外圆,留余量 0.5 mm,主轴转速为 400 r/min,进给量为 0.25 mm/r。

(3)精车 $\phi35$ mm 外圆到给定尺寸并倒角,主轴转速为 900 r/min,进给量为 0.1 mm/r。

(4)工件掉头装夹,加偏心垫片,装夹长度为 15 mm。用百分表检查卡爪端跳动为

0.04 mm,远爪端面用铜棒敲正,跳动也是 0.04 mm,若床头端跳动不等于 0.04 mm,要修整垫片厚度,直到两端读数相同。

(5)分多刀车工件右端面,每次切削厚度为 1 mm,主轴转速为 500 r/min,进给量为 0.25 mm/r,保证全长为 45 mm。

(6)分多刀车工件 $\phi25$ mm 外圆到 $\phi25.5$ mm,每次背吃刀深度为 1.5 mm,主轴转速为 380 r/min,进给量为 0.2 mm/r,完成粗车偏心外圆。注意,初始时刀具离工件远些,防止碰撞。车削过程中,工件应不致松动造成事故。

(7)精车 $\phi25$ mm 外圆到尺寸,并倒角,主轴转速为 900 r/min,进给量为 0.1 mm/r。 $\phi35$ mm 外圆不倒角,待重新安装工件后再倒角。

(8)精车 $\phi25$ mm 与 $\phi35$ mm 交界端面,保证两个长度尺寸,主轴转速为 900 r/min,进给量为 0.1 mm/r。

(9)工件卸下,去掉偏心垫片,装夹 $\phi35$ mm 外圆,倒角。

(10)检查合格后取下工件。

二、偏心轴车削考核评分标准

偏心轴车削考核评分表如表 2-8-1 所示。

表 2-8-1　偏心轴车削加工考核评分表

内　容	分　值	结　果	得　分	备　注
外圆 $\phi25_{-0.05}^{0}$ mm	20			
外圆 $\phi35_{-0.05}^{0}$ mm	20			
偏心距(2±0.1) mm	20			
长度(30±0.05) mm	10			
长度(15±0.05) mm	10			
圆度 0.025 mm,垂直度 0.03 mm	4			
$Ra3.2\ \mu m$	10			
安全文明生产	6			
总得分				

◀ 项目九 螺纹加工 ▶

教学目的和要求

(1) 熟悉螺纹的种类和作用。

(2) 熟悉螺纹的主要参数的定义和名词术语,并会计算。

(3) 掌握在车床上车螺纹的正确挂轮方法。

(4) 掌握直进法车削三角螺纹。

(5) 熟悉三角螺纹的检测方法。

(6) 熟悉车三角螺纹中的安全注意事项。

(7) 了解梯形螺纹的刀具角度和作用。

(8) 理解螺旋升角的作用及对加工的影响。

(9) 熟悉梯形螺纹的主要参数,并会用单针法测量螺纹中径。

(10) 掌握在车床上车梯形螺纹的方法。

课题一　螺纹基本知识

螺纹按用途可分为连接螺纹、传动螺纹、紧固螺纹、测量螺纹等几类。常用标准螺纹的种类及用途可参看相关标准。

螺纹按牙型分为三角螺纹、梯形螺纹、方牙螺纹等。其中,普通公制三角螺纹应用最广。

一、三角螺纹的切削刀具要求及机床挂轮调整

1. 螺纹车刀的角度

螺纹的牙型角 α 取决于螺纹车刀的刃磨和安装。常用的螺纹车刀材料有高速钢和硬质合金两种。

(1) 高速钢(又称锋钢或白钢)螺纹车刀,牌号为 W18Cr4V。高速钢螺纹车刀的优点是,刃磨方便,容易磨得锋利,而且韧性较好,刀尖不易崩裂,车出的螺纹表面粗糙度值较小。高速钢螺纹车刀的缺点是,耐热性较差,高温下易磨损,刃磨时容易退火。因此,高速钢螺纹车刀只适用于低速车削螺纹或精车螺纹。

(2) 硬质合金螺纹车刀硬度高,耐热性、耐磨性好,但韧性较差,刃磨时容易崩刃,一般在高速车削螺纹时使用。不同材质的硬质合金螺纹车刀适用于车不同材料的螺纹,一般车脆性材料(如铸铁)螺纹时用 YG6 牌号硬质合金螺纹车刀,车塑性材料(如中碳钢)螺纹时用 YT15 牌号硬质合金螺纹车刀。

螺纹车刀刃磨的角度要求如图 2-9-1 所示。

车刀的刀尖角等于螺纹轴向剖面的牙型角 α,前角 $\gamma_0 = 0°$。粗车螺纹时,为了改善切削条件,可用有正前角的车刀($\gamma_0 = 5° \sim 15°$)。

2. 螺纹车刀的刃磨要求

(1) 根据粗、精车的要求,刃磨出合理的前角和后角(一般粗车刀前角磨大一些,使刀刃锋利;精车刀前角磨小一些,减小对牙型角的影响)。

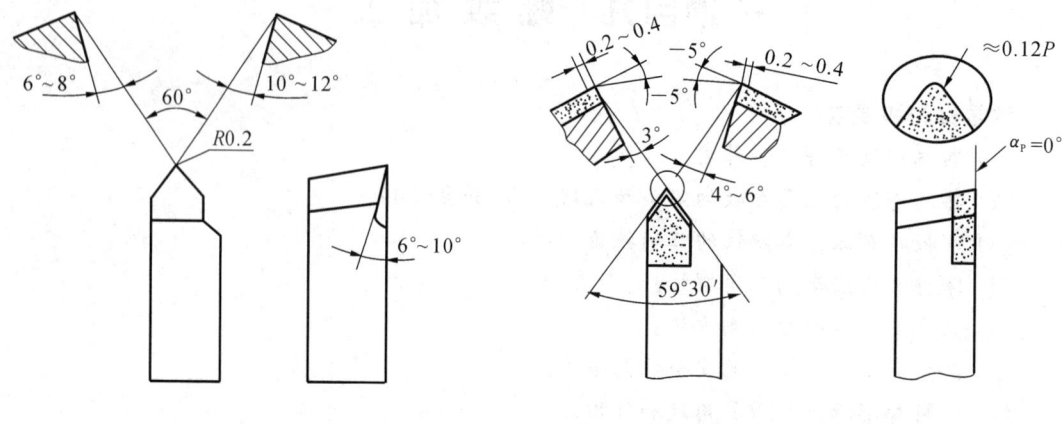

(a) 高速钢三角螺纹车刀　　　　　　　　　(b) 硬质合金三角螺纹车刀

图 2-9-1　高速钢和硬质合金三角螺纹车刀角度

（2）车刀的左、右两条刀刃必须平直，且无崩刃、豁口等缺陷。

（3）刀尖角等于牙型角，而且刀尖必须平直，不能歪斜。

3.螺纹车刀的安装要求

（1）刀尖必须与工件旋转中心等高。

（2）刀尖角的平分线必须与工件轴线垂直，因此要用对刀样板对刀，如图 2-9-2 所示。

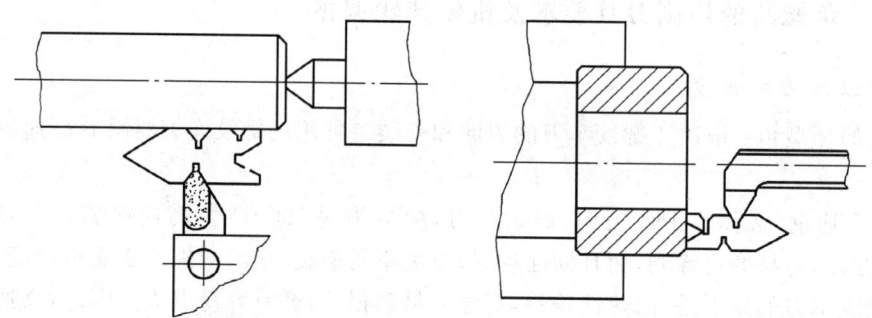

图 2-9-2　螺纹车刀用对刀样板对刀

（3）刀杆在刀架上夹紧时，必须同时压紧两个以上螺丝。

4.机床挂轮调整

车刀装好后，应对机床进行调整，根据工件螺距的大小，查找车床标牌，选定进给箱手柄位置，脱开光杠进给机构，改由丝杠传动。选取较低的主轴转速，以使其切削顺利，并有充分时间退刀。为使刀具移动均匀、平稳，须调整横溜板导轨间隙和小刀架丝杠与螺母的间隙。

在车削过程中，刀具的两个刃投入切削，切削力较大，因此工件必须装夹牢固。

二、螺纹的切削方法

螺纹中径是靠控制多次进刀的总切深量来保证的。车螺纹时每次切深量要小,而总切深量可根据计算的螺纹工作牙高(牙高＝0.65×工件的螺距,单位为毫米),由中滑板刻度盘控制,并借助于螺纹量规来测量。

车三角螺纹有三种方法,即直进法、左右切削法和斜向切削法,如图 2-9-3 所示。

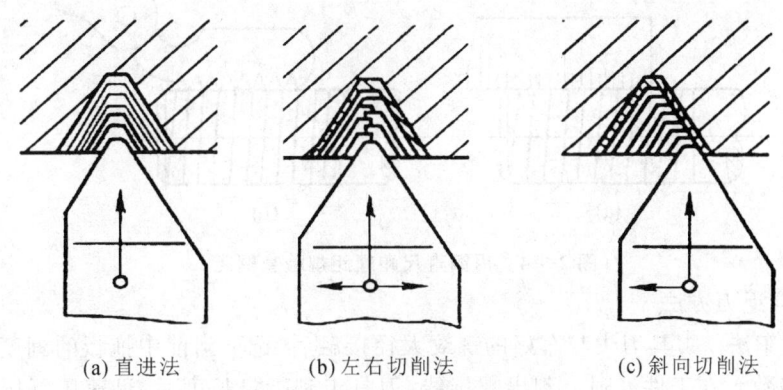

(a) 直进法   (b) 左右切削法   (c) 斜向切削法

图 2-9-3　直进法、左右切削法、斜向切削法车三角螺纹

1. 直进法

直进法即用中滑板进刀,两刀刃和刀尖同时切削。此法操作方便,车出的牙型清晰,牙型误差小,但车刀受力大,散热差,排屑难,刀尖易磨损,适用于加工螺距小于 2 mm 的螺纹,以及高精度螺纹的精车。

2. 左右切削法

左右切削法的特点是,车刀只有一个刀刃参加切削,在每次切深进刀的同时,用小刀架向左、向右移动一小段距离。这样重复切削数次,车至最后 1～2 刀时,仍采用直进法,以保证牙型正确,牙根清晰。此法适用于加工螺距较大的螺纹。

3. 斜向切削法

斜向切削法,即使车刀沿平行于所车螺纹右侧方向进刀,使得车刀两刀刃中,基本上只有一个刀刃切削。使用此法时,中拖板的切深与小拖板的赶刀量要适当计算一下。斜向切削法切削受力小,散热和排屑条件较好,切削用量可大些,生产率较高,但不易车出清晰的牙型,牙型误差较大,一般适用于较大螺距螺纹的粗车。

4. 利用直进法加工三角螺纹

1) 加工前的准备

螺纹属于成形切削,工件表面材料会发生塑性变形,材料在刀具的挤压作用下,外螺纹大径会产生变大的现象,故在车螺纹之前,先将螺纹大径车小 0.2～0.3 mm。

对于有螺纹退刀槽的螺纹,螺纹退刀槽应在螺纹之前车出,以方便刀具退出。

在车螺纹前,应先倒角,以减少毛刺。

2) 螺距的确认

在正式车螺纹之前,为防止出现废品,应先在工件外圆上刻出螺旋线,用螺距规检验螺纹是否正确。螺距一般可用钢直尺测量(见图 2-9-4(a)),因为普通螺纹的螺距一般较小,测量时,最好量 10 个螺距的长度,然后用测量长度除以 10,就得出一个螺距的尺寸。如果螺距较大,那么可以量 2 至 4 个螺距的长度,细牙螺纹的螺距较小,用钢直尺测量比较困难,这时可用螺距规来测量,测量时把螺距规平行轴线方向嵌入牙型中,如图 2-9-4(b)所示。如果完全符合,则说明被测的螺距是正确的。

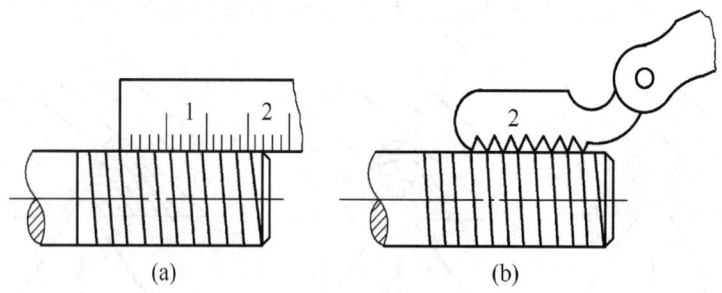

图 2-9-4 用钢直尺和螺距规检查螺距

3)进刀与退刀方法

(1)顺倒车法。刀具刀尖与车好的螺纹大径接触后,记下当前中拖板的刻度值,作为车螺纹的起始格数。在工件外圆上刻出螺旋线,刀具走到指定长度后,迅速压下操纵杆,机床反转,同时中拖板退出。这种方法称为顺倒车法。

(2)抬闸法。在刀具车到螺纹指定长度后,将开合螺母抬起,切断丝杠动力,大拖板停止运动,中拖板退出后,手工将大拖板移动到螺纹起始位置,进下一刀,压下开合螺母,进行车螺纹,称为抬闸法。

4)直进法切削深度的分配

由于刀具切入初始与工件接触的面积不大,切削力相对较小,则进刀深度可适当大些。随着刀具深入工件,与工件接触的面积越来越大,深度应逐减,防止刀具扎入工件造成挑飞工件、打坏刀具的事故。

加工螺纹时,吃刀深度是保证螺纹质量的关键,总吃刀深度可用下面的公式计算:

$$a_p = 0.65P$$

式中:a_p——总吃刀深度(mm);

P——螺纹的螺距(mm)。

如 M16 螺纹螺距,$P=2$ mm,则

$$a_p = 0.65P = 0.65 \times 2 \text{ mm} = 1.3 \text{ mm}$$

C6140 车床中拖板每格为 0.05 mm,所以 $\frac{1.3}{0.05}$ 格=26 格。因此,中拖板刻度盘以"0"位开始横向进刀,最后应转过 26 格。考虑到螺纹外圆车小0.3 mm左右,故按进刀 23 格为准。

5.避免"乱扣"

车螺纹时,车刀的移动是靠开合螺母与丝杠的啮合来带动的,一条螺纹槽需经过多次走刀才能完成。当车完一刀再车另一刀时,必须保证车刀总是落在已切出的螺纹槽中,否则就会产生"乱扣",致使工件报废。

产生"乱扣"的主要原因是,车床丝杠的螺距 $P_丝$ 与工件的螺距 $P_工$ 之比不是整数。当

$P_丝/P_工 =$ 整数时,采用顺倒车法和抬闸法,不会发生"乱扣"。当 $P_丝/P_工 \neq$ 整数时,则不能采用抬闸法,只能用顺倒车法,使车刀回到螺纹起始位置,然后调节车刀的切入深度,再继续车削。

当螺纹车刀在加工过程中磨损及损坏时,必须对刀具进行修磨并卸下螺纹车刀。当再次安装在机床上时,由于刀具位置的改变,车削时刀具不在螺旋槽内,这时可压下开合螺母,让刀具轴向移动后停车但不得反转。移动小拖板和中拖板,使刀具位于螺纹槽中间,再开始车螺纹,防止"乱扣"。

三、三角螺纹的测量

(1)螺纹量规检验。三角螺纹的常用量具是螺纹量规。螺纹量规是综合性检验量具,分为塞规和环规两种。塞规检验内螺纹,环规检验外螺纹,并由通规、止规两件组成一副。螺纹工件只有在通规可通过、止规通不过的情况下为合格品,否则为不合格品。

(2)用螺纹千分尺测量中径,如图 2-9-5 所示。螺纹千分尺的结构和使用方法与普通的外径千分尺相似,只是它的两个测量触头是和螺纹牙型相同的锥体和凹槽。测量时,两个触头正好卡在螺纹牙型面上,此时千分尺的读数就是该螺纹的中径。螺纹千分尺备有一系列不同牙型角和不同螺距的测量触头。测量不同规格的三角形螺纹中径时,需要选用适当的测量触头。

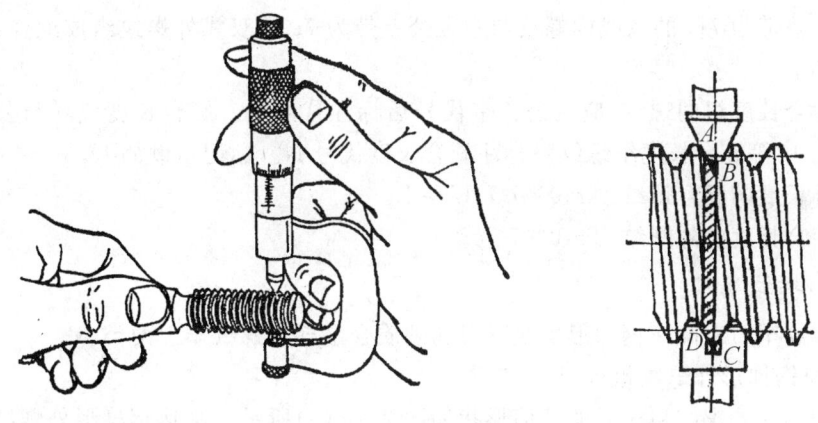

图 2-9-5 用螺纹千分尺测量中径

四、螺纹加工中的安全注意事项

(1)加工前仔细检查挂轮,防止螺距错误,开机损坏刀具及机床。

(2)各滑板间隙应调整好,间隙要小,切削用量要小些,以防避让不及造成碰撞事故。

(3)注意力要集中,加工完螺纹后,必须先提起开合螺母,变换光杠传动。

(4)螺纹车刀应锋利,中途换刀应重新对刀。

(5)不允许用手或毛巾与螺纹表面接触,以免发生事故。

(6)为保证车削时不发生安全事故,车削时降低转速→调整传动→对刀→压下开合螺母→车削,完工后,提起开合螺母→调整传动路线→变换转速。

课题二　车削外梯形螺纹

一、梯形螺纹基础知识

1. 梯形螺纹标记

完整的梯形螺纹标记应包括螺纹特征代号、尺寸代号和旋合长度代号。梯形螺纹的螺纹特征代号是"Tr"。

梯形螺纹的公差带代号仅包含中径公差带代号。公差带代号由公差等级数字和公差带位置字母（内螺纹用大写字母，外螺纹用小写字母）组成。螺纹尺寸代号与公差带代号之间用"-"分开。标记示例：

中径公差带为 7H 的内螺纹：Tr40×7-7H。

中径公差带为 7e 的外螺纹：Tr40×7-7e。

中径公差带为 7H 的双线、左旋外螺纹：Tr40×14（P7）LH-7e。

表示内、外螺纹配合时，内螺纹公差带代号在前，外螺纹公差带代号在后，中间用斜线分开。标记示例如下。

中径公差带为 7H 的内螺纹与中径公差带为 7e 的外螺纹组成配合：Tr40×7-7H/7e。

中径公差带为 7H 的双线内螺纹与中径公差带为 7e 的双线外螺纹组成配合：Tr40×14（P7）-7H/7e。

对长旋合长度组的螺纹，应在公差带代号后标注代号 L。旋合长度代号与公差带之间用"-"分开。中等旋合长度组螺纹不标注旋合长度代号 N。标记示例如下。

长旋合长度的配合螺纹：Tr40×7-7H/7e-L。

中等旋合长度的外螺纹：Tr40×7-7e。

2. 梯形螺纹车刀

梯形螺纹车刀有高速钢梯形螺纹车刀和硬质合金梯形螺纹车刀两类。

1）高速钢梯形外螺纹粗车刀

高速钢梯形外螺纹粗车刀的几何形状如图 2-9-6(a)所示。高速钢梯形外螺纹粗车刀几何角度按下列原则选择。

（1）车刀的刀尖角 ε_r 要小于牙型角 α。

（2）为了便于左右切削并留有精加工余量，刀头宽度应小于牙槽底宽 W。

（3）切削钢料时，应磨有背前角 $\gamma_p = 10° \sim 15°$。

（4）车刀应磨有背后角 $\alpha_p = 6° \sim 8°$；左侧后角为 $\alpha_{oL} = (3° \sim 5°) + \psi$，右侧后角为 $\alpha_{oR} = (3° \sim 5°) - \psi$。

2）高速钢梯形外螺纹精车刀

高速钢梯形外螺纹精车刀的几何形状如图 2-9-6(b)所示。其背前角 $\gamma_p = 0°$，刀尖角 ε_r 等于牙型角 α，为了保证两侧切削刃切削顺利，都磨有较大前角（$\gamma_o = 12° \sim 16°$）的卷屑槽。使用时必须注意，车刀前端切削刃不能参加切削。该车刀主要用于精车梯形外螺纹牙型两侧面。

3）硬质合金梯形外螺纹车刀

为了提高生产效率，加工一般精度的梯形螺纹时，可采用硬质合金螺纹车刀进行高速车

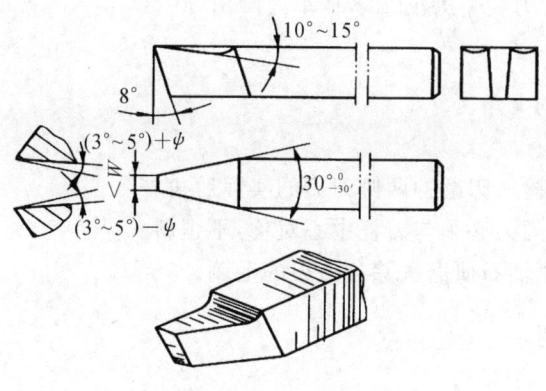
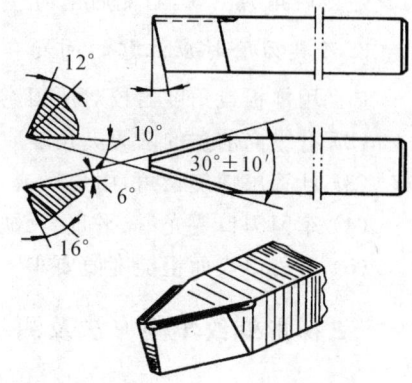

(a) 高速钢梯形外螺纹粗车刀   (b)高速钢梯形外螺纹精车刀

图 2-9-6 高速钢梯形外螺纹粗车刀和高速钢梯形外螺纹精车刀

削。图 2-9-7(a)所示为硬质合金梯形螺纹车刀的几何形状。

高速车削时，由于三个切削刃同时切削，切削力较大，易引起振动，并且当刀具前面为平面时，切屑呈带状排出，操作很不安全。为此，可在前面上磨出两个圆弧，如图 2-9-7（b）所示。

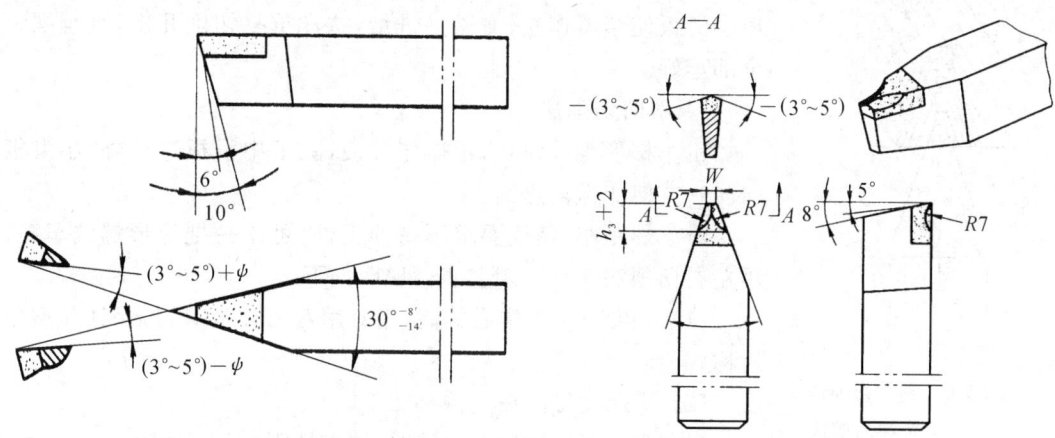

(a) 硬质合金梯形外螺纹车刀   (b) 双圆弧硬质合金梯形外螺纹车刀

图 2-9-7 硬质合金梯形外螺纹车刀和双圆弧硬质合金梯形外螺纹车刀

螺纹车刀后角一般取 5°～10°，因受螺纹升角的影响，两侧面后角应有所不同，车右旋螺纹时左侧的后角应大一些，右侧的后角应小一些，车左旋螺纹时情况相反。但对于大直径或小螺距的螺纹，螺旋升角的影响很小，可以忽略不计。

【例 2-9-1】 车削某一梯形螺纹 T36×6，求刀头宽度尺寸、螺纹升角及说明刀具其他角度的要求。

解：

$$W = 0.366 \times 6 \text{ mm} - 0.536 \times 0.5 \text{ mm} = 1.928 \text{ mm}$$

$$\tan\psi = P/\pi d_2 = 6/[3.14 \times (36 - 0.5 \times 6)] \text{ rad} = 3'18'52''$$

所以，粗车刀的纵向前角取 10°～15°；精车刀为了保证牙型正确，前角应等于 0°。刃磨梯形螺纹车刀时，刀头宽度粗车刀约 1.4 mm，精车刀小于 1.928 mm。由于车削右旋螺纹，刀具左侧后角磨出 8°,右侧后角为 0°。粗车刀刀尖角磨出 29°,精车刀磨出 30°。

3.刀具刃磨时应注意的问题

(1) 用样板或角度器校对所刃磨两刀刃的夹角。

(2) 有纵向前角的两刃夹角 ε' 应进行修正。

(3) 计算出螺旋长角,用角尺或角度器检验所刃磨的两侧刀刃的实际后角。

(4) 车刀刃口要光滑、平直、无缺口,两侧刀刃必须与刀杆中心对称,不歪斜。

(5) 刀刃口表面粗糙度值要小。必要时用油石研磨去除各刀刃的毛刺。

二、梯形螺纹车削方法及测量和控制

1.梯形螺纹车削方法

1)直进法

车螺纹时,螺纹车刀刀尖及左右两侧切削刃都参加切削动作。每次切削由中滑板作径向进给,随着螺纹深度的加深,切削深度相应减小。这种切削方法操作简单,可以得到比较正确的牙型,适用于螺距小于 2 mm、脆性材料的螺纹车削。

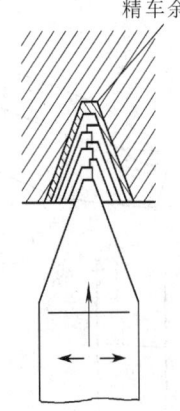

图 2-9-8 左右切削法车梯形螺纹

2)左右切削法

如图 2-9-8 所示,车削过程中,除了中滑板作垂直进给外,使用小滑板使车刀作左、右微量进给,这样重复切削几次,直至螺纹全部车好。

3)斜向切削法

粗车梯形螺纹时,为了操作方便,除了中滑板进给外,小滑板向同一方向作微量进给。

对于螺距小、精度要求不高的工件,可用一把梯形螺纹车刀,用左右切削法车削。工艺步骤说明如下。

(1) 刀尖与工件中心等高,用专用对刀样板对刀,保证牙型角对称。

(2) 将螺纹外圆按上偏差加工。

(3) 调整好挂轮后车螺旋线,检查螺距。

(4) 切深 0.5 mm,车出螺旋槽。

(5) 向前适当移动小拖板,车第二刀,同时检查螺旋槽宽小于理论槽宽 0.4~0.5 mm,留出适当精车余量。

(6) 小拖板回退,消除间隙后,中拖板切深走以后刀次,保证刀具不超出第二刀形成的螺旋槽。

(7) 重复(6),中拖板与小拖板配合,完成螺纹的粗车。

(8) 换精车刀,分左、右侧精车两牙侧和底径。

(9) 检查尺寸,如有必要,对螺纹大径进行修整加工,去除毛刺。

2.外梯形螺纹的测量和控制

1)大径测量

测量螺纹大径时,一般可用游标卡尺、千分尺等量具。

2）底径尺寸控制

一般由中滑板刻度盘控制牙型高度，从而间接保证底径尺寸。

3）中径尺寸控制

（1）三针测量法，如图 2-9-9 所示，它是一种比较精密的测量方法，适用于测量精度要求较高、螺旋升角小于 4° 的梯形螺纹。

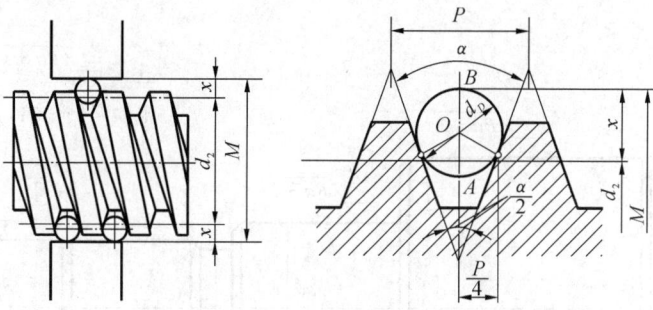

图 2-9-9　三针测量法

三针测量法简化公式计算如表 2-9-1 所示。

表 2-9-1　三针测量法简化公式计算

螺纹牙型角 α	M 值计算公式	钢针直径 d_D
60°（普通螺纹）	$M = d_2 + 3d_D - 0.866P$	$0.577P$
55°（英制螺纹）	$M = d_2 + 3.166d_D - 0.961P$	$0.564P$
55°（圆柱管螺纹）	$M = d_2 + 3.166d_D - 0.961P$	$0.564P$
30°（梯形螺纹）	$M = d_2 + 4.864d_D - 1.866P$	$0.518P$
40°（蜗杆）	$M = d_2 + 3.924d_D - 1.374P$	$0.533P$

（2）单针测量法，如图 2-9-10 所示，这种方法只需要使用一根符合要求的量针，将其放置在螺旋槽中，用千分尺量出以外螺纹顶径为基准到量针顶点之间的距离。在测量前应先量出螺纹顶径的实际尺寸，其原理与三针测量法相同，单针测量法比较简便。

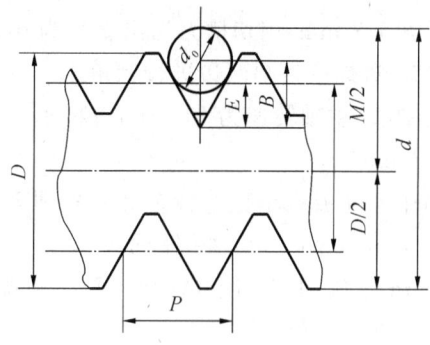

图 2-9-10　单针测量法

课题三　项目训练

一、车削加工螺纹轴零件

加工图 2-9-11 所示的螺纹轴零件。材料为 45 号钢，毛坯采用 $\phi40$ mm 圆钢，长度根据需要选取。

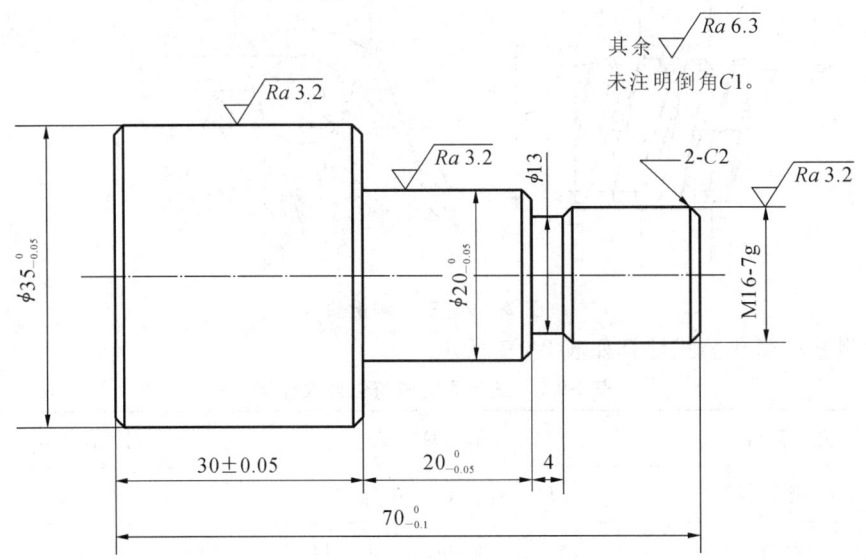

图 2-9-11　螺纹轴(一)

1. 车削加工工艺步骤

(1) 毛坯装夹，留出长度 45 mm。

(2) 车螺纹轴右端面见平，主轴转速为 450 r/min，进给量为 0.28 mm/r。

(3) 粗车 $\phi35$ mm 外圆到 $\phi35.5$ mm，长度为 42 mm，主轴转速为 400 r/min，进给量为 0.2 mm/r。

(4) 粗车 $\phi20$ mm 外圆到 $\phi20.5$ mm，长度为 40 mm，主轴转速为 450 r/min，进给速度为 0.2 mm/r。

(5) 粗、精车 $\phi16$ mm 到 $\phi15.7$ mm；用切槽刀切出直径为 $\phi13$ mm、宽为 4 mm 的槽，主轴转速为 280 r/min，手动进给，对螺纹外圆两边进行倒角。

(6) 直进法粗、精车三角螺纹，主轴转速为 71 r/min；精车 $\phi20$ mm 外圆至要求，主轴转速为 900 r/min，进给量为 0.1 mm/r。

(7) 检查长度尺寸，并利用大拖板或小拖板精车螺纹外圆至长度 16 mm，保证 $\phi20$ mm 外圆长度为 20 mm，并对 $\phi20$ mm 及 $\phi35$ mm 外圆倒角。

(8) 工件掉头装夹 $\phi20$ mm 外圆，工件与卡爪间垫铜皮，车端面，控制全长 70 mm，主轴转速为 400 r/min，进给量为 0.26 mm/r。

(9) 粗车 $\phi35$ mm 外圆到 $\phi35.5$ mm，长度为 30 mm，再精车 $\phi35$ mm 外圆，主轴转速为 700 r/min，进给量为 0.1 mm/r。

(10) 倒角。检查尺寸后上交工件。

2.螺纹轴车削考核评分标准

螺纹轴车削考核评分表如表 2-9-2 所示。

表 2-9-2　螺纹轴车削考核评分表

内　　容	分　值	结　　果	得　分	备　注
外圆 $\phi 35_{-0.05}^{0}$ mm	10			
外圆 $\phi 20_{-0.05}^{0}$ mm	10			
外圆 $\phi 13$ mm,宽 4 mm	3			
螺纹 M16-7g	30			
长度(30±0.05) mm	10			
长度 $20_{-0.05}^{0}$ mm	10			
全长 $70_{-0.1}^{0}$ mm	10			
$Ra\,3.2\ \mu m$、$6.3\ \mu m$	10			
安全文明生产	7			
总得分				

二、车削加工梯形螺纹零件

加工图 2-9-12 所示的梯形螺纹轴零件。材料为 45 号钢,毛坯采用 $\phi 40$ mm 圆钢,长度根据需要选取。

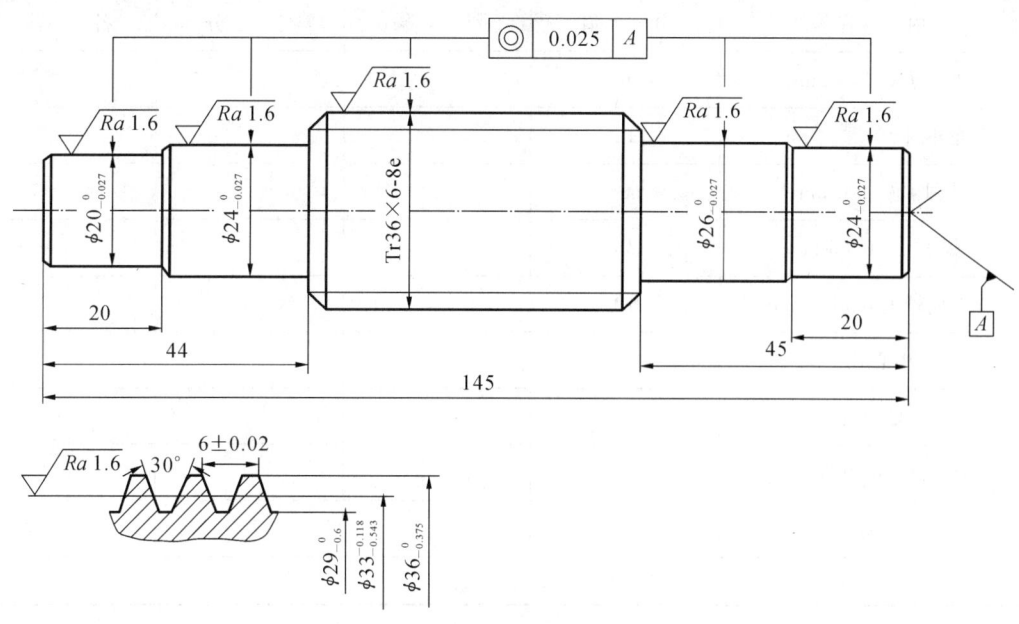

图 2-9-12　梯形螺纹轴

1. **梯形螺纹轴加工工艺步骤**

（1）毛坯装夹，留出长度 50 mm，车平端面，主轴转速为 450 r/min，进给量为 0.25 mm/r。

（2）钻中心孔，主轴转速为 900 r/min，手动进给。

（3）粗车外圆 $\phi26$ mm 到 $\phi27$ mm，长度为 44.5 mm，粗车外圆 $\phi24$ mm 到 $\phi25$ mm，长度为 19.5 mm，主轴转速为 450 r/min，进给量为 0.24 mm/r。

（4）工件掉头装夹，伸出 50 mm，车平端面，保证全长为 145 mm，主轴转速为 450 r/min，进给量为 0.25 mm/r。

（5）钻中心孔，主轴转速为 900 r/min，手动进给。

（6）工件重新装夹，夹住 $\phi24$ mm 外圆部位，夹持长度为 20 mm，尾座顶住中心孔，形成一夹一顶的装夹方式。粗车外圆 $\phi36$ mm 到 $\phi36.5$ mm，长度为 100 mm；车削外圆 $\phi24$ mm 到 $\phi25$ mm，长度为 43.5 mm；车削外圆 $\phi20$ mm 到 $\phi21$ mm，长度为 19.5 mm；主轴转速为 450 r/min，进给量为 0.24 mm/r。

（7）精车梯形螺纹外圆到给定尺寸，主轴转速为 700 r/min，进给量为 0.15 mm/r，螺纹两端倒角，分粗、精车梯形螺纹，注意检查螺纹中径及表面粗糙度。

（8）换外圆精车刀，分别精车 $\phi24$ mm、$\phi26$ mm 两处外圆。主轴转速为 1 000 r/min，进给量为 0.1 mm/r，倒角。工件掉头装夹 $\phi24$ mm 外圆，垫铜片，精车 $\phi20$ mm、$\phi24$ mm 两处外圆，倒角。

（9）检查，去毛刺后上交工件。

2. **梯形螺纹轴车削考核评分标准**

梯形螺纹轴车削考核评分表如表 2-9-3 所示。

表 2-9-3　梯形螺纹轴考核评分表

内　容	分　值	结　果	得　分	备　注
外圆 $\phi20_{-0.027}^{0}$ mm	6			
2 处外圆 $\phi24_{-0.027}^{0}$ mm	12			
外圆 $\phi26_{-0.027}^{0}$ mm	6			
螺纹 Tr36×6-8e	30			
5 处同轴度 0.025 mm	10			
中心孔	5			
5 处长度	5			
Ra 1.6 μm 共 5 处	20			
安全文明生产	6			
总得分				

◀ 项目十 综合课题训练 ▶

课题一 实训课题

一、车削加工台阶轴

1.实训要求

(1)学生自己编写机械加工工艺。

(2)严格做到图纸要求。

2.实训图

本次实训的台阶轴如图 2-10-1 所示。

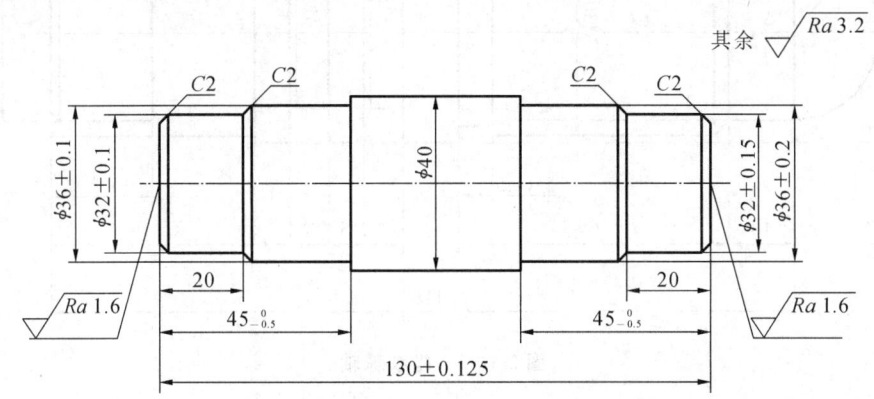

图 2-10-1 台阶轴(二)

3.成绩评定

车削加工台阶轴成绩评定表 2-10-1 所示。

表 2-10-1 车削加工台阶轴成绩评定表

序号	检查内容	配分	评分标准	实测记录	得分
1	外圆公差(4 处)	12×4	超 0.01 mm 扣 2 分		
2	长度公差(3 处)	5×3	超差不得分		
3	端面粗糙度 $Ra\,1.6\,\mu m$(2 处)	3×2	降一级扣 1 分		
4	外圆表面粗糙度 $Ra\,3.2\,\mu m$(4 处)	3×4	降一级扣 0.5 分		
5	倒角(4 处)	1×4	不合格不得分		
6	工件完整	6	不完整扣分		
7	安全文明操作	9	违章扣分		
总得分					

二、车削加工螺纹球轴

1. 实训要求

（1）学生自己编写机械加工工艺。

（2）严格做到图纸要求。

2. 实训图

本次实训的螺纹球轴如图 2-10-2 所示。

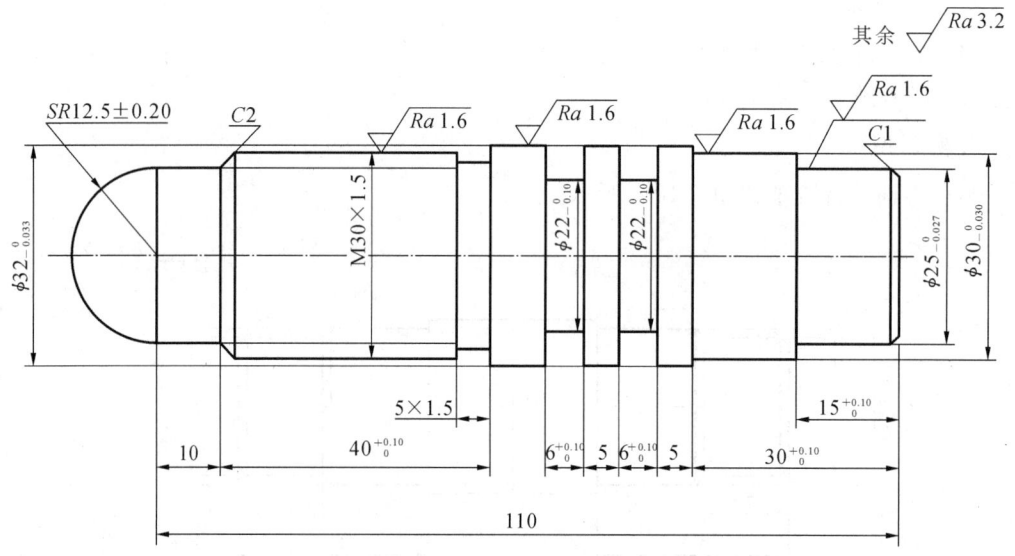

图 2-10-2 螺纹球轴

3. 成绩评定

车削加工螺纹球轴成绩评定表如表 2-10-2 所示。

表 2-10-2 车削加工螺纹球轴成绩评定表

序号	检查内容	配分	评分标准	实测记录	得分
1	外圆公差（3处）	6×3	超 0.01 mm 扣 2 分		
2	长度公差（3处）	2×3	超差不得分		
3	三角螺纹尺寸和表面粗糙度 Ra 3.2 μm	8,4	超差、乱牙扣分		
4	圆弧尺寸和表面粗糙度 Ra 3.2 μm	12,6	样板检测间隙大扣分		
5	外圆表面粗糙度 Ra 1.6 μm（3处）	3×3	降一级扣 2 分		
6	沟槽（2处）	8×2	超差、槽壁不直扣分		
7	退刀槽	2	不合格不得分		
8	倒角	2×2	不合格不得分		
9	清角，去锐边（5处）	1×5	不合格不得分		

序号	检 查 内 容	配分	评 分 标 准	实测记录	得分
10	工件完整	5	不完整扣分		
11	安全文明操作	5	违章扣分		
总得分					

三、车削加工手柄

1. 实训要求

（1）学生自己编写机械加工工艺。

（2）严格做到图纸要求。

2. 实训图

本次实训的手柄如图 2-10-3 所示。

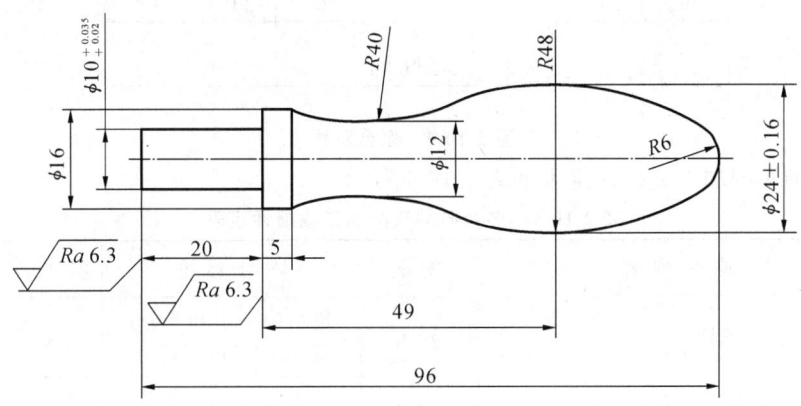

图 2-10-3 手柄

3. 成绩评定

车削加工手柄成绩评定表如表 2-10-3 所示。

表 2-10-3 车削加工手柄成绩评定表

序号	检 查 内 容	配分	评 分 标 准	实测记录	得分
1	外圆公差（4 处）	8×4	超 0.01 mm 扣 2 分		
2	长度（4 处）	5×4	超差不得分		
3	半径弧（3 处）	9×3	降一级扣 1 分		
4	外圆表面粗糙度 $Ra\,6.3\ \mu m$（2 处）	3×2	降一级扣 0.5 分		
5	工件完整	7	不完整扣分		
6	安全文明操作	8	违章扣分		
总得分					

课题二 培优综合练习

一、多台阶轴车削加工

车削加工图 2-10-4 所示的多台阶轴。

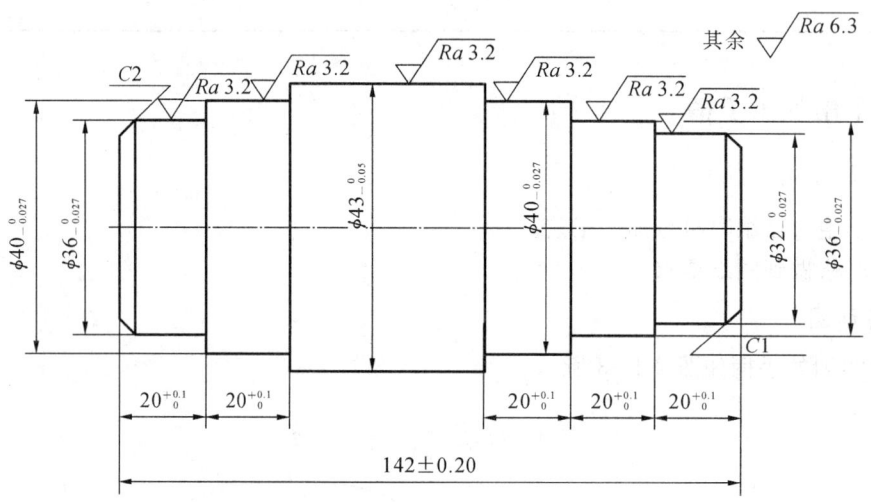

图 2-10-4 多台阶轴

多台阶轴车削加工成绩评定表如表 2-10-4 所示。

表 2-10-4 多台阶轴车削加工成绩评定表

序号	检 查 内 容	配分	评 分 标 准	实 测 记 录	得分
1	外圆公差(6 处)	5×6	超 0.01 mm 扣 2 分, 超 0.02 mm 不得分		
2	外圆表面粗糙度 $Ra\,3.2\,\mu m$(6 处)	3×6	降一级扣 2 分		
3	长度公差(6 处)	3×6	超差不得分		
4	倒角(2 处)	2×2	不合格不得分		
5	清角,去锐边(10 处)	10×1	不合格不得分		
6	平端面(2 处)	2×2	不合格不得分		
7	工件外观	6	不完整扣分		
8	安全文明操作	10	违章扣分		
总得分					

二、综合件车削加工(一)

车削加工图 2-10-5 所示的综合件。

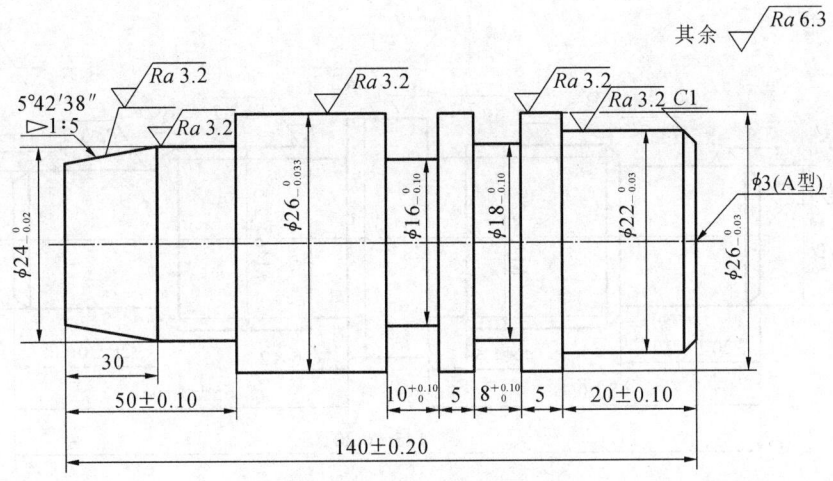

图 2-10-5 综合件(一)

综合件车削加工(一)成绩评定表如表 2-10-5 所示。

表 2-10-5 综合件车削加工成绩评定表(一)

序号	检查内容	配分	评分标准	实测记录	得分
1	外圆公差(4 处)	6×4	超 0.01 mm 扣 2 分,超 0.02 mm 不得分		
2	外圆表面粗糙度 $Ra\,3.2\ \mu m$(4 处)	4×4	降一级扣 2 分		
3	沟槽(2 处)	8×2	超差、槽壁不直扣分		
4	锥体锥度和表面粗糙度 $Ra\,3.2\ \mu m$ (2 处)	10,5	超 1 分扣 2 分,降一级扣 2 分		
5	长度公差(3 处)	3×3	超差不得分		
6	倒角 C1	2	不合格不得分		
7	清角,去锐边(3 处)	0.5×8	不合格不得分		
8	平端面(2 处)	2×2	不合格不得分		
9	中心孔	2	不合格不得分		
10	工件完整	4	不完整扣分		
11	安全文明操作	4	违章扣分		
总得分					

三、螺纹轴车削加工

车削加工图 2-10-6 所示的螺纹轴,要求做到以下两点。

(1) 会刃磨三角螺纹车刀。

(2) 会测量三角形外螺纹。

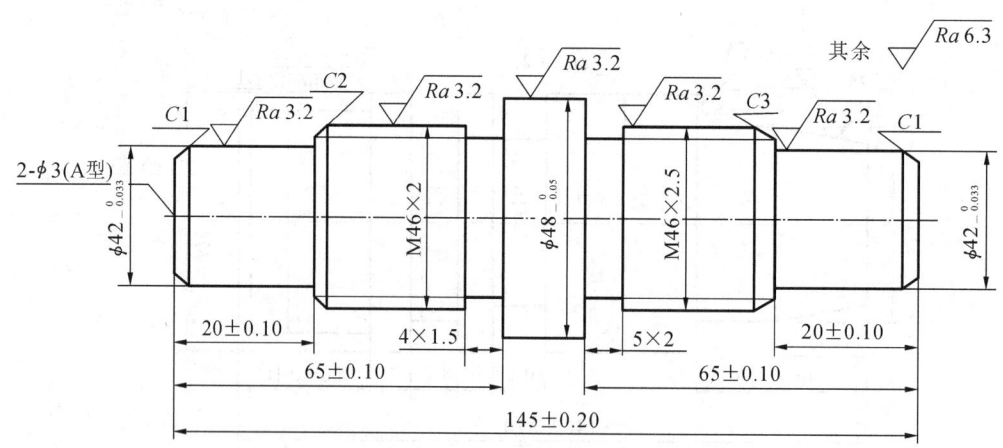

图 2-10-6 螺纹轴（二）

螺纹轴车削加工成绩评定表如表 2-10-6 所示。

表 2-10-6 螺纹轴车削加工成绩评定表

序号	检查内容	配分	评分标准	实测记录	得分
1	外圆公差（3 处）	5×3	超 0.01 mm 扣 2 分		
2	外圆表面粗糙度 Ra 3.2 μm（3 处）	3×3	降一级扣 2 分		
3	三角形螺纹（2 处）	10×2	超差、乱牙、牙型不正扣分		
4	螺纹粗糙度 Ra 3.2 μm（2 处）	6×2	降一级扣 3 分		
5	长度公差（5 处）	2×5	超差不得分		
6	倒角（4 处）	2×4	不合格不得分		
7	清角，去锐边（6 处）	1×4	不合格不得分		
8	退刀槽（2 处）	4×2	不合格不得分		
9	中心孔（2 处）	2×2	不合格不得分		
10	工件完整	5	不完整扣分		
11	安全文明操作	5	违章扣分		
总得分					

四、综合件车削加工（二）

车削加工图 2-10-7 所示的综合件。要求：其中的 *R*8 不准用成形刀和锉刀加工。

综合件车削加工成绩评定表（二）如表 2-10-7 所示。

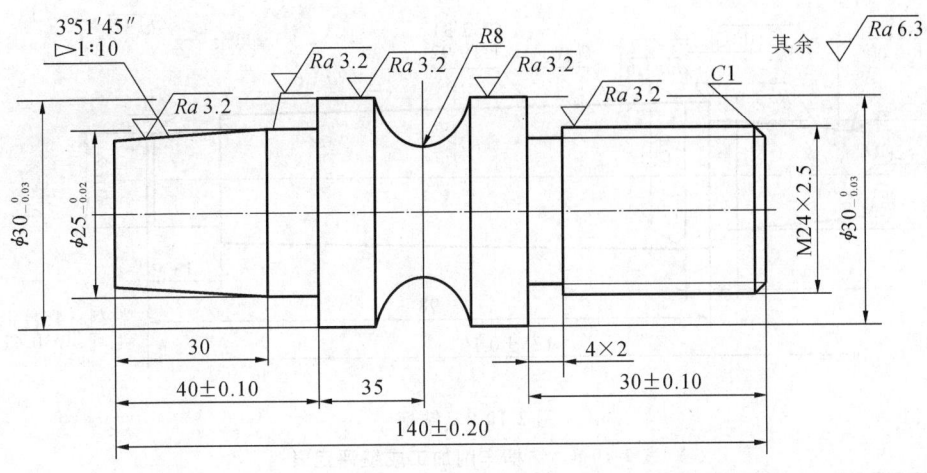

图 2-10-7　综合件(二)

表 2-10-7　综合件车削加工成绩评定表(二)

序号	检查内容	配分	评分标准	实测记录	得分
1	外圆公差(3 处)	4×3	超 0.01 mm 扣 2 分		
2	外圆表面粗糙度 Ra 3.2 μm(3 处)	3×3	降一级扣 2 分		
3	锥体锥度和表面粗糙度 Ra 3.2 μm	10,6	超 1′ 扣 2 分， 降一级扣 4 分		
4	螺纹牙型和表面粗糙度 Ra 3.2 μm	10,6	超差、乱牙、牙不正扣分		
5	圆弧槽、中心距	12,6	R 规检测间隙大扣分		
6	退刀槽	3	超差不得分		
7	长度公差(3 处)	3×3	不合格不得分		
8	倒角	3	不合格不得分		
9	清角,去锐边(4 处)	1×4	不合格不得分		
10	工件完整	5	不完整扣分		
11	安全文明操作	5	违章扣分		
总得分					

五、钻柄车削加工

车削加工图 2-10-8 所示的钻柄,要求做到以下几点。

(1) 锥体接触面积不小于 65%。

(2) 未注明倒角为 C0.3。

(3) 练习时间为 180 分钟。

钻柄车削加工成绩评定表如表 2-10-8 所示。

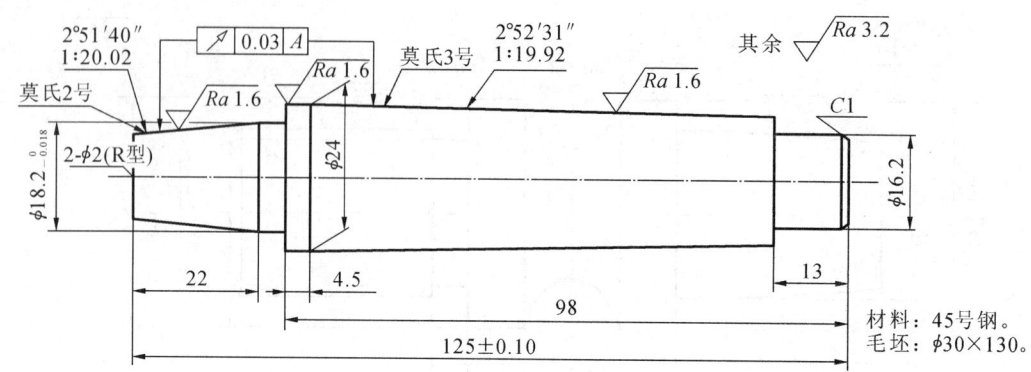

图 2-10-8　钻柄

表 2-10-8　钻柄车削加工成绩评定表

序号	检 查 内 容	配分	评 分 标 准	实测记录	得分
1	$\phi18.2_{-0.018}^{0}$，$Ra\,1.6\,\mu m$	10,3	超 0.02 mm 不得分、$Ra>1.6\,\mu m$ 不得分		
2	$\phi24$，$Ra\,1.6\,\mu m$	6,3	超 0.02 mm 不得分、$Ra>1.6\,\mu m$ 不得分		
3	$\phi16.2$，$Ra\,3.2\,\mu m$	3,3	超差不得分、$Ra>3.2\,\mu m$ 不得分		
4	莫氏 3 号圆锥锥面接触面积不小于 65%	15	莫氏 3 号圆锥锥面接触面积小于 65% 扣分		
5	莫氏 3 号圆锥锥面表面粗糙度 Ra 1.6 μm	6	$Ra<1.6\,\mu m$ 不得分		
6	莫氏 2 号圆锥锥面接触面积不小于 65%	12	莫氏 2 号圆锥锥面接触面积小于 65% 扣分		
7	莫氏 2 号圆锥锥面表面粗糙度 Ra 1.6 μm	5	$Ra<1.6\,\mu m$ 不得分		
8	(125±0.10) mm	4	超差不得分		
9	4 处未注公差	2×4	超差不得分		
10	倒角	1	不合格不得分		
11	几何公差(2 处)	8×2	超 0.02 mm 不得分		
12	安全文明操作	5	违章扣分		
	总得分				

六、螺杆圆锥组合体综合练习

完成图 2-10-9 所示的螺杆圆锥合体综合练习,并做到以下几点。

(1) 件 2 的锥孔与件 1 的锥面之间的配合接触面积不小于 60%,端面间隙为 0.1～0.5 mm。

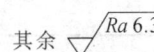

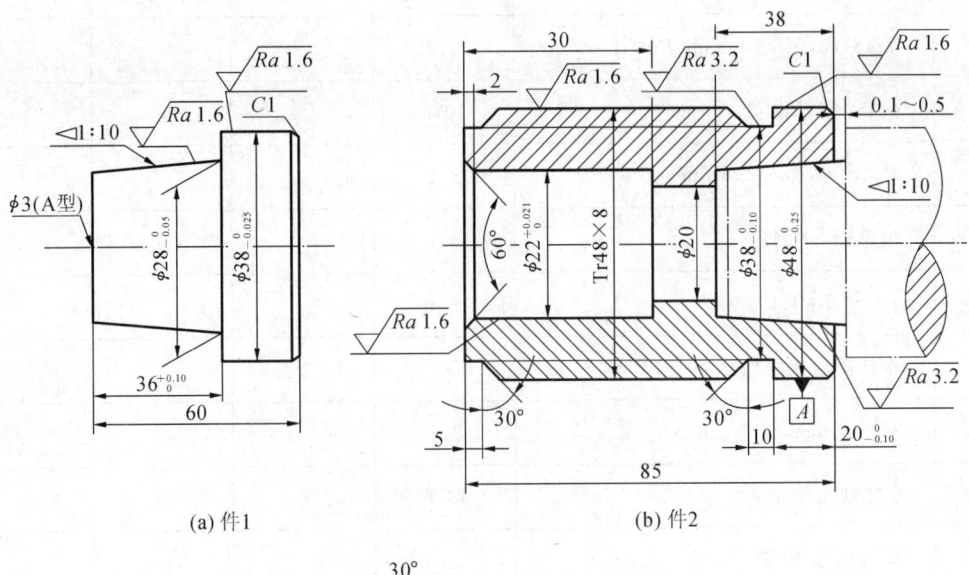

(a) 件1　　　　　　　　　　　　　　　　　(b) 件2

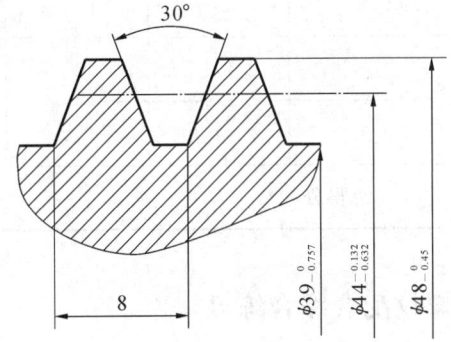

(c) 梯形螺纹示意图

图 2-10-9　螺杆圆锥组合体

(2) 件 1 配入件 2 后与基准 A 的圆跳动公差为 0.05 mm。

(3) 未注倒角为 $C0.3$。

已知毛坯的规格为 $\phi 50 \times 110$，材料为 45 号钢，要求在 300 分钟内完成练习。

螺杆圆锥组合体综合练习成绩评定表如表 2-9-10 所示。

表 2-10-9　螺杆圆锥组合体综合练习成绩评定表

序号	检查内容	配　分	评分标准	实测记录	得　　分
1	$\phi 38_{-0.025}^{0}$，$\phi 48_{-0.025}^{0}$，$Ra \leqslant 1.6\ \mu m$	10,6			
2	$\phi 48_{-0.45}^{0}$，$Ra \leqslant 1.6\ \mu m$	4,2			
3	$\phi 38_{-0.10}^{0}$，$Ra \leqslant 3.2\ \mu m$	3,2			
4	$\phi 22_{0}^{+0.021}$，$Ra \leqslant 1.6\ \mu m$	6,3			
5	$\phi 20$ mm，$Ra \leqslant 6.3\ \mu m$	2,1			

序号	检查内容	配　分	评分标准	实测记录	得　分
6	$Tr48\times8,\phi48_{-0.45}^{0}$ mm,$Ra\leqslant1.6$ μm	3,2			
7	$\phi44_{-0.632}^{-0.132},Ra\leqslant1.6$ μm	10,6			
8	$\phi39_{-0.757}^{0},Ra\leqslant1.6$ μm	2,1			
9	齿形角30°倒角	2,1			
10	$1:10,Ra1.6$ μm	7,4			
11	锥体配合接触面积60%	4			
12	$36_{0}^{+0.10}$ mm,$20_{-0.10}^{0}$ mm	2,2			
13	6处轴向尺寸	1×6			
14	配合后端面间隙0.1~0.5 mm	3			
15	$C1,2\times60°$	1,1			
16	圆跳动	4			
总得分					

七、锥体配合及三角形螺纹配合综合练习

完成图2-10-10所示的锥体配合及三角形螺纹配合综合练习,要求学生能独立编制机械加工工艺,并在240分钟内完成练习。已知本综合练习所用毛坯的规格为$\phi50\times155$,材料为45号钢。

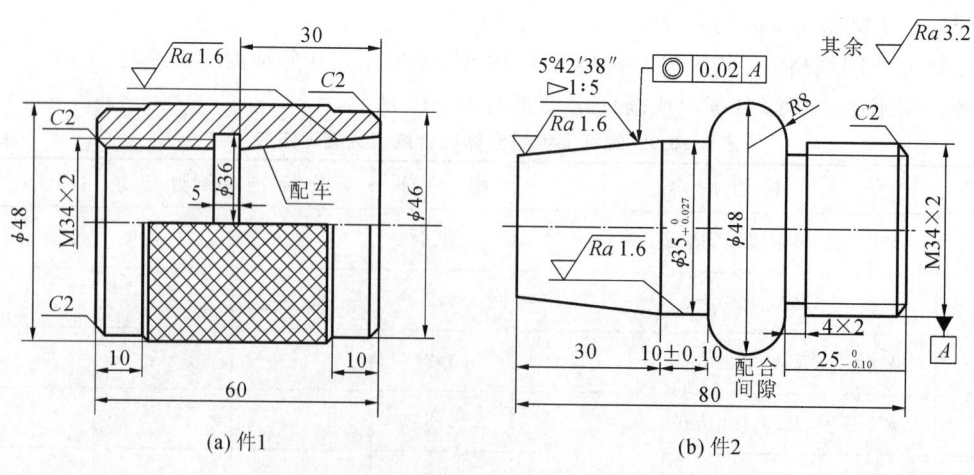

(a) 件1　　　　　　　　　　　　　(b) 件2

图 2-10-10　锥体配合及三角形螺纹配合

锥体配合及三角形螺纹配合综合练习成绩评定表如表 2-10-10 所示。

表 2-10-10 锥体配合及三角形螺纹配合综合练习成绩评定表

项目	检 查 内 容	配分	评 分 标 准	实测记录	得分
外圆	$\phi48$ mm,滚花	1,3	乱纹、花纹不清扣分		
	$\phi46$ mm,Ra 3.2 μm	2,2	不合格不得分		
	$\phi35_{-0.027}^{0}$ mm,Ra 1.6 μm	3,2	超 0.01 mm 扣 2 分,不合格不得分		
锥体	外锥,1∶5,Ra 1.6 μm	4,3	超 3′ 不得分,降一级扣 2 分		
	内锥,Ra 1.6 μm	8,5	超 5′ 不得分,降一级扣 3 分		
螺纹	外螺纹 M34×2,Ra 3.2 μm	4,2	超差、乱牙、牙型不正扣分		
	内螺纹 M34×2,Ra 3.2 μm	6,4	超差、乱牙、降一级扣 2 分		
沟槽	内、外退刀槽	2,2	不合格不得分		
倒角	$C2$(4 处)	2×4	不合格不得分		
长度	$25_{-0.10}^{0}$ mm	3	超差不得分		
	60 mm,80 mm	2	超差不得分		
圆弧	$R8$,Ra 3.2 μm	6,4	样板检测降一级扣 2 分		
几何公差	◎ 0.02 A	4	超差不得分		
锥体配合	着色 70%,间隙（10 ± 0.10）mm	3,3	小于 70% 扣分超差不得分		
螺纹配合	松紧适中	5	间隙大扣分		
外观	工件完整	4	不完整扣分		
安全	安全文明操作	5	违章扣分		
总得分					

八、锥心螺纹心轴加工

加工图 2-10-11 所示的锥心螺纹心轴。已知毛坯的规格为 $\phi65×135$,材料为 45 号钢。要求学生在 240 分钟内完成练习。

锥心螺纹心轴加工成绩评定表如表 2-10-11 所示。

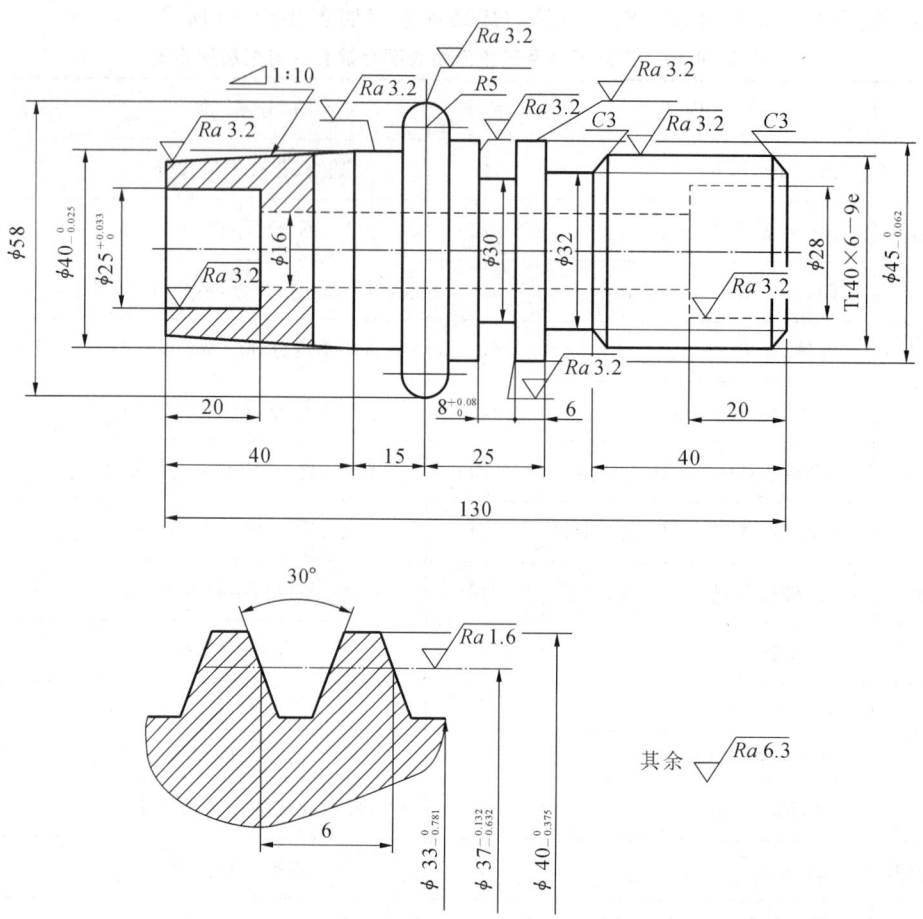

图 2-10-11　锥心螺纹心轴

表 2-10-11　锥心螺纹心轴加工成绩评定表

序号	检 查 内 容	配分	评 分 标 准	实 测 记 录	得分
1	$\phi45_{-0.062}^{0}$ mm,$Ra\leqslant3.2$ μm	5,2	超差不得分,$Ra>3.2$ μm 不得分		
2	$\phi40_{-0.025}^{0}$ mm,$Ra\leqslant3.2$ μm	6,3	超差不得分,$Ra>3.2$ μm 不得分		
3	$\phi58$ mm	3	超差不得分		
4	孔 $\phi25_{0}^{+0.033}$ mm,$Ra\leqslant3.2$ μm	8,2	超差不得分,$Ra>3.2$ μm 不得分		
5	孔 $\phi28$ mm,$Ra\leqslant3.2$ μm	4,2	超差不得分,$Ra>3.2$ μm 不得分		
6	孔 $\phi16$ mm,$Ra\leqslant6.3$ μm	3,1	超差不得分,$Ra>6.3$ μm 不得分		
7	Tr 大径 $\phi40_{-0.375}^{0}$ mm,$Ra\leqslant3.2$ μm	2,1	超差不得分,$Ra>3.2$ μm 不得分		
8	Tr 中径 $\phi37_{-0.632}^{-0.132}$,$Ra\leqslant1.6$ μm	14,6	超差不得分,$Ra>1.6$ μm 不得分		

序号	检 查 内 容	配分	评 分 标 准	实 测 记 录	得分
9	$1:10\pm4'18''$, $Ra\leqslant3.2\ \mu m$	5,3	超差不得分,$Ra>3.2\ \mu m$不得分		
10	槽 $8^{+0.08}_{0}\times\phi30$, $Ra\leqslant3.2\ \mu m$	6,3	超差不得分,$Ra>3.2\ \mu m$不得分		
11	$\phi32$ mm, $Ra\leqslant6.3\ \mu m$	2,1	不合格不得分		
12	$R5$ mm, $Ra\leqslant3.2\ \mu m$	5,3	不合格不得分		
13	未注公差尺寸(8处)	1×8	不合格不得分		
14	$C3$(2处)	1×2	不合格不得分		
15	安全操作文明生产,违章视情节轻重扣 $1\sim20$ 分				
	总得分				

普通铣床加工

◀ 项目一　铣床的基本结构和操作 ▶

教学目的和要求

（1）了解 XA5032 铣床的工作原理和操作注意事项。

（2）掌握铣床加工过程中各部位手柄调整或移动的技巧。

（3）了解实习场地和设备使用注意事项、安全文明生产。

（4）了解铣床保养和润滑常识。

（5）掌握铣床附件分度头的工作原理和操作注意事项。

（6）掌握铣床加工正多边形分度技巧。

（7）掌握铣削对刀方法和对称尺寸的控制。

铣削是指用旋转的铣刀在铣床的工作台上切削各种表面或沟槽的加工方法。铣削的特点是，铣刀的旋转运动是主运动，工件或铣刀的移动为进给运动。铣刀是一种多刃刀具，每个刀刃相当于一把车刀。铣削的加工规律与车削的相似，但铣削中刀齿依次投入加工后又依次切出，是断续的，其切削面积不断变化，所以铣削又具有其特殊的规律。铣削加工范围广泛，多用于平面、台阶、沟槽、成形表面和切断等的加工，如图 3-1-1 所示。

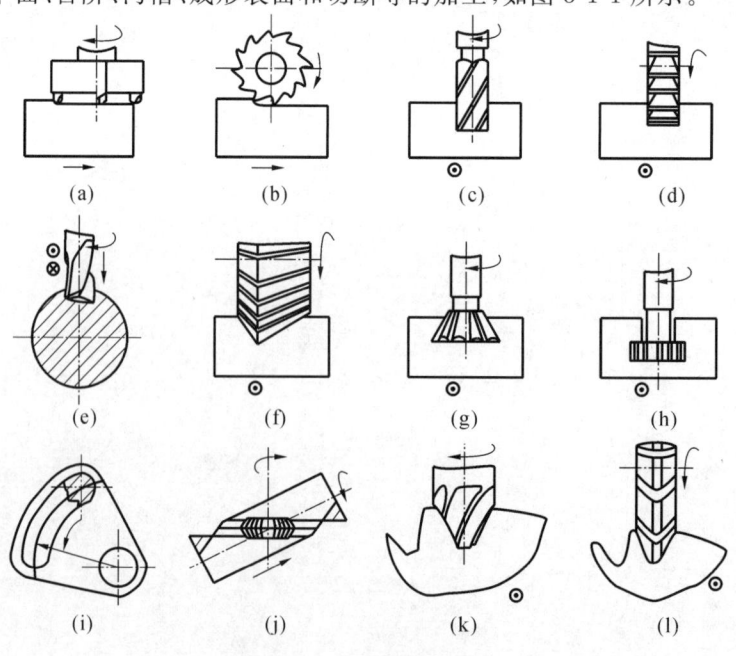

图 3-1-1　铣削加工的应用

铣削具有以下加工特点。

（1）采用多刃刀具加工，刀刃交替切削，刀刃冷却效果好，刀具的耐用度高。

（2）生产效率高，加工范围广，在大批量生产中逐渐取代刨削。

（3）有较高的加工精度：经济精度一般为 IT7～IT8 级，表面粗糙度为 $Ra\,1.6\sim12.5\ \mu m$；精铣精度可达 IT5 级，表面粗糙度可达 $Ra\,0.8\ \mu m$。

（4）工件定位装夹要求较高，刀具和机床附件相对比较复杂。

课题一　XA5032 铣床结构

XA5032 铣床外形图如图 3-1-2 所示。

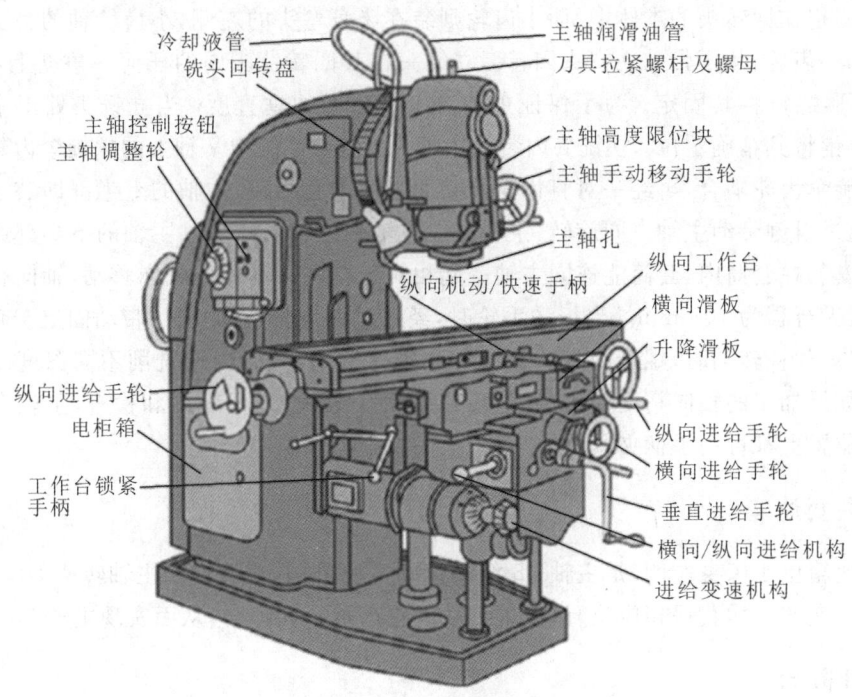

图 3-1-2　XA5032 铣床外形图

XA5032 铣床的主要结构性能和机械传动系统如下。

一、床身部件

床身和底座由六个螺钉紧固连接，共同组成床身部件，它是立铣头、升降台等的支承部件，主传动系统即安装在床身内部。床身同时也做润滑油油池，有一个柱塞式油泵供给润滑油。床身中部左、右两侧各开有一个方形窗口，左边装置主传动变速操纵箱，右边做检查调整用，上面安有可卸盖板。床身下部左、右两侧为安装电气设备的壁龛，其门上设有密封装置。底座是整个机床的支承，也是机床与地基固定的部位，上面装有冷却剂泵，内部是冷却剂储存箱。

二、主传动机构

主传动机构五根传动轴及齿轮系安装在床身内部，由一个功率为 7.5 kW 的法兰盘电动机拖动,电动机通过弹性联轴器与Ⅰ轴相连,Ⅰ轴另一端装有制动电磁离合器,使主轴制动迅速、平稳、可靠。在Ⅱ轴及Ⅳ轴上,装有可移动的两个三联齿轮和一个双联齿轮,它们的移动靠主变速机构中的拨叉操纵。在Ⅴ轴末端装有与立铣头相连的螺旋伞齿轮,用以将动力传送到立铣头主轴上,Ⅰ轴到Ⅶ轴及轴上的齿轮共同组成了主传动系统,它们使主轴可获得 18 种转速,其范围是 30～1 500 r/min。

三、立铣头

立铣头安装在床身上部弯头的前面,用圆柱面定位。立铣头可围绕床身弯头轴线顺时针或逆时针回转,调整范围为±45°。回转运动是通过小齿轮带动一段弧形的齿圈而获得的。齿圈固定在回转头的本体上,而小齿轮则装在床身弯头的左侧,小齿轮轴的另一端为六角头,转动小齿轮,从而带动立铣头回转。立铣头在其回转范围内的任何一角度上,都可利用四个 T 形螺钉将其固定。为了保证主轴对工作台面的垂直度,当立铣头处于中间零位时,利用锥销将其精确定位。立铣头内装着主轴,主传动系统中Ⅴ轴上的螺旋伞齿轮与立铣头上的螺旋伞齿轮啮合,再经一对直齿轮传动而带动轴套旋转,主轴的上半部即装于此轴套内,轴套通过滑键带动主轴一同旋转,主轴可以在轴套内轴向移动。主轴的下半部则以精密滚动轴承安装在套筒内,套筒能连同主轴一起相对于立铣头本体作轴向移动,轴向移动靠手轮操纵,最大行程为 100 mm。当摇动手轮时,经一对伞齿轮转动丝杠,带动固定于套筒上托架内的螺母,丝杠转动时,螺母则带着套筒和主轴作轴向移动,以便铣削不同深度的加工面和钻孔。如果加工的轴向精度要求高,还可以装上千分表,以便观察和检查,主轴套筒在不同的轴向位置上都可用手柄夹紧。

四、主变速箱

主变速箱位于床身左侧,是主轴 18 级转速的变换机构,通过变换主轴转速刻度盘位置,使内部孔盘变速机构获得相应位置,使主传动齿轮产生不同啮合,从而实现主轴 18 级转速。

五、升降台

升降台位于床身前方,它与床身由燕尾导轨连接,其配合间隙的调整由两根楔条来实现。升降台右后方装有夹紧手柄,夹紧手柄可将升降台夹紧在床身上。升降台上部是工作台实现横向(Y 向)移动的矩形导轨,升降台的垂直方向(Z 向)运动由滚珠丝杠来完成。升降台前部装有垂直进给手轮和横向进给手轮,它们可进行垂直方向、横向手动调整。垂直方向、横向均既可机动调节又可手动调节,且手动、机动是互锁的。

六、工作台

工作台部件装在升降台上部,工作台底座下面与升降台由矩形导轨连接,靠滚珠丝杠副带动,以实现工作台部件的横向(Y 向)运动。工作台底座上面与工作台由燕尾导轨连接,靠滚珠丝杠副带动,实现工作台纵向(X 向)运动。燕尾导轨的配合间隙用一根楔条来调整。

七、进给变速箱

进给变速箱装在升降台左侧,由变速部分与操作部分组成,工作台三个方向上的进给传动和快速移动靠进给变速箱里Ⅵ轴上两个电磁离合器分别吸合来实现。进给的 18 级速度是靠孔盘上不同孔的组合,使齿轮形成不同组合来实现的。

课题二 铣床安全操作规程

(1) 工作前,必须穿好工作服和工作鞋,女生须戴好工作帽,发辫必须挽入帽内。工作服拉链必须拉到领口,袖口扎紧,腕部内衣不得外露。

(2) 工作前认真查看铣床有无异常,在规定部位加注润滑油和冷却液。

(3) 开始加工前检查刀具和工件,装夹必须牢固、可靠,严禁用铣床的动力装夹刀杆、拉杆。

(4) 主轴变速必须停车,变速时先打开变速操纵手柄,再选择转速,最后以适当的速度将变速操纵手柄复位。

(5) 开始铣削加工前,刀具必须离开工件。通常采用逆铣加工。若有必要采用顺铣,则应事先调整工作台的丝杠与螺母的间隙到合适程度方可铣削加工,否则将引起"扎刀"或打刀现象。

(6) 在加工中,注意行程的极限位置,必须严密注意铣刀与工件夹具间的相对位置,以防发生撞刀而损坏刀具、铣床和夹具。

(7) 加工中,严禁将多余的工件、夹具、刀具和量具等摆在工作台上。

(8) 铣床在运行中不得擅离岗位或委托他人看管,严禁在加工过程中玩手机、打闹和开玩笑。

(9) 两人或多人共同操作一台铣床时,必须严格分工,分段操作。

(10) 测量工件必须停车,停车时不得用手强行刹住惯性转动着的铣刀主轴。

(11) 清除加工过程中的切屑要用毛刷,严禁用手去拉;严禁用手指摸触旋转中的刀具。

(12) 铣完工件取出后,应及时去毛刺,防止拉伤手指。

(13) 发生事故时,应立即切断电源,保护现场,参加事故分析。

(14) 工作结束应认真清扫铣床、加油,并将工作台移向立柱附近。

(15) 打扫工作场地,将切屑倒入规定地点。

课题三 分度头的结构和工作原理

分度头主要用于零件的分度加工,如铣削多边形、齿轮、花键和刻线等。

一、分度原理

图 3-1-3 所示为 FW250 型万能分度头示意图。旋转分度手柄,通过传动比为 1∶1 的齿轮啮合,将动作传递到蜗杆上,蜗杆带动 40 个齿的蜗轮旋转,蜗轮再带动主轴旋转。因此,分度手柄旋转 40 圈,主轴旋转 1 圈。若将工件等分 Z 份,则每次分度手柄旋转圈数为 $n=40/Z$。

FW250 型万能分度头一般备有 2 块分度盘,每块分度盘的 2 个面上钻有多圈等分孔,各圈孔数均不相同。

第一块分度盘正面孔数为 24,25,28,30,34,37;反面孔数为 38,39,41,42,43。

第二块分度盘正面孔数为 46,47,49,51,53,54;反面孔数为 57,58,59,62,66。

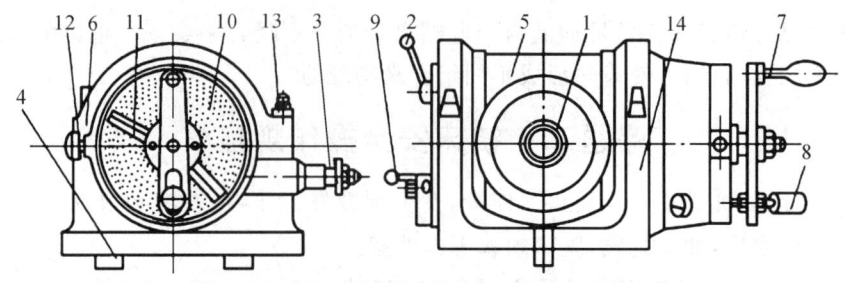

图 3-1-3　FW250 型万能分度头示意图

1—主轴；2—主轴紧固手柄；3—侧轴；4—底座与定位插销；5—回转体；6—刻度盘；7—分度手柄；
8—定位插销；9—蜗轮杆离合手柄；10—分度盘；11—分度叉；12—分度盘紧固螺钉；13—紧固螺钉；14—基座

二、分度操作

对于在圆柱体上铣削内接正四方体的操作，用分度头简单分度的方法如下。$360°/40=9°$，即分度手柄旋转 1 圈，工件旋转 9°。铣四方时，每铣一面，旋转角度为 90°，也即分度头旋转 10 圈。铣削第一边完成后，铣削第二边时，旋转分度手柄 10 圈，手柄插入原来孔位中，依此类推。

对于在圆柱体上铣削内接正六方体的操作，用分度头简单分度的方法如下。因边数 $Z=6$，故 $n=40/Z=40/6=6(2/3)=6(28/42)$。找到 42 孔的分度盘，调整定位插销径向位置到 42 孔圈，紧固定位插销于分度手柄杆上。指定一个基准孔，用粉笔做好记号，顺时针数过 28 孔，再做好记号。将分度盘外活动扇形条 1 旋转到位于记号的两孔间以确定好 2/3 圈。铣好一面后，将活动扇形条 2 旋转到与定位插销接触，也即事先确定好 2/3 圈，旋转分度手柄 6 圈，再旋转 2/3 圈左右，找到挡板对应位的孔，插入定位插销即可铣削第二面。后面依次进行。

上例还有其他解，如 6(16/24)、6(44/66)等。

三、铣削深度和加工余量调整

铣削正多边形第一面时，应先对刀。调整垂直工作台，将刀尖与工件表面轻触，应计算出外圆与正多边形表面之间的径向尺寸，第一刀略浅一些，留出精铣余量。待工件对面铣削后，进行测量，根据测量尺寸调整铣削深度，然后依次精铣出各面。

四、分度头的正确使用和维护保养

（1）在分度头上装卸工件时，要锁紧分度头主轴。

（2）分度时，分度手柄应顺时针转动，如果摇过了孔位，则应将分度手柄反向转半圈以上，然后按原来方向摇至规定的孔位。

（3）分度时，首先松开主轴紧固手柄，分度后再重新紧固。

（4）分度时，定位插销应慢慢地插入分度盘的孔内，切勿突然撒手，应使定位插销自动弹出，以免损坏分度盘的孔眼及定位插销。

（5）调整分度头仰角时，切不可将基座上部靠近主轴前端的两个六角螺钉松开，否则会使主轴的零位变动。

（6）要经常保持分度头的清洁，使用前应将分度头主轴锥孔和安装底面擦干净。存放时，应对外露的金属表面涂防锈油。

（7）经常润滑分度头各部分，并按说明书上的规定定期加油。

◀ 项目二 铣刀和铣削方式 ▶

教学目的和要求

(1) 掌握铣刀的类型和使用方法。

(2) 熟悉铣削方式。

(3) 掌握铣削加工时切削液的选择。

课题一 铣刀、铣削用量和铣削方式

一、铣刀的类型

根据铣刀安装方法的不同,铣刀可分为两大类,即带孔铣刀和带柄铣刀。带孔铣刀多用在卧式铣床上,带柄铣刀多用在立式铣床上。带柄铣刀又分为直柄铣刀和锥柄铣刀。

1. 常用的带孔铣刀

(1) 圆柱铣刀:其刀齿分布在圆柱表面上,如图 3-2-1(a)所示,主要用于铣削平面。

(2) 圆盘铣刀:包括三面刃铣刀、锯片铣刀等。图 3-2-1(b)所示为三面刃铣刀,主要用于加工不同宽度的直角沟槽及小平面、台阶面等。锯片铣刀如图 3-2-1(c)所示,用于铣窄槽和切断。

(3) 齿轮铣刀:用于加工齿轮槽,如图 3-2-1(d)所示。

(4) 角度铣刀:如图 3-2-1(e)、(f)所示,具有各种不同的角度,用于加工各种角度沟槽和斜面等。

(5) 成形铣刀:如图 3-2-1(g)、(h)所示,其切刃呈凸圆弧状、凹圆弧状等,用于加工与切刃形状相对应的成形面。

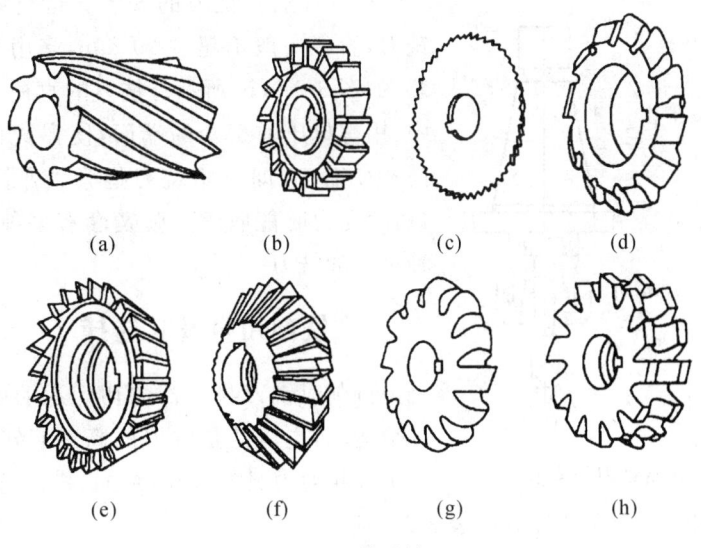

| (a) | (b) | (c) | (d) |

| (e) | (f) | (g) | (h) |

图 3-2-1 带孔铣刀

2.常用的带柄铣刀

（1）镶齿端铣刀：如图3-2-2（a）所示，一般刀盘上装有硬质合金刀片，加工平面时可以进行高速铣削，以提高工作效率。

（2）立铣刀：如图3-2-2（b）、（c）所示，立铣刀有直柄和锥柄两种，多用于加工沟槽、小平面、台阶面等。

（3）键槽铣刀：如图3-2-2（d）所示，专门用于加工封闭式键槽。

（4）T形槽铣刀：如图3-2-2（e）所示，专门用于加工T形槽。

（5）角度铣刀：如图3-2-2（f）所示，专门用于加工燕尾槽及特定角度槽等。

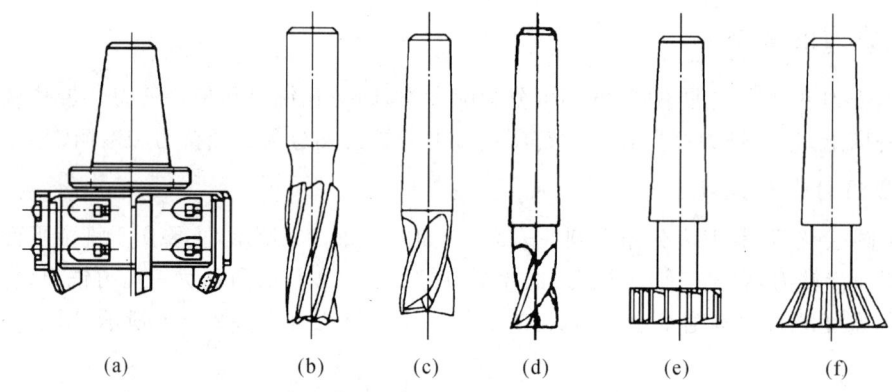

| (a) | (b) | (c) | (d) | (e) | (f) |

图 3-2-2　带柄铣刀

3.带柄铣刀的安装

（1）锥柄铣刀的安装如图3-2-3（a）所示。根据铣刀锥柄的大小，选择合适的变锥套，将各配合表面擦净，然后用拉杆把铣刀及变锥套一起拉紧在主轴上。

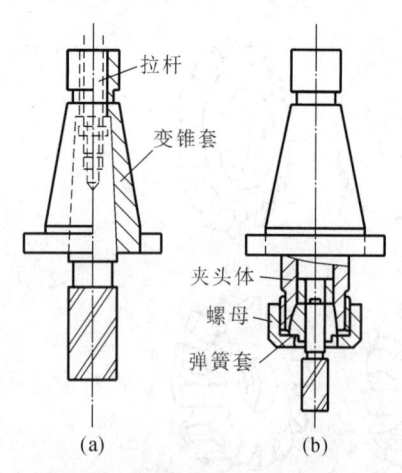

拉杆

变锥套

夹头体

螺母

弹簧套

(a)　　　　(b)

图 3-2-3　带柄铣刀的安装

（2）直柄立铣刀的安装。这类铣刀多为小直径铣刀，直径一般不超过20 mm，多用弹簧夹头进行安装，如图3-2-3（b）所示。铣刀的直柄插入弹簧套的孔中，用螺母压弹簧套的端面，使弹簧套的外锥面受压而孔径缩小，即可将铣刀抱紧。弹簧套上有三个开口，故受力时能收缩。弹簧套有多种孔径，以适应各种尺寸的铣刀。

二、铣削用量及其选择

铣削时铣刀与工件的切削运动可分为主运动和进给运动，主运动是铣刀的高速旋转，进给运动一般为工件相对刀具的移动，纵向、横向、垂直运动都是辅助运动。铣削用量的定义及计算如表3-2-1所示。

表 3-2-1 铣削用量的定义及计算

铣削用量	定 义	公 式	选 用 原 则
切削速度 v_c	铣刀切削部位最大直径处的线速度(m/min)	$v_c = \pi d_{刀} \, n_{刀}/1\,000$	一般高速钢刀具 $v_c = 15 \sim 35$ m/min; 切削速度与工件的硬度成反比
进给量 f 每分钟进给量 f	每分钟刀具与工件相对移动的距离(mm/min)	$f = f_r \cdot n = f_z \cdot z \cdot n$	粗铣取大值,精铣取小值
每转进给量 f_r	铣刀旋转一周,工件与铣刀相对的移动距离(mm/r)	$f_r = f_z \cdot z$	依每齿进给量来定,密齿铣刀相比粗齿铣刀取小值
每齿进给量 f_z	铣刀旋转一个刀齿,工件与刀具相对移动的距离(mm/z)		高速钢立铣刀铣削普通钢件取 $f_z = 0.03 \sim 0.15$ mm/z
铣削深度 a_p	平行于铣刀轴线方向测量的切削层尺寸		粗铣 3～7 mm,半精铣0.5～1 mm,精铣 0.2～0.5 mm
铣削宽度 a_e	垂直于铣刀轴线方向测量的切削层尺寸		一般为铣刀直径的 0.5～0.6

铣削用量选择的原则如下。

(1)通常粗加工为了保证必要的刀具耐用度,应优先采用较大的铣削宽度和铣削深度,其次是加大进给量,最后才是根据刀具耐用度的要求选择适宜的切削速度,这样选择是因为切削速度对刀具耐用度影响最大,进给量次之,铣削宽度和铣削深度影响最小。

(2)精加工时,为了减小工艺系统的弹性变形和抑制积屑瘤的产生,必须采用较小的进给量。对于硬质合金铣刀,应采用较高的切削速度;对于高速钢铣刀,应采用较低的切削速度。如铣削过程中不产生积屑瘤,应采用较高的切削速度。

常用立铣刀切削不同材料时选用的切削参数如表 3-2-2 所示。

表 3-2-2 常用立铣刀切削不同材料时选用的切削参数

铣刀直径/mm	铣削深度/mm	铣削宽度/mm	加工材料					
			铸铁		有色金属		中碳钢	
			n /(r/min)	f /(mm/min)	n /(r/min)	f /(mm/min)	n (r/min)	f (mm/min)
4～6	0.3～0.6	3～4	600～950	30～60	750～1 180	47.5～75	475～750	30～47.5
8～10	1～2	5～6	600～750	37.5～75	600～950	60～95	375～475	37.5～60
12～16	2～3	8～10	375～600	37.5～60	475～750	47.5～60	300～375	30～47.5
18～22	5～6	20～25	235～375	47.5～75	375～475	60～95	235～300	37.5～60
24～28	4～5	30～35	190～300	37.5～47.5	235～375	37.5～60	190～300	30～37.5
30～35	6～8	35～40	150～235	23.5～37.5	190～300	30～47.5	150～235	23.5～30
40	10～12	45～50	118～190	23.5～30	150～235	30～37.5	118～190	19～23.5

三、铣削方式

1. 周铣与端铣

用刀齿分布在圆周表面的铣刀进行铣削的方式叫作周铣，如图 3-2-4(a)所示；用刀齿分布在圆柱面上的铣刀进行铣削的方式叫作端铣，如图 3-2-4(b)所示。

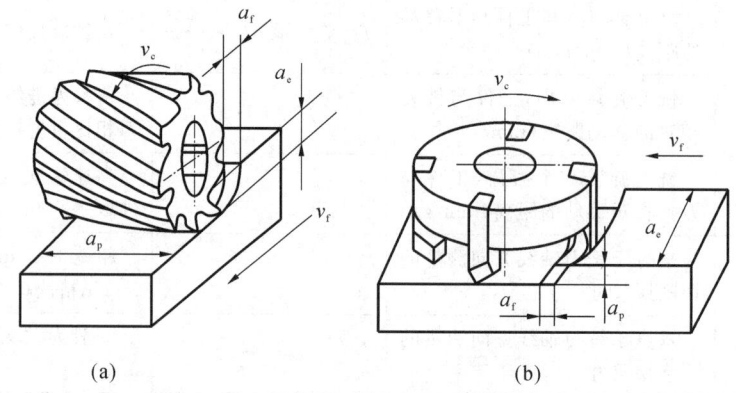

(a)   (b)

图 3-2-4　周铣与端铣

与周铣相比，端铣铣平面较为有利，这是因为端铣刀的副切削刃对已加工表面有修光作用，能使粗糙度降低，周铣的工件表面则有波纹状残留面积。同时由于参加铣削的端铣刀齿数较多，切削力的变化程度较小，因此端铣时振动较周铣时小。另外，端铣刀的主切削刃刚接触工件时，切屑厚度不等于零，使刀刃不易磨损。而且端铣刀的刀杆伸出较短，刚性好，不易变形，可用较大的切削用量。由此可见，端铣的加工质量较好，生产率较高。所以铣削平面大多采用端铣。但是，周铣对加工各种形面的适应性较强，而有些形面（如成形面等）不能用端铣。

2. 顺铣与逆铣

周铣有逆铣和顺铣之分。逆铣和顺铣在铣削加工过程中的优缺点如表 3-2-3 所示。

表 3-2-3　逆铣和顺铣在铣削加工过程中的优缺点

	优　点	缺　点	适用场合
顺铣	① 切削厚度从最大开始，刀具磨损小，耐用度高；② 垂直切削力向下，夹紧可靠，表面比较光滑	铣削力在进给方向的分力的方向与工件的进给方向相同，由于工作台丝杠与螺母间存在间隙，当进给力逐渐增大时，铣削力会拉动工作台而使其窜动，造成进给不均匀，严重时会使铣刀崩刃	精铣，机床刚性较好，丝杠与螺母的间隙小
逆铣	由于进给力作用，丝杠与螺母传动面始终贴紧，故铣削过程较平稳	① 切削厚度由零逐渐增大，由于刃口钝圆半径的影响，开始切削时刀具前角为负值，刀齿在工件表面上挤压、滑行，造成工件表面加工硬化严重，并加剧了刀齿的磨损；② 切削力与工件的夹紧力和工件的重力方向相反，有把工件从工作台上抬起的趋势，加剧了振动，影响工件的夹紧和表面粗糙度	粗铣，工件表面硬度较高，工件刚性较好，工件夹紧力要求大

课题二 铣削加工装夹和切削液的使用

一、铣削加工装夹

1.用平口钳装夹工件

1）平口钳结构

在铣削时常用平口钳夹紧工件。平口钳由于结构简单、夹紧牢靠,因此使用频率较高。平口钳有各种不同的类型和尺寸规格。图 3-2-5 所示为回转式平口钳。通过底座 1 上的缺口,可用 T 形螺栓把平口钳紧固在工作台上。底座 1 下部有端面键,其与铣床的工作台 T 形槽配合,起定位平口钳的作用。固定钳口 2 和活动钳口 5 上用螺钉分别安装有钳口护片 3 和 4。利用手柄转动方头 6,丝杠 7 便通过内部的螺母使活动钳口 5 沿导轨 8 向前移动,将工件夹紧。根据铣削的需要,还可将钳口座 9 在水平面内旋转一定角度。

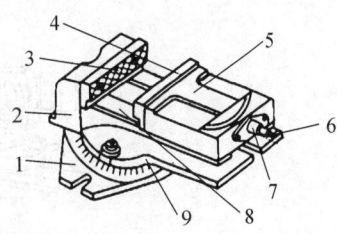

图 3-2-5 回转式平口钳
1—底座;2—固定钳口;3,4—钳口护片;
5—活动钳口;6—方头;7—丝杠;
8—导轨;9—钳口座

2）钳口找正

加工工件的精度要求较高时,可用百分表对固定钳口进行校正。先将平口钳底座用 T 形螺栓与工作台把紧,将磁性表座吸在立式铣床的主轴外圆柱面上,然后安装好百分表,使表的测量头与固定钳口铁平面接触,测量杆压缩 0.3～0.4 mm,来回移动横向工作台,表的读数在钳口全长范围内一致,说明固定钳口与铣床主轴轴心线平行。若读数不一致,可将位于平口钳中部的旋转盘螺母松开,旋转平口钳上部,直到读数一致为止,然后锁紧旋转盘螺母。

3）工件在平口钳上安装

在平口钳导轨上放上合适高度的平行垫铁,使被加工顶面的最终加工面高于钳口 5～10 mm,在活动钳口与毛坯之间垫上圆棒,旋转平口钳丝杠,将工件预夹紧,拿木槌向下敲击工件顶面,使工件下的平行垫铁无松动;最后夹紧工件,再次检查平行垫铁有无松动。这样就完成了平口钳上工件的安装。垫圆棒的目的是防止工件夹持面不平行而造成工件在夹紧中跑位和在加工中因振动而松动造成事故。

工件在平口钳上装夹时的注意事项如下。

（1）安装平口钳时,应擦净工作台面和钳底平面。安装工件时,应擦净钳口平面、钳体导轨面和工件表面。

（2）工件在平口钳上安装后,铣去的余量层应高出钳口上平面,高出的尺寸以铣刀不铣伤钳口上平面为宜。

（3）工件在平口钳上装夹时,放置的位置应适当,夹紧后,钳口受力应均匀。

（4）平口钳安装:首先将底座固定在铣床工作台上,根据需要使钳体零线与刻度盘 0°线或 90°线对齐,然后用划针或百分表校正固定钳口,使其与铣床主轴轴心线平行（或垂直）,然后紧固 T 形螺栓。

2.工件在卡盘上的安装

轴类零件一端夹于分度头的三爪自定心卡盘中(见图 3-2-6),一端用尾架顶住轴的中心孔,如果工件细长,中间可以用千斤顶进行辅助支承。此种装夹适用于立式铣床加工轴上孔、有角度要求的键槽、花键等。

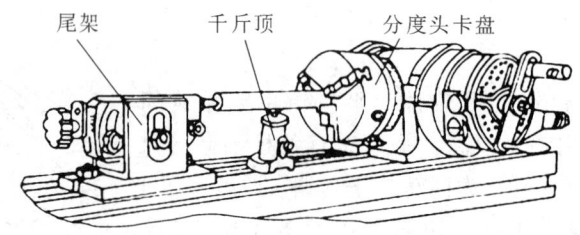

尾架　　　　千斤顶　　　　分度头卡盘

图 3-2-6　在分度头上安装轴类零件

3.用螺丝压板在工作台上安装工件

螺丝压板通过 T 形螺栓、螺母、垫铁将工件夹紧在工作台面上。使用螺丝压板夹紧工作时,应选择两块以上的螺丝压板,螺丝压板的一端搭在工件上,另一端搭在垫铁上,垫铁的高度应等于或略高于工件被夹紧部位的高度,T 形螺栓到工件的距离应略小于 T 形螺栓到垫铁的距离。使用螺丝压板时,螺母和螺丝压板平面间应有垫圈。卧式铣床上用螺丝压板在工作台上安装工件如图 3-2-7 所示。用螺丝压板在工作台上安装工件用于相对较大的毛坯零件铣周边平面。

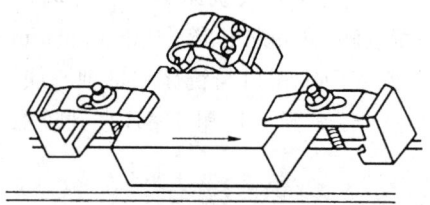

图 3-2-7　卧式铣床上用螺丝压板在工作台上安装工件

4.用 V 形铁安装轴类零件

轴类零件用一组(一般为两个)等高 V 形铁支承,然后用螺丝压板进行装夹。使用 V 形铁之前,应找正工件轴线与铣床工作台的纵向平行度。用 V 形铁安装轴类零件比较适用于卧式铣床铣削轴上键槽及钻孔。卧式铣床上用 V 形铁安装轴类零件如图 3-2-8 所示。

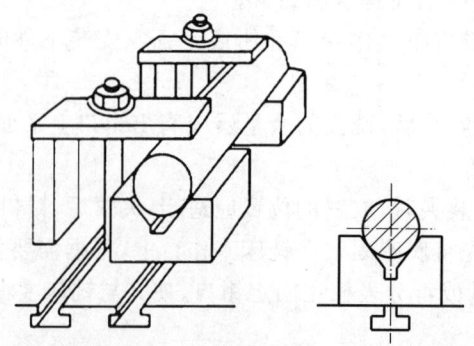

图 3-2-8　卧式铣床上用 V 形铁安装轴类零件

二、切削液

1.切削液的作用

（1）冷却作用。切削液能吸收和带走热量。在切削过程中会产生大量的热量，充分浇注切削液，能带走大量热量和降低温度，有利于提高生产效率和产品质量。

（2）润滑作用。切削液可以减少切削过程中的摩擦，减小切削阻力，显著提高表面质量和刀具耐用度。

（3）防锈作用。切削液能使铣床、工件和刀具不受周围介质的腐蚀。

（4）冲洗作用。在浇注切削液时，能把铣刀齿槽和工件上的切屑冲去，尤其在铣削沟槽等切屑不易排出的地方，较大流量的切削液能把切屑冲出来，使铣刀不因切屑阻塞而影响铣削和表面质量。

2.切削液的种类

切削液的种类很多，有些切削液的吸热量很大，但润滑性能较差；有些切削液的吸热量较小，但润滑性能很好。切削液根据其性质的不同可分为以下几类。

（1）水溶液。水溶液主要成分是水，冷却性能很好，使用时，一般加入一定量的水溶性的防锈添加剂。水溶液由于比热容大、流动性好、价格低廉，所以应用广泛。

（2）乳化液。乳化液是将乳化油用水稀释而制成的。这种切削液具有良好的冷却性能，但润滑性能、防锈性能较差，使用时，常加入一定量的防锈添加剂和极压添加剂（含硫、磷、氯等元素）。

（3）切削油。切削油的主要成分是矿物油（柴油和机油等），也可以用植物油（菜油和豆油等）、硫化油和其他混合油等。这类切削液比热容小，流动性差，是一种以润滑为主的切削液，使用时，也可加入油性防锈添加剂，以提高其防锈性能和润滑性能。

3.切削液的选用

切削液应根据工件材料、刀具材料和加工工艺等条件来选用。

粗加工时，由于切削量大、产生的热量多、温度高，而对表面质量的要求并不高，所以，应采用以冷却为主的切削液。

精加工时，切削量小，产生的热量也少，对冷却的要求不高，对工件的表面质量要求高，并希望铣刀的耐用度高，宜选用有良好润滑作用和一定冷却作用的切削液。

课题三　项目训练

一、等分零件铣削加工

加工图 3-2-9 所示的接头。加工时，采用车削加工后，再进行铣削加工。

工件铣削加工工艺步骤如下。

（1）将工件装夹于分度头上。用分度头的三爪自定心卡盘将工件夹紧，并用百分表在水平、垂直两个方向上检查工件外圆柱面与机床工作台的平行度，要求在 0.05 mm 以内。

（2）选用合适的铣刀和切削用量。将 ϕ16 mm 的高速钢立铣刀安装在刀柄上，再将刀柄安装在机床主轴上。选择主轴转速 400 r/min，将机床进给速度调整为 50 mm/min。

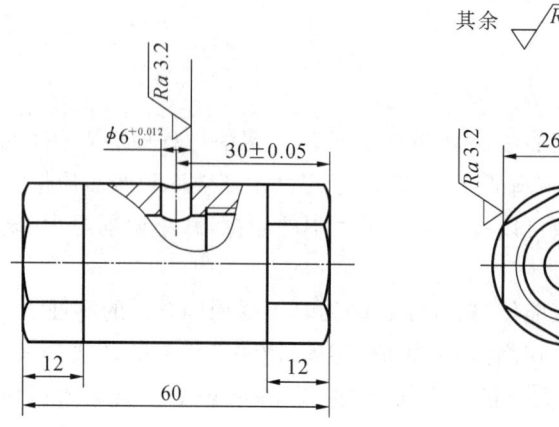

图 3-2-9　接头

（3）对刀，分度，铣出工件六边形。旋转主轴，移动工作台，刀具外圆轻触工件端面后，向下移动垂直工作台，使刀具与工件脱离。

移动纵向工作台，使工件向刀具移动 12 mm，即对刀后确定切削长度，然后锁死纵向工件台夹紧手柄。

移动垂直工作台，使刀具端面与工件外圆相切，再将垂直工件台上升 1.5 mm，横向前后走刀切削工件，铣出六方的第一个平面。

将分度头旋转 20 圈，铣出对面平面。测量对面平面尺寸。进行深度精确调整。例如，铣出对面平面尺寸为 27.3 mm，则与图纸尺寸相差（27.3－26）/2 mm＝0.65 mm。调整垂直工作台，使其上升 0.65 mm，再次铣削一次第一个平面。上述过程即试切试量。

（4）依次旋转分度头 6 圈＋28 孔，铣削余下五个平面。

（5）将工件掉头装夹，依次铣出六个表面。

（6）更换钻头钻孔。将主轴上铣刀柄从机床上卸下，更换钻夹头，装上 ϕ5.8 mm 的钻头。再将钻夹头装上主轴。用第（3）步中铣刀对长度对刀的方法，确定轴向长度 30 mm。在调整钻头轴线与工件轴线重合时，先将钻头与工件外圆在水平方向相切，确定好尺寸，手工移动主轴升降手轮，手工将工件的孔钻出。

（7）将工件卸下，去除毛刺。手工用 ϕ6H7 mm 的铰刀将内孔铰出。

二、手机支座铣削加工

铣削加工图 3-2-10 所示的手机支座。手机支座采用尼龙材料或者铝材制作，毛坯尺寸为 95 mm×95 mm×55 mm。

手机支座铣削加工工艺步骤如下。

（1）用螺丝压板夹持工件，选用合适的铣刀和切削用量。

（2）铣削基准面，达要求。

（3）采用同样的方法铣削其他平面，达到技术要求。

（4）铣削 90°斜面，并钻孔。

（5）去毛刺，上交工件。

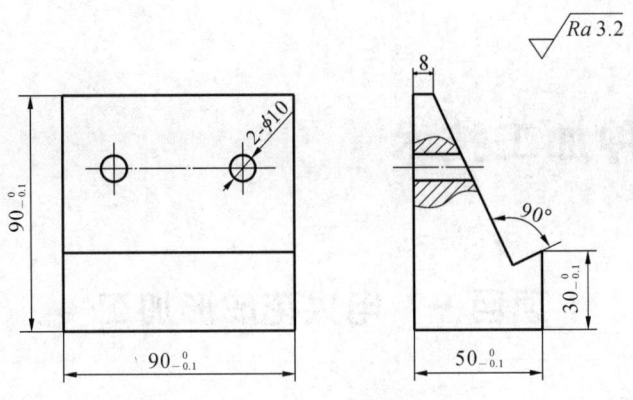

图 3-2-10　手机支座

三、等高垫铁块铣削加工

铣削加工图 3-2-11 所示的等高垫铁块。等高垫铁块材料为 Q235,毛坯尺寸为 85 mm×65 mm×55 mm。

加工步骤与前面训练课题项目类似。

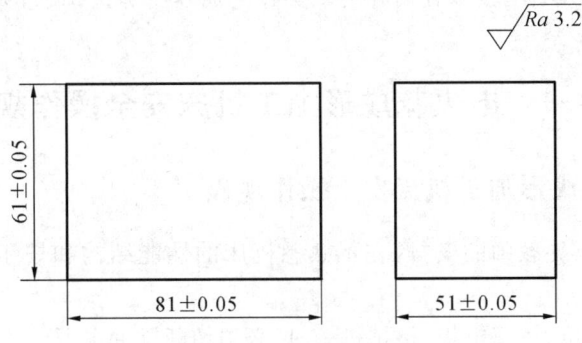

图 3-2-11　等高垫铁块

特种加工技术

◀ 项目一　电火花成形加工 ▶

教学目的和要求

（1）通过学习了解电火花成形加工的特点和加工原理。

（2）熟悉电火花加工的工艺特点，会分析影响电火花加工的因素，并能调整电火花加工机床。

（3）掌握电火花加工机床安全操作规程及维护保养的基本知识。

（4）熟练掌握电火花成形加工机床的基本操作。

（5）能够积极相互配合，按零件图样要求协作完成各项加工工艺，并将所学知识运用于生产实际。

课题一　电火花成形加工机床安全操作规程

一、数控电火花成形加工机床安全操作规程

（1）学生应服从指导教师的安排，在不熟悉机床的性能结构和按钮功能前不能擅自操作机床。

（2）装卸工件、定位、校正电极、擦拭机床时，必须切断脉冲电源。

（3）在安装、加工工件时，应尽量避免工件直接接触工作台面或在工作台面上拖动，防止划伤工作台面。

（4）每次脉冲电源开启前，需使主轴进入伺服状态（即液面的高度、工作液油温均已进入自动监控状态），然后根据加工的具体情况，选择脉冲电源各项参数，启动脉冲电源，机床进入加工状态。

（5）工作液面应保持高于工件表面50～60 mm，以免工作液面过低导致着火。

（6）在电极找正和工件加工过程中，禁止操作者同时触摸工件和电极，以防触电。

（7）禁止操作者在机床工作过程中离开机床。

（8）禁止使用不适用于放电加工的工作液和添加剂。

（9）加工结束后，应切断控制柜电源和机床电源。

（10）保持机床电气设备清洁，防止因受潮而降低其绝缘强度。

（11）绝对禁止在存放本机床的房间内吸烟和燃放明火，机床周围应存放足够的灭火设备。

（12）工作液一旦着火，应使用消防设施及时灭火，绝不允许打开工作液槽门，以防火势蔓延。

二、工作场所环境管理的5S法

（1）sort（分类）。将现场的物品区分为需要的和不需要的两类，将不需要的物品移出现场或处理掉。一般而言，应将未来30天内不需要的物品移出现场。

（2）straighten（定位）。将物品按照使用类别分类，以最少的找寻时间和最小的工作量来安置这些物品，为此要将物品安排在合适的储位，而且要为物品编号。

（3）scrub（清扫）。将工作环境打扫干净，包括机器、工具、地面和墙壁。清扫是发现现场问题的重要一环。

（4）systematize（制度）。使分类、定位、清扫及检查例行化。通过操作者每天持续不断的改善来创造一个清洁、舒适和安全的工作环境。

（5）standardize（标准化）。将上述四个步骤标准化，以追求进一步的改善。在这一步骤中，操作者的自律极其重要。操作者必须遵守为上述每一个步骤所制定和协议的规则。

课题二 电火花成形加工机床加工基础

一、电火花放电的基本原理

电火花加工机床有三个分类，即电火花成形加工机床、电火花线切割加工机床和电火花小孔加工机。

电火花成形加工基本原理示意图如图4-1-1所示。被加工的工件作为工件电极，紫铜（或其他导电材料，如石墨）作为工具电极。脉冲电源发出一连串的脉冲电压，这一连串的脉冲电压被加到工件电极和工具电极（此时工具电极和工件均被淹没在具有一定绝缘性能的工作液（绝缘介质）中）上。

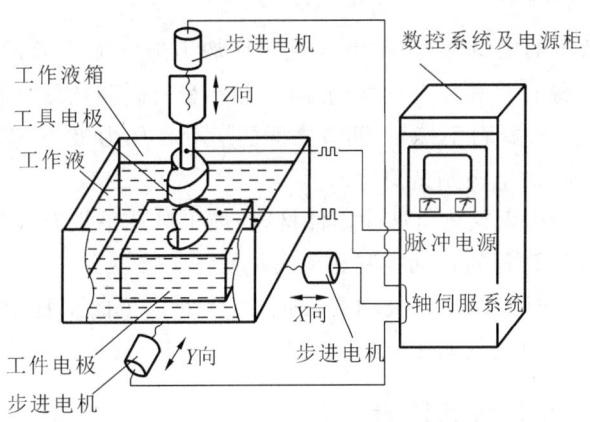

图4-1-1 电火花成形加工基本原理示意图

在轴伺服系统的控制下，工具电极慢慢向工件电极进给，当工具电极与工件电极的距离小到一定程度时，在脉冲电压的作用下，两极间最近点处的工作液（绝缘介质）被击穿，工具电极与工件之间形成瞬时放电通道，产生瞬时高温，使金属局部熔化甚至汽化而被蚀除下来，使局部形成电蚀凹坑。这样以很高的频率连续不断地重复放电，工具电极不断地向工件电极进给，就可以将工具电极的形状复制到工件上，加工出所需要的形面来。电火花成形加工过程如表4-1-1所示。

表 4-1-1　电火花成形加工过程

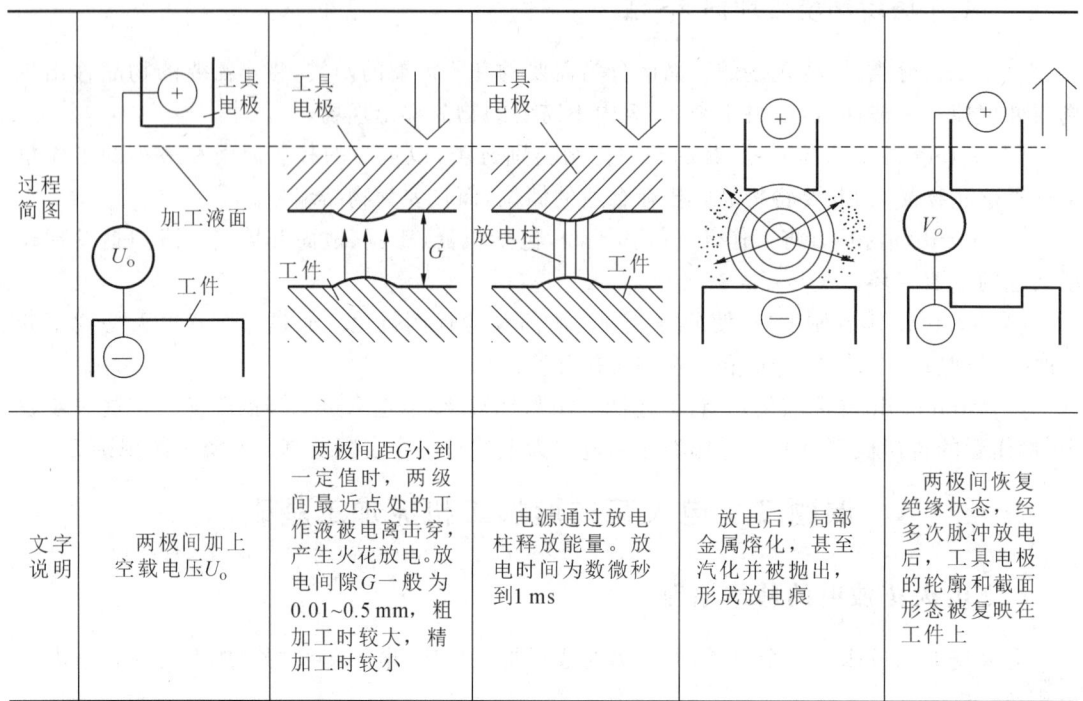

过程简图					
文字说明	两极间加上空载电压U_o。	两极间距G小到一定值时,两级间最近点处的工作液被电离击穿,产生火花放电。放电间隙G一般为0.01~0.5 mm,粗加工时较大,精加工时较小	电源通过放电柱释放能量。放电时间为数微秒到1 ms	放电后,局部金属熔化,其至汽化并被抛出,形成放电痕	两极间恢复绝缘状态,经多次脉冲放电后,工具电极的轮廓和截面形态被复映在工件上

电火花成形加工主要用于各种高硬度、高强度、高韧性和高脆性的导电材料的加工,并且常用于模具的制造过程中。

二、电火花成形加工的特点

(1)由于脉冲放电的能量密度高,电火花成形加工适于加工通过普通的机械加工难以加工或无法加工的特殊材料和复杂形状的零件,并不受材料和热处理状况的影响。

(2)工具电极与工件材料不接触,两者之间的宏观作用力极小,工具电极不需要比加工材料硬,即可以柔克刚,故电极制造更容易。

(3)由于是直接利用火花放电蚀除工件材料,加工时几乎没有大的作用力,因此电火花成形加工易于实现加工过程的自动控制和无人化操作。

(4)由于火花放电时工件与电极均会被蚀除,因此电极的损耗对工件加工形状和尺寸精度的影响比切削加工时刀具的影响要大。

三、影响材料放电腐蚀的因素

1.极性效应对电蚀量的影响

在电火花成形加工时,对于用相同材料制成的工具电极和工件电极(如用钢电极加工钢件),两电极的被腐蚀量是不同的,其中一个电极比另一个电极的蚀除量大,这种现象叫作极性效应。如果两电极材料不同,则极性效应更加明显。在生产中,将工件电极接脉冲电源正极、工具电极接脉冲电源负极的加工称为正极性加工,如图 4-1-2 所示;反之,称为负极性加工,如图 4-1-3 所示。

在实际加工中,极性效应受到电极材料、加工介质、电源种类、单个脉冲能量和脉冲宽度等多种因素的影响。其中主要影响因素是脉冲宽度。

在电场的作用下,放电通道中的电子奔向正极,正离子奔向负极。窄脉冲宽度加工时,由于电子惯性小,运动灵活,大量的电子奔向正极,并轰击正极表面,使正极表面迅速熔化和汽化;而由于正离子惯性大,运动缓慢,只有一小部分正离子能够到达负极表面,大量的正离子不能到达负极表面,因此电子的轰击作用大于正离子的轰击作用,正极的电蚀量大于负极的电蚀量,这时应采用正极性加工。

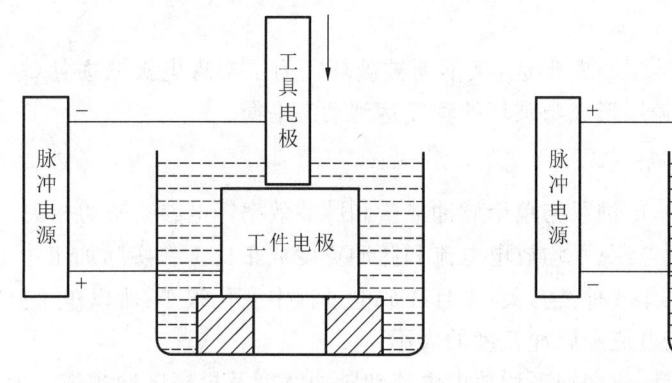

图 4-1-2 正极性加工接线图

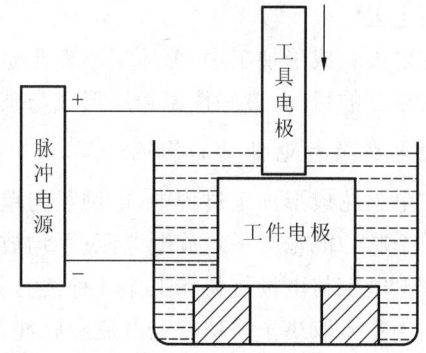

图 4-1-3 负极性加工接线图

宽脉冲宽度加工时,质量和惯性都大的正离子有足够的时间到达负极表面,而且由于正离子的质量大,它对负极表面的轰击作用要比电子的强,同时到达负极表面的正离子又会牵制电子的运动,故负极的电蚀量将大于正极的电蚀量,这时应采用负极性加工。

在实际加工中,要充分利用极性效应,正确选择极性,最大限度地提高工件的蚀除量,降低工具电极的损耗。

2.覆盖效应对电蚀量的影响

在材料放电腐蚀的过程中,一个电极的电蚀产物转移到另一个电极表面上,形成一定厚度的覆盖层,这种现象叫作覆盖效应。合理地利用覆盖效应,有利于降低电极损耗。

在油类介质(工作液)中加工时,覆盖层主要是石墨化的碳素层,其次是黏附在电极表面的金属微粒黏结层。碳素层的生成条件主要有以下几个。

(1)要有足够高的温度。电极上待覆盖部分的表面温度不低于碳素层生成温度,但要低于熔点,以使碳粒子烧结成石墨化的耐蚀层。

(2)要有足够多的电蚀产物,尤其是绝缘介质的热解产物——碳粒子。

(3)要有足够的时间,以便形成具有一定厚度的碳素层。

(4)一般采用负极性加工,因为碳素层易在正极表面生成。

(5)必须在油类介质中加工。

影响覆盖效应的主要因素如下。

(1)脉冲参数和波形的影响。增大脉冲放电能量有助于覆盖层的生长,但对中、精加工有相当大的局限性;减小脉冲间隔有利于在各种电规准下生成覆盖层,但若脉冲间隔过小,正常的火花放电有转变为破坏性电弧放电的危险。

此外,采用某些组合脉冲波加工有助于覆盖层的生成。其作用类似于减小脉冲间隔,并且可大大降低火花放电转变为破坏性电弧放电的危险。

（2）电极对材料的影响。铜电极加工钢件时覆盖效应较明显，但铜电极加工硬质合金工件则不太容易生成覆盖层。

（3）工作液的影响。油类工作液在放电产生的高温作用下，生成大量的碳粒子，有助于碳素层的生成。如果用水做工作液，则不会产生碳素层。

（4）工艺条件的影响。覆盖层的形成还与间隙状态有关。工作液脏、电极截面面积较大、电极间隙较小和加工状态较稳定等均有助于生成覆盖层。但若加工中冲油压力太大，则覆盖层较难生成。这是因为冲油会使趋向电极表面的微粒运动加剧，而微粒无法黏附到电极表面上去。

在电火花成形加工中，覆盖层不断形成，又不断被破坏。为了实现电极低损耗，达到提高加工精度的目的，最好使覆盖层形成与破坏的程度达到动态平衡。

3. 电参数对电蚀量的影响

在电火花成形加工过程中，电蚀量与单个脉冲能量和脉冲效率等电参数密切相关。

单个脉冲能量与平均放电电压、平均放电电流和脉冲宽度成正比。在实际加工中，击穿后的放电电压与电极材料和工作液种类有关，而且在放电过程中变化很小，所以单个脉冲能量的大小主要取决于平均放电电流和脉冲宽度的大小。

由上述可见，要增大电蚀量，应增加平均放电电流和脉冲宽度及提高脉冲频率。但在实际生产中，这些因素往往是相互制约的（例如，增加平均放电电流，加工表面粗糙度值也随之增大），并影响到其他工艺指标，应根据具体情况综合考虑。

4. 金属材料对电蚀量的影响

正、负电极表面电蚀量分配不均除了与电极极性有关外，还与电极的材料有很大关系。当脉冲放电能量相同时，金属工件的熔点和沸点越高、比热容越大、熔化热和汽化热等越大，电蚀量将越小，金属工件越难加工；导热系数越大的金属，因能把较多的热量传导、散失到其他部位，故降低了本身的蚀除量。因此，电极的蚀除量与电极材料的导热系数及其他热学常数等有密切的关系。

5. 工作液对电蚀量的影响

电火花成形加工一般在液体介质中进行。液体介质通常叫作工作液，其作用主要如下。

（1）压缩放电通道，并限制其扩展，使放电能量高度集中在极小的区域内，既加强了蚀除的效果，又提高了放电仿形的精确性。

（2）加速电极间隙的冷却和消电离过程，有助于防止出现破坏性电弧放电。

（3）加速电蚀产物的排除。

（4）加剧放电的流体动力过程，有助于金属的抛出。

目前，电火花成形加工多采用油类做工作液。机油黏度大、燃点高，用它做工作液有利于压缩放电通道，提高放电的能量密度，强化电蚀产物的抛出效果，但其黏度大不利于电蚀产物的排出，影响正常放电；煤油黏度低，流动性好，用它做工作液，排屑条件较好。

粗加工时，要求速度快、放电能量大、放电间隙大，故常选用黏度大的机油等做工作液；中、精加工时，放电间隙小，往往采用黏度小的煤油等做工作液。

采用水做工作液是值得注意的一个方向。用各种油类以及其他碳氢化合物做工作液时,在放电过程中不可避免地产生大量炭黑,严重影响电蚀产物的排除和加工速度,这种影响在精密加工中尤为明显。采用酒精做工作液时,因为炭黑生成量减少,上述情况会有好转。所以,最好采用不含碳的介质,水是较合适的一种。此外,水还具有流动性好、散热性好、不易起弧、不燃、无味和价廉等特点。但普通的水是弱导电液,会产生离子导电的电解过程,这是很不利的,目前还只是在某些大能量粗加工中采用水做工作液。

在精密加工中,可采用比较纯的蒸馏水、去离子水或乙醇水溶液来做工作液,它们的绝缘强度比普通水的高。

课题三 电火花成形加工机床操作

一、操作面板按键说明、电极夹具装夹及工作台 X 向与 Y 向移动

1.操作面板按键说明

电压表:用于显示空载或加工时的间隙电压。

电流表:用于显示加工时的平均电流。

蜂鸣器:用于发出报警声音。

电源启动按钮:用于接通脉冲电源。

急停按钮:发生紧急情况需马上停机时,按下此按钮可切断脉冲电源。该按钮有自锁功能,下次启动时,需顺时针旋转使其弹出。

2.电极夹具装夹

如图 4-1-4 所示,用螺钉 3 装卸电极,用螺钉 1 调整电极角度位置,用螺钉 2 调整电极与工作台的垂直度。

3.工作台 X 向与 Y 向移动

工作台移动手轮如图 4-1-5 所示。转动工作台移动手轮可使工作台作 X 向与 Y 向移动,以定位工件。

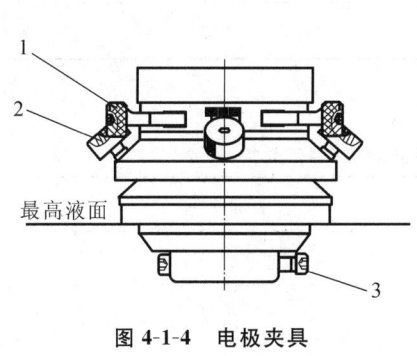

图 4-1-4 电极夹具
1,2,3—螺钉

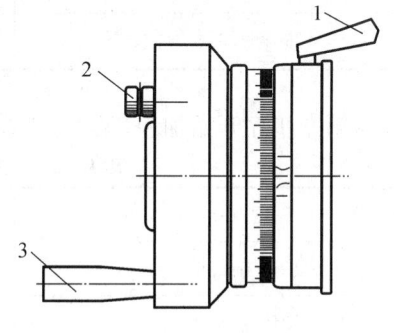

图 4-1-5 工作台移动手轮
1—轴锁紧钮;2—手柄;3—刻度盘锁紧钮

(1)松开轴锁紧钮 1。

(2)用手柄 2 摇动手轮,移动工作台。

(3)工件定位后,再锁紧轴锁紧钮 1。

二、数控系统操作

1. 非自动加工

(1) 加工条件:自动灯灭。

(2) 不论 EDM 灯亮否,均转到非 EDM 状态(EDM 灯灭)。

(3) 结束加工:按对刀键,切换到对刀状态,按快退键,主轴回退到启动位置。

2. 自动加工

本系统自动加工可以从 0~9 任一段开始,但最后一段必须是第 9 段,若中间有不需要的段,则将其深度设为小于或等于上一段的值。

以 6 段自动加工为例(正打,设定总深度为 6 mm,各段深度依次为 2.0 mm,3.0 mm,4.0 mm,5.0 mm,5.5 mm,6.0 mm),以下三种设定均正确。

(1) 从第 0 步序开始加工(见表 4-1-2)。

表 4-1-2　从第 0 步序开始加工(一)

深度/mm	加工段
步序 0:2.0	(1)
步序 1:3.0	(2)
步序 2:4.0	(3)
步序 3:0.5	(≤4.0 即可)
步序 4:0.5	(≤4.0 即可)
步序 5:5.0	(4)
步序 6:5.0	(≤5.0 即可)
步序 7:5.0	(≤5.0 即可)
步序 8:5.5	(5)
步序 9:6.0	(6)

(2) 从第 0 步序开始加工(见表 4-1-3)。

表 4-1-3　从第 0 步序开始加工(二)

深度/mm	加工段
步序 0:2.0	(1)
步序 1:3.0	(2)
步序 2:4.0	(3)
步序 3:5.0	(4)

深度/mm	加工段
步序 4:5.5	(5)
步序 5:5.8	(6)
步序 6:5.8	(<6.0 即可)
步序 7:5.8	(<6.0 即可)
步序 8:5.8	(<6.0 即可)
步序 9:6.0	(必须大于前任意步序)

(3) 从第 4 步序开始加工(优选,见表 4-1-4)。

表 4-1-4　从第 4 步序开始加工

深度/mm	加工段
步序 0:任意	
步序 1:任意	
步序 2:任意	
步序 3:任意	
步序 4:2.0	(1)
步序 5:3.0	(2)
步序 6:4.0	(3)
步序 7:5.0	(4)
步序 8:5.5	(5)
步序 9:6.0	(6)

加工条件如下。

(1) 自动灯亮。

(2) Z 轴值小于(反打则大于)第 1 段的深度值,否则按下加工键时报警。

(3) 深度设定正确。

结束加工:加工到深度,会自动切断加工电压,主轴回退,回退到位,若睡眠灯亮,关机;若切换到对刀状态,报警。

在加工过程中,目标深度值是可以任意修改的,以下以正打为例进行说明。

(1) 如果修改后的深度值小于当前实际到深,则调用下一段。

(2) 如果修改后的深度值大于当前实际到深,但小于下一段的深度值,则依当前规准值加工到修改后新的目标深度值后,调用下一段。

(3) 如果修改后的深度值大于下 n 段,则依当前值加工到修改后新的目标深度值后,调用第 $n+1$ 段。

(4) 如果修改后的深度值大于总深度值,则一直依当前规准值加工到修改后新的目标深度值,结束加工,主轴回退。

三、应用及工艺

1.加工操作程序

（1）合上电源，启动以后，系统进行自检，指示灯全亮，三轴显示-888.888，规准值显示88--88；几秒钟后，系统结束自检，三轴及规准值显示上次关机时的值，主轴悬停，公/英和反打指示灯指示上次关机时的状态。

（2）进行参数设定。

（3）按加工键，开始加工。

（4）深度加工到位，自动切断加工电压，主轴回退，报警。

（5）按下消声键取消报警。

（6）按下急停按钮。

（7）关机。

2.单段加工深孔型腔

加工图 4-1-6(a)所示的深孔型腔。先移动电极令其接触工件加工尺寸基准位置，如图 4-1-6(b)所示，然后进行 Z 轴清零操作。

按 步序 键→ 9 键→ 确认 键调用步序 9，设定目标深度值为 20.000 mm。

在 EDM 显示模式下，按 定深 键→ X 键，输入目标深度值 20.000 mm 后，按 确认 键，即在 X 坐标位置显示深度值"20.000"。

设定规准值，按 自动 键，使自动指示灯亮，按下 加工 键，开始加工，如图 4-1-6(c)所示。

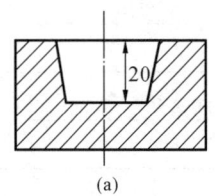
(a)
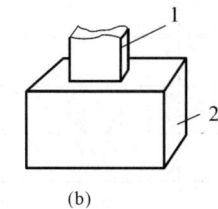
(b)
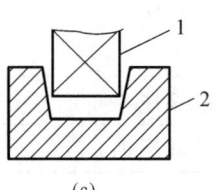
(c)

图 4-1-6 深孔型腔及其加工
1—电极；2—工件

显示界面如图 4-1-7 所示。

X	2 0 . 0 0 0	——目标深度值
Y	1 1 . 7 4 5	——实际到深
Z	1 1 . 5 1 0	—— Z 轴位置

图 4-1-7 深孔型腔加工显示界面一

当加工到 20.000 mm 时，系统自动切断加工电压，主轴回退，到位后：如果转到对刀状态，则报警蜂鸣；如果睡眠灯亮，则关机。

3.单段加工深孔

加工图 4-1-8(a)所示的深孔。先移动电极使其接触工件加工尺寸基准位置，如图 4-1-8(b)所示，然后 Z 轴坐标值设为"10.000"，调用步序 9，设定目标深度值为 0.000 mm；设定规准值；深度及规准值自动存储；按 自动 键，使自动指示灯亮，移动电极到如图 4-1-8(c)所示的位置(假设为-30.000),按 加工 键,开始加工,显示界面如图 4-1-9 所示。

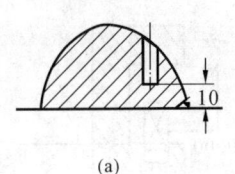 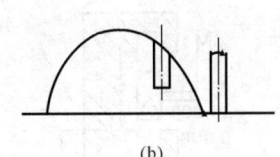 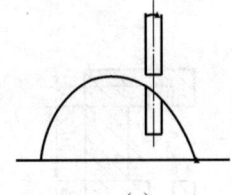

(a) (b) (c)

图 4-1-8 深孔及其加工

X	0.000	——目标深度值
Y	30.000	——实际到深
Z	30.000	——Z轴位置

图 4-1-9 深孔加工显示界面

当加工到 0.000 时,系统自动切断加工电压,主轴回退,到位后:若转到对刀状态,则报警蜂鸣;若睡眠灯亮,则关机。

4.加工图 4-1-6 所示的深孔型腔(共分 6 段,第一段存放在步序 4)

(1)先移动电极使其接触工件加工尺寸基准位置,如图 4-1-6(b)所示,然后进行 Z 轴清零操作。

(2)调用步序 4;设定目标深度值为 5.000;设定规准值。

(3)调用步序 5;设定目标深度值为 10.000;设定规准值。

(4)调用步序 6;设定目标深度值为 15.000;设定规准值。

(5)调用步序 7;设定目标深度值为 18.000;设定规准值。

(6)调用步序 8;设定目标深度值为 19.000;设定规准值。

(7)调用步序 9;设定目标深度值为 20.000;设定规准值。

(8)检查步序 4~步序 9,无误后调用步序 4。

(9)按 自动 键,使自动指示灯亮。

(10)按下 加工 键,开始加工,如图 4-1-6(c)所示;如果加工到某一段的目标深度,自动调用下一段,显示界面如图 4-1-10 所示。

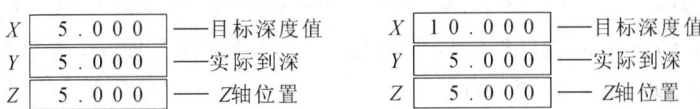

X	5.000	——目标深度值	X	10.000	——目标深度值
Y	5.000	——实际到深	Y	5.000	——实际到深
Z	5.000	——Z轴位置	Z	5.000	——Z轴位置

图 4-1-10 深孔型腔加工显示界面二

当加工到 20.000 时,系统自动切断加工电压,主轴回退,到位后:若转到对刀状态,则报警蜂鸣;若睡眠灯亮,则关机。

5.关于反打的说明和举例

(1)机床处于反打状态时,按快退/慢退键,主轴向上运动;按快进/慢进键,主轴向下运动,因此移动主轴务必谨慎,以免主轴撞到工件或工作台上。

(2)如果分段加工,深度设定必须递减。

加工示例如下。

加工图 4-1-11(a)所示的工件,上下腔均分三段进行加工,且先加工下腔,后加工上腔。

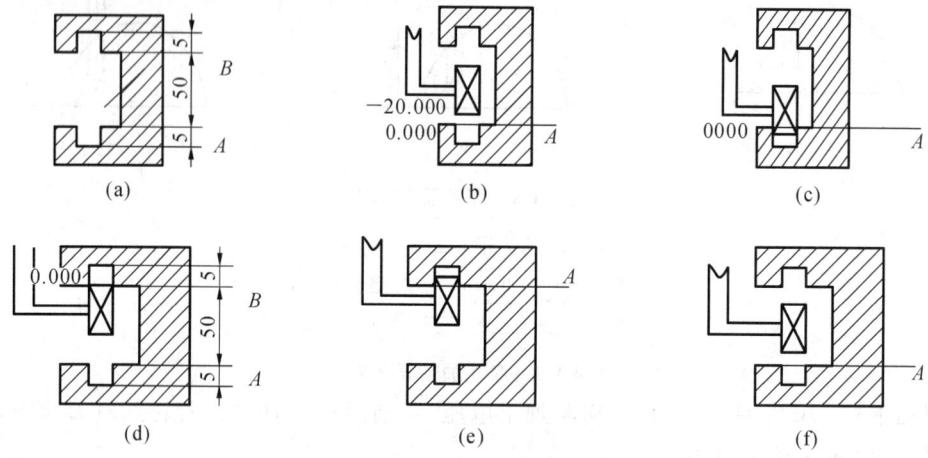

图 4-1-11　型腔及其加工

设定如下。

(1) 调用页面 0。

(2) 调用步序 7;设定第一段目标深度值为 2.000;设定规准值。

(3) 调用步序 8;设定第二段目标深度值为 4.000;设定规准值。

(4) 调用步序 9;设定第三段目标深度值为 5.000;设定规准值。

(5) 调用页面 1。

(6) 调用步序 7;设定反打第一段目标深度值为 -2.000;设定规准值。

(7) 调用步序 8;设定反打第二段目标深度值为 -4.000;设定规准值。

(8) 调用步序 9;设定反打第三段目标深度值为 -5.000;设定规准值。

(9) 将电极移动到如图 4-1-11(b)所示的位置,向下运动,令其接触工件的第一个尺寸基准位置 A 面,Z 轴清零,然后略抬起电极,假设到 -20.000 的位置,悬停。

(10) 检查设定内容无误后调用页面 0、步序 7,按下 自动 键,使灯亮。

(11) 按下 加工 键,开始加工,如图 4-1-11(c)所示,显示界面如图 4-1-12 所示。

(12) 当加工到 5.000 时,系统自动切断加工电压,结束加工,电极回到起始位,即 -20.000 处,悬停,加工指示灯灭,蜂鸣报警。

(13) 取消报警,开始进行反打的准备。

(14) 使电极向上运动,令其接触工件的第二个尺寸基准位置 B 面,Z 轴清零,如图 4-1-11(d)所示,然后略抬起电极,假设到 20.000 的位置,悬停。

(15) 调用页面 1、步序 7。

(16) 按下反打键,使反打灯亮。

(17) 按下 加工 键,开始加工,如图 4-1-11(e)所示,显示界面如图 4-1-13 所示。

(18) 当加工到 -5.000 时,系统自动切断加工电压,结束加工,电极回到起始位,即 20.000 处,如图 4-1-11(f)所示,悬停,加工指示灯灭,蜂鸣报警。整个加工过程结束。

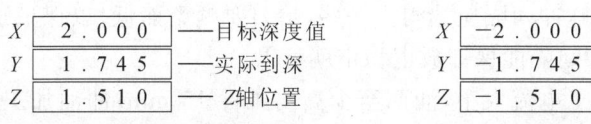

X	2.000	——目标深度值	X	-2.000	——目标深度值
Y	1.745	——实际到深	Y	-1.745	——实际到深
Z	1.510	—— Z 轴位置	Z	-1.510	—— Z 轴位置

图 4-1-12　型腔加工显示界面一　　　　图 4-1-13　型腔加工显示界面二

四、电极材料

1. 电极材料的性质

凡是能够导电的物质均可作为电极材料,而好的电极材料应具有较高的熔点和较低的电阻,但基于制作电极的难易程度和材料成本,须谨慎选用电极材料。常用的电极材料有银钨合金、铜钨合金、电解铜、石墨、黄铜、青铜、铝合金、铜。

上述电极材料中,以电解铜使用最广泛;银钨合金、铜钨合金因价格昂贵,一般用于小型精密加工,较多地用于制造电子模具,其主要特点是损耗小、效率高;石墨损耗小、效率高,但刚性差,锐角容易崩裂,适用于半精、精加工;铝合金、铜电极,一般用于制造凹凸模或冲模。

2. 电极制作方法

电极的主要制作方法如下。

(1) 车、铣、磨、雕刻、放电加工等。

(2) 电铸。

(3) 粉末成形。

(4) 精密铸造。

(5) 挤压成形。

以上的电极制作方法,根据具体需要进行选择。加工成形,必须注意排屑方式;固定电极需注意导电良好;不规则电极,应制作基准面,以便于测量;宽长型电极,必须加装辅助电路,使放电面积均匀;小孔径电极,要采用管状电极(排渣效果好),而且穿孔加工电极厚度不宜过大。

五、加工参数说明

(1) 根据加工要求设置加工规准,包括电流、脉冲宽度、脉冲间隙和抬刀参数等。

(2) 粗加工时,为了获得较快的加工速度,应选择宽脉冲宽度和大电流,电流选择时应考虑电极尺寸,以免单位面积电流太大;从加工速度角度考虑,脉冲间隔应尽量小,只要不拉弧就可,但小脉冲间隔易造成加工条件恶化,间接造成电极损耗增大。为了获得较小的电极损耗,应选择负极性加工。

(3) 粗加工时,脉冲宽度可选 $300\sim800\ \mu s$,脉冲间隔可选 $80\sim250\ \mu s$。对于紫铜电极,脉冲宽度可选 $300\sim800\ \mu s$;对于石墨电极,脉冲宽度可选 $300\sim500\ \mu s$。电流可根据电极截面面积选择,一般单位面积电流小于或等于 $6\ A/cm^2$。粗加工排屑条件较好,可选择较长的抬刀时间和较大的抬刀高度。

(4) 半精加工时,选择规准应比粗加工时小一些,以获得较好的表面粗糙度和尺寸精度,为精加工打好基础。脉冲宽度可选 $80\sim300\ \mu s$,脉冲间隔相应在 $100\ \mu s$ 以上,电流比粗加工时要小些,极性选择负极性。

(5) 精加工时,以获得良好的表面粗糙度和尺寸精度为主要目的,脉冲宽度要窄,电流也要小;由于排屑条件恶劣,脉冲间隔应选得大一些,抬刀要频繁而低,以保证加工稳定。脉冲宽度选择 80 μs 以下,脉冲间隔能保证放电稳定就可以。

注意:浸油加工时,视加工电流大小,油面至少高出工件 15 mm;冲油加工时,操作者应注意加工安全,并且禁止使用大电流加工。

注意:操作者在加工中不要触摸电极和工件,以防触电。

主要电参数对工艺指标的影响如表 4-1-5 所示。

表 4-1-5　主要电参数对工艺指标的影响

电参数	工艺指标			备　注
	加工速度	电极损耗	表面粗糙度值	
峰值电流 I_m ↑	↑	↑	↑	加工间隙 ↑ 型腔加工锥度 ↑
脉冲宽度 t_k ↑	↑	↓	↑	加工间隙 ↑ 加工稳定性 ↑
脉冲间隙 t_o ↑	↓	↑	○	加工稳定性 ↑
空载电压 V_o ↑	↓	○	↑	加工间隙 ↑ 加工稳定性 ↑
介质清洁度 ↑	粗、半精加工 ↓ 精加工 ↑	○	○	稳定性 ↑

注:"○"表示影响不大。

课题四　项目训练

一、电极的校正

在教师的指导下,学生动手按图 4-1-14 所示进行电极的校正。

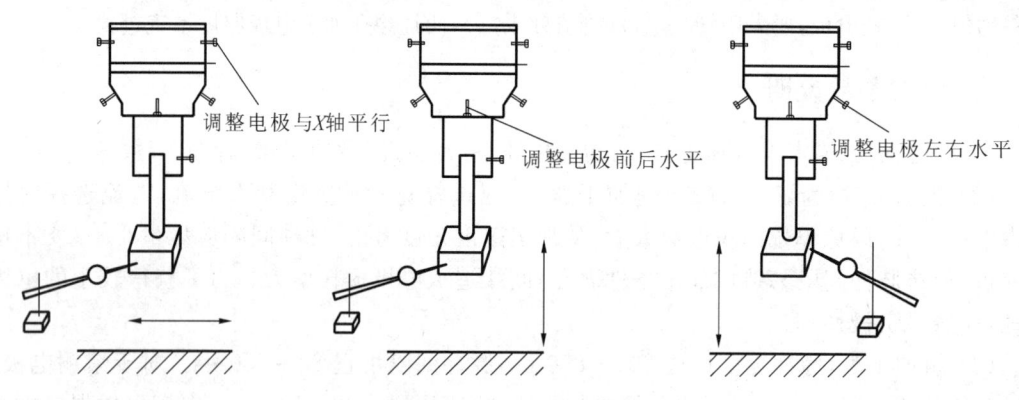

调整电极与X轴平行　　调整电极前后水平　　调整电极左右水平

图 4-1-14　电极的校正

二、工件的校正

电火花成形加工时,一般要使工件的基准面与机床的 X 轴或 Y 轴平行。可按照图 4-1-15校正工件,具体操作为:首先将百分表固定在电极夹头上;然后按照图 4-1-15 所示方向移动机床工作台,观察百分表的指针,校正工件,确保其基准面与 X 轴或 Y 轴平行。

三、电极中心对刀

完成正确装夹、校正电极和工件后,必须确定电极加工的位置。在实际操作中,电极通常运用接触感知功能来获得正确的加工位置。电极中心对刀示意图如图 4-1-16 所示。

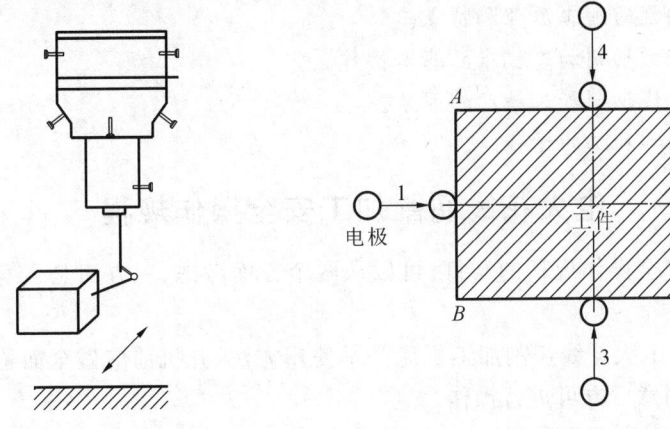

图 4-1-15 工件的校正   图 4-1-16 电极中心对刀示意图

具体操作步骤如下。

(1)电极碰 AB 边,直到接触感知后停止,将 AB 边坐标清零。

(2)将电极移到 DC 边,碰 DC 边,直到接触感知后停止,记下当前坐标的 X 值;在输入装置中输入 X 中心即可自动算出电极相对于此工件的 X 轴的中心坐标值。

(3)将电极移到 X 轴方向的中心。

(4)使电极碰 BC 边,直到接触感知后停止,将 BC 边坐标清零。

(5)将电极移到 AD 边,碰 AD 边,直到接触感知后停止,记下当前坐标的 Y 值;在输入装置中输入 Y 中心即可自动算出电极相对于此工件的 Y 轴的中心坐标值。

(6)将电极移到 Y 轴方向的中心。

四、零件的加工

如图 4-1-17 所示,在一个长度为 100 mm、宽度为 80 mm、高度为 50 mm 的块料上加工出一个圆心坐标为(30,40)、直径为 32 mm、深度为 5 mm 的槽。

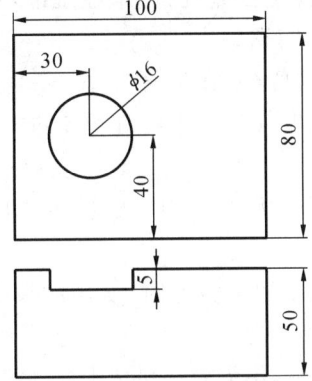

图 4-1-17 电火花成形加工工件

◀ 项目二　电火花线切割加工 ▶

教学目的和要求

(1)掌握电火花线切割的加工原理和特点。

(2)初步掌握电火花线切割加工机床的基本操作。

(3)掌握影响电火花线切割加工精度的因素。

(4)掌握电火花线切割加工的过程。

课题一　电火花线切割加工安全操作规程

电火花线切割加工安全操作规程的制订,可以从两个方面考虑,一方面是人身安全,另一方面是设备及实训室安全。

(1)操作者必须熟悉电火花线切割加工机床基本使用方法,开机前应做全面检查,并在征得现场技术指导教师同意后方可进行操作。

(2)操作者必须了解电火花线切割加工工艺,选择合适的加工参数,按规定的操作顺序操作,防止造成断丝、超范围切割等现象。

(3)用手摇柄操作丝筒后,应及时将摇柄拔出,防止丝筒转动将摇柄甩出伤人。换下的电极丝一定要放在指定的容器内,防止混入电路或运丝机构。注意防止因丝筒惯性造成的断丝及传动件的碰撞。为此,停机时要在丝筒刚换完向时按下停止按钮。

(4)尽量消除工件的残余应力,防止切割中工件爆裂伤人;加工之前应安放好防护罩。

(5)切割工件之前,应确认装卡位置是否合适,防止碰撞丝架及因超行程而撞坏丝杠和螺母,对于无超程限位的工作台,要防止坠落事故发生。

(6)禁止用湿手按开关或接触电气部分,防止冷却液进入机床电气部分,一旦发生事故应立即切断电源,用灭火器把火扑灭,不准用水救火。

(7)学员动手操作实训安排专用机床,未经允许,学员不得擅自操作其他机床及单片机。

(8)学员练习计算机编程时要用专用计算机,未经许可,不得乱动其他计算机。

(9)学员动手操作实训要在指定区域进行,未经批准,不得到处走动、串岗。学员切割实习用具用料,要经现场管理人员同意。

(10)学员学习期间,应认真刻苦,不怕脏,不怕累,多动脑,多动手,善于做笔记。

(11)电火花线切割加工机床电气箱门未经许可不准打开,需要开门检查电气电路时,必须有技术人员在场。

(12)电火花线切割加工机床无论有电、无电都要以有电对待,检查后才能动手工作。

(13)用电火花线切割加工机床加工实习时,所用的扳手和胶皮锤等不得随意摆放,避免与机床磕碰,保护机床的外观。

(14)已切好的工件或金属坯料,不得放在机床上。

(15)本单位已加工好的工件或模具,未经许可不得随意玩弄或带走。

（16）学员加工实训时，机床丝筒上的电极丝不得随意拆卸浪费，要经过主管人员查验后，证明电极丝确已不能继续使用后方可拆卸。

（17）用完的量具、夹具要放回原处或放到指定地点。

课题二　电火花线切割加工概述

一、电火花线切割加工原理

电火花线切割加工机床是一种电火花加工机床，它是利用工具电极对工件进行脉冲放电实现加工的。电火花线切割加工采用细金属丝作为工具电极，沿着给定的轨迹加工出相应几何图形的工件。电火花线切割加工机床走丝按电极丝运动的速度，可分为高速走丝和低速走丝。现在我们所应用的一般为高速走丝，俗称快走丝。电火花线切割加工操作主要分为编程和实际操作两个部分。

二、快走丝线切割结构

快走丝一般分成数控电源柜和主机两大部分。数控电源柜主要由管理控制系统、高频电源和伺服控制系统等组成；主机主要由 X 轴和 Y 轴（有的带 U 轴、V 轴）、工作台、丝筒、立柱（或丝架）、工作液箱等部分组成。

三、电火花线切割加工常用名词、术语

1. 极性效应

电火花加工中，相同材料的两电极蚀除量是不同的，这和两电极与脉冲电源的极性连接有关。一般我们把工件接脉冲电源正极、电极接脉冲电源负极的加工方法称为负极性加工，反之称为正极性加工。

放电加工中介质被击穿后两极材料的蚀除量与放电通道中的正、负离子对两极的轰击作用有关。负极性加工时，带负电的电子向工件移动，而带正电的阳离子向电极移动，由于电子质量小、易加速，窄脉冲宽度加工时，容易在较短的时间内获得较大的动能，而质量较大的阳离子还未充分加速介质已消电离，因此工件正极获得的能量大于电极获得的能量，造成工件正极的蚀除量大于电极负极的蚀除量。快走丝一般采用中、窄脉冲宽度加工，因此一般采用负极性加工。

2. 伺服控制

电火花线切割加工过程中，电极丝的进给速度是由材料的蚀除速度和极间放电状况决定的。伺服控制系统能自动动态调节电极丝的进给速度，使电极丝根据工件的蚀除速度和极间放电状态进给或后退，保证加工顺利进行。电极丝的进给速度与材料的蚀除速度一致，此时的加工状态最好，加工效率和表面粗糙度均较好。

3. 短路

电极丝的进给速度大于材料的蚀除速度，致使电极丝与工件接触，不能正常放电，称为短路。它使放电加工不能连续进行，严重时还会在工件表面留下明显条纹。短路发生后，伺

服控制系统会做出判断并让电极丝沿原路回退,以形成放电间隙,保证加工顺利进行。

4.开路

电极丝的进给速度小于材料的蚀除速度导致发生开路。开路不但影响加工速度,而且会形成二次放电,影响已加工面的精度,还会使加工状态变得不稳定。开路状态可从加工电流表上反映出来,即加工电流间断性回落。

5.放电间隙

放电发生时电极丝与工件的距离称为放电间隙。放电间隙存在于电极丝的周围,因此侧面的间隙会影响成形尺寸,确定加工尺寸时应予以考虑。对于快走丝的放电间隙,钢电极一般在 0.01 mm 左右,硬质合金电极在 0.005 mm 左右,紫铜电极在 0.02 mm 左右。

6.偏移

电火花线切割加工时,电极丝中心的运动轨迹与零件的轮廓有一个平行位移量。也就是说,电极丝中心相对于理论轨迹要偏向一边,这就是偏移。平行位移量称为偏移量,为了保证理论轨迹的正确性,偏移量等于电极丝中心的运动半径与放电间隙之和,如图 4-2-1(a)所示。

偏移根据实际需要可分为左偏和右偏。依电极丝的前进方向,电极丝中心的运动位于理论轨迹的左边即为左偏,如图 4-2-1(b)所示。电极丝中心的运动位于理论轨迹的右边即为右偏,如图 4-2-1(c)所示。

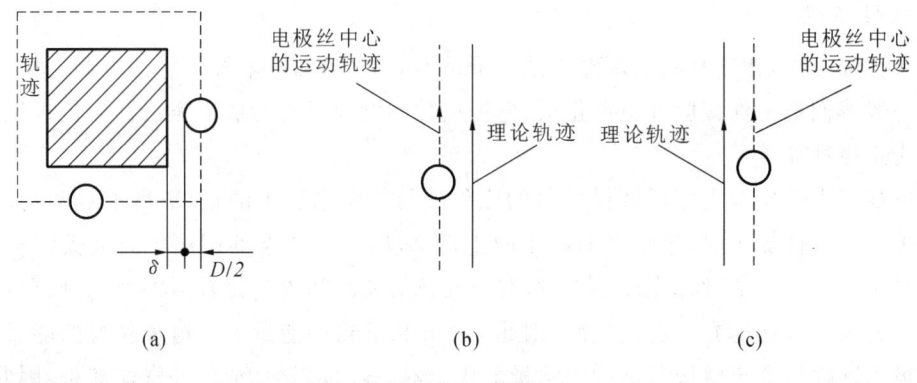

图 4-2-1 偏移

7.锥度

电极丝在进行二维切割的同时,还能按一定的规律偏摆,形成一定的倾斜角,加工出带锥度的工件或上、下形状不同的异型件。这就是所谓的四轴联动、锥度加工。

在实际加工中,在加工方向确定的条件下,电极丝的倾斜方向不同,加工出的工件的锥度方向也就不同,它反映在工件上就是是上大还是下大。锥度也有左锥、右锥之分:沿着电极丝的前进方向,电极丝向左倾斜即为左锥,如图 4-2-2(a)所示;电极丝向右倾斜即为右锥,如图 4-2-2(b)所示。

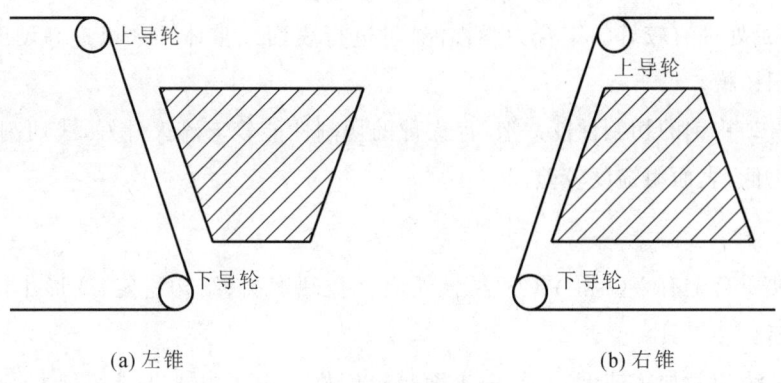

(a) 左锥　　　　　　　　　　　　　　(b) 右锥

图 4-2-2　左锥和右锥

四、常用材料的热处理和切割性能

1. 碳素工具钢

常用碳素工具钢的牌号有 T7、T8、T10A 和 T12A。碳素工具钢的淬火硬度高（淬火后表面硬度约为 62 HRC），有一定的耐磨性，成本较低，但淬透性较差，淬火变形大，因而在电火花线切割加工前要经热处理预加工，以消除内应力。碳素工具钢以 T10 应用最广泛，T10 一般用于制造尺寸不大、形状简单、受轻负荷的冷冲模零件。

碳素工具钢由于含碳量高，加之淬火后切割易变形，切割性能不是很好，线切割加工速度较之合金工具钢稍慢，切割表面偏黑，切割表面的均匀性较差，易出现短路条纹，如热处理不当，加工中会出现开裂现象。

2. 合金工具钢

1）低合金工具钢

常用低合金工具钢的牌号有 9Mn2V、MnCrWV、CrWMn、9CrWMn 和 GCr15。低合金工具钢的淬透性、耐磨性和淬火变形情况均比碳素工具钢的好。CrWMn 为典型的低合金工具钢，除了韧性稍差外，基本具备了低合金工具钢的所有优点。低合金工具钢常用来制造形状复杂、变形要求小的各种中小型冲模和型腔模的型腔、型芯。

低合金工具钢有良好的切割性能，线切割加工速度快，表面质量较好。

2）高合金工具钢

常用高合金工具钢的牌号有 Cr12、Cr12MoV、Cr4W2MoV 和 W18Cr4V 等。高合金工具钢具有高的淬透性、耐磨性，热处理变形小，能承受较大的冲击负荷。Cr12、Cr12MoV 广泛用于制造承载大、冲次多和工件形状复杂的模具。Cr4W2MoV、W18Cr4V 用于制造形状复杂的冷冲模、冷挤模。

高合金工具钢具有良好的切割性能，线切割加工速度快，加工表面光亮、均匀，有较小的表面粗糙度值。

3. 优质碳素结构钢

常用优质碳素结构钢的牌号有 20 号钢、45 号钢。其中：20 号钢经表面渗碳淬火，可获得较高的表面硬度和芯部韧性,适用于用冷挤法制造形状复杂的型腔模;45号钢具有较高的强度,经调质处理有较好的综合力学性能,可进行表面或整体淬火以提高硬度,常用于制造塑料模和压铸模。

优质碳素结构钢的切割性能一般,淬火件的切割性能较未淬火件好,线切割加工速度较合金工具钢稍低,表面粗糙度较差。

4. 硬质合金

常用的硬质合金有 YG 和 YT 两类。硬质合金硬度高、结构稳定、变形小,常用来制造各种复杂的模具和刀具。

硬质合金线切割加工速度较低,但表面粗糙度好。由于电火花线切割加工时使用水质工作液,其表面会产生显微裂纹变质层。

5. 紫铜

紫铜就是纯铜,具有良好的导电性、导热性、耐腐蚀性和塑性。模具制造行业常用紫铜制作电极,这类电极往往形状复杂,精度要求高,需用电火花线切割来加工。

紫铜的线切割加工速度较低,是合金工具钢的 0.5~0.6,表面粗糙度值较大,放电间隙也较大,但其切割稳定性较好。

6. 石墨

石墨完全是由碳元素组成的,具有导电性和耐腐蚀性,因而也可制作电极。

石墨的切割性能很差,效率只有合金工具钢的 $20\%\sim30\%$,其放电间隙小,不易排屑,加工时易短路,属于不易加工材料。

7. 铝

铝质量轻又具有金属的强度,常用来制作一些结构件等。

铝的切割性能良好,线切割加工速度是合金工具钢的 2~3 倍,加工后表面光亮,表面粗糙度一般。铝在高温下表面极易形成不导电的氧化膜,因而电火花线切割加工时放电停歇时间相对小才能保证高速加工。

课题三 工件的装夹、找正

一、快走丝线切割的装夹特点

(1) 由于快走丝线切割的加工作用力小,不像切削机床要承受很大的切削力,因而其装夹夹紧力要求不大,有的地方还可用磁力夹具定位。

(2) 快走丝线切割的工作液是靠高速运行的电极丝带入切缝的,不像慢走丝那样需要高压冲工作液,因此对切缝周围的材料余量没有要求,便于装夹。

(3) 线切割是一种贯通加工方法,因而工件装夹后被切割区域要悬空于工作台的有效切割区域,因此一般采用悬臂式支承方式或桥式支承方式装夹。

二、工件装夹的一般要求

（1）工件的定位面要有良好的精度，一般以磨削加工过的面定位为宜，棱边倒钝，孔口倒角。

（2）切入点要导电，热处理件切入处要去积盐及氧化皮。

（3）热处理件要充分回火去应力，平磨件要充分退磁。

（4）工件装夹的位置应利于工件找正，并应与机床的行程相适应，夹紧螺钉高度要合适，避免干涉加工过程。上导轮要压得较低。

（5）对工件的夹紧力要均匀，不得使工件变形和翘起。

（6）批量生产时，最好采用专用夹具，以利于提高生产效率。

（7）加工精度要求较高时，工件装夹后，必须拉表找平行、垂直。

三、常见的工件装夹方法

1.悬臂式支承

悬臂式支承是指工件直接装夹在工作台面上或桥式夹具的一个刃口上，如图 4-2-3 所示。悬臂式支承通用性强，装夹方便，但容易出现上仰或倾斜现象，一般只在工件精度要求不高的情况下使用。由于加工部位所限只能采用此装夹方法而加工又有垂直度要求时，要拉表找正工件上表面。

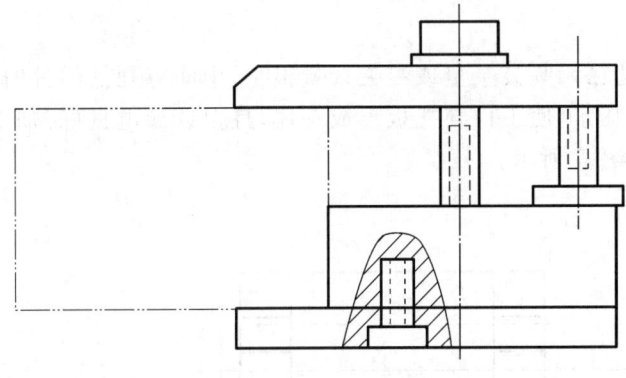

图 4-2-3 悬臂式支承

2.垂直刃口支承

垂直刃口支承如图 4-2-4 所示，工件装在具有垂直刃口的夹具上，此种方法装夹后工件也能悬伸出一角便于加工。其装夹精度和稳定性较悬臂式支承好，也便于拉表找正，装夹时夹紧点注意对准刃口。

3.桥式支承

桥式支承如图 4-2-5 所示，此种装夹方法是快走丝线切割较为常用的装夹方法，适用于装夹各类工件，特别是方形工件，装夹后稳定。只要工件上、下表面平行，装夹力均匀，工件表面即能保证与工作台面平行。桥的侧面也可做定位面使用，拉表找正桥的侧面与工作台 X 方向平行，工件如果有较好的定位侧面，与桥的侧面靠紧即可保证工件与工作台 X 方向平行。

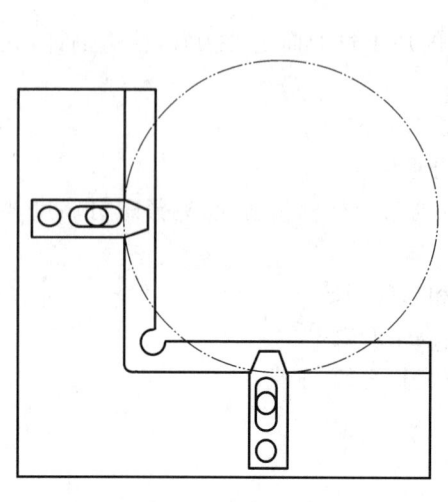

图 4-2-4 垂直刃口支承

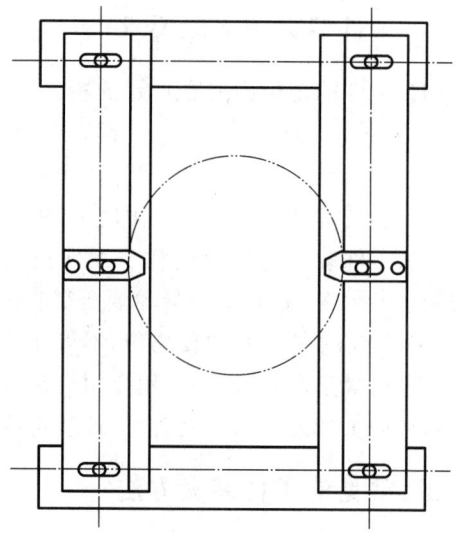

图 4-2-5 桥式支承

4.V 形夹具装夹

V 形夹具装夹如图 4-2-6 所示。此种装夹方法适合于圆形工件的装夹,工件母线要求与端面垂直,如果切割薄壁零件,装夹力要小,以防变形。为了减小接触面积,V 形夹具拉开跨距,中间凹下,两端接触,可装夹轴类零件。

5.板式支承

加工某些外周边已无装夹余量或装夹余量很小、中间有孔的零件时,可在底面加一托板,用胶粘固或螺栓压紧,使工件与托板连成一体,且保证导电良好,加工时连托板一块切割。板式支承如图 4-2-7 所示。

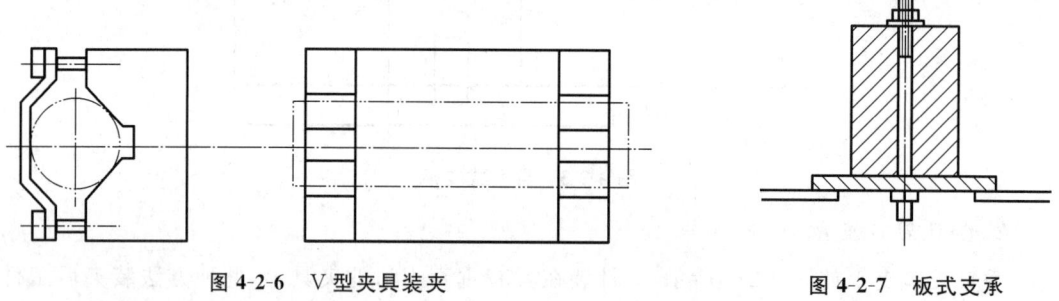

图 4-2-6 V 型夹具装夹

图 4-2-7 板式支承

6.分度夹具装夹

(1) 轴向安装的分度夹具。如小孔机上弹簧夹头的切割,要求沿轴向切相互垂直的两个窄槽,即可采用专用的轴向安装的分度夹具,如图 4-2-8(a) 所示。分度夹具安装于工作台上,三爪内装一检棒,拉表跟工作台的 X 或 Y 方向找平行,工件安装于三爪上,旋转找正外圆和端面,找中心后切完第一个槽,旋转分度夹具旋钮,转动 90°,切另一槽。

(2) 端面安装的分度夹具。如加工中心上链轮的切割,其外圆尺寸已超过工作台行程,不能一次装夹切割,即可采用分齿加工的方法。如图 4-2-8(b) 所示,工件安装在分度夹具的端面上,通过心轴定位在夹具的锥孔中,一次加工 2~3 齿,通过连续分度完成一个零件的加工。

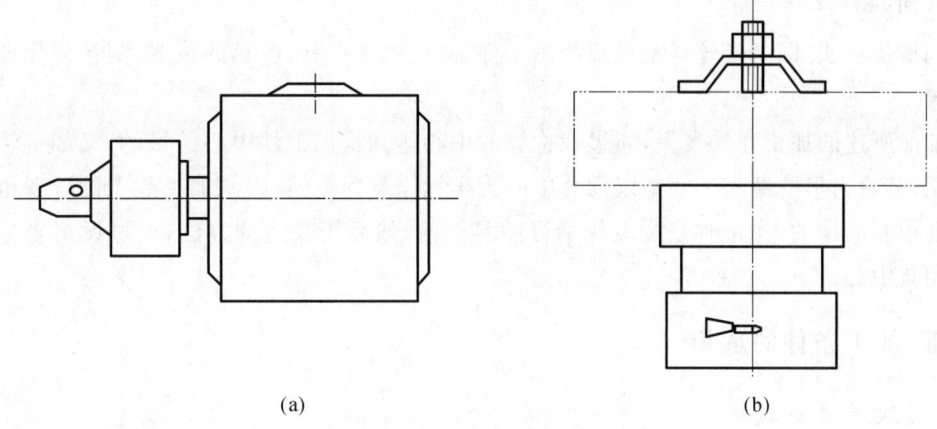

图 4-2-8　分度夹具装夹

四、工件的找正

工件找正的目的是保证型腔与工件外形或型腔与型腔之间有一个正确的位置关系。型腔与工件外形的位置关系可通过找外形或找工艺孔的中心来确定,工艺孔在坐标镗床上已精确地加工出,型腔与型腔之间的位置关系是靠定位移动的步距来保证的,但要注意穿丝孔小时位置精度不能太差,以保证移至下一个型腔加工的穿丝位置时能顺利穿丝。找正的实质是为了确定加工起点,而一般情况下型腔与工件外形或型腔与型腔之间的位置参考点就是加工起点,加工起点常选在对称中心处。

1.找边的方法

如图 4-2-9 所示,在距工件左端距离为 a、距工件上端为 b 处加工一型腔。找正方法如下:首先用接触感知的方法感知左边,将 X 坐标清零,注意此时的电极丝中心与边有一个电极丝半径的距离 r,然后定位移动"G00X($a+r$)Y($b+r$)",即可确定型腔的位置。

2.找中心的方法

如图 4-2-10 所示,要在工件的中心加工一个型腔,编程时假定加工起点确定在图示位置,当要求图形位于工件的中间时,加工起点距工件中心就有一个偏移量,按这个偏移量精确地加工出穿丝孔,加工前用自动找中心功能找出这个孔的中心,就能保证加工出的型腔位于工件的中间。

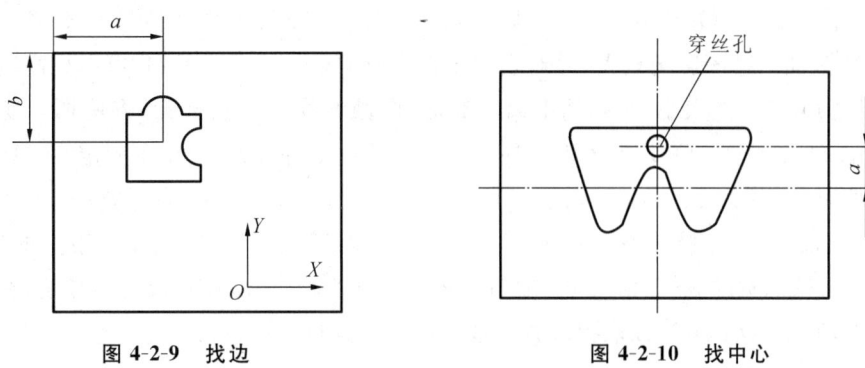

图 4-2-9　找边　　　　　　　　　　图 4-2-10　找中心

3.间接找正法

间接找正法,即电极丝不是直接找正工件,而是找正夹具、胎具的位置,间接地保证工件的位置。

如前所述的加工弹簧夹头,通过找检棒的中心达到找正工件中心的目的,又如链轮的分度加工,链轮齿形的编程尺寸是以内孔中心为坐标原点确定的,因此加工起点的位置也是相对于孔中心而定的,找正时先拉表找平行胎具侧面,然后用找边的方法,通过设定坐标值来定出胎具中心。

五、加工条件的选用

1.放电参数的选用

1) 波形 GP

快走丝线切割有两种波形可供选择:"0"为矩形波;"1"为分组波。

(1) 矩形波。矩形波加工效率高,加工范围广,加工稳定性好,是快走丝线切割常用的加工波形。

(2) 分组波。分组波适用于薄工件的加工,精加工较稳定。

2) 脉宽 ON

设置脉冲放电时间(即脉冲宽度、脉宽),其值为(ON＋1) μs,最大取值为 32 μs。在特定的工艺条件下,脉宽增加,线切割加工速度提高,表面粗糙度值增大,这个趋势在 ON 增加的初期,线切割加工速度增大较快,但随着 ON 的进一步增大,线切割加工速度的增大相对平缓,表面粗糙度变化趋势也一样。这是因为单脉冲放电时间过长,会使局部温度升高,使侧边的加工量增大,热量散发快,因此减缓了线切割加工速度。

通常情况下,ON 的取值要考虑工艺指标及工件的材质、厚度。如对表面粗糙度要求较高、工件材质易加工、工件厚度适中时,ON 取值较小,一般在 3～10 μs。粗、半精加工,工件材质切割性能差,工件较厚时,ON 取值一般为 10～25 μs。

当然,这里只能定性地介绍 ON 的选择趋势和大致取值范围,实际加工时要综合考虑各种影响因素,根据侧重的不同,最终确定合理的数值。

3) 脉间 OFF

设置脉冲停歇时间(即脉冲间隙、脉间),其值为(OFF＋1)×5 μs,最大取值为 160 μs。在特定的工艺条件下,OFF 减小,线切割加工速度增大,表面粗糙度值增大不多。这表明 OFF 对线切割加工速度影响较大,而对表面粗糙度影响较小。减小 OFF 可以提高线切割加工速度,但是 OFF 不能太小,否则消电离不充分,电蚀产物来不及排除,将使加工变得不稳定,易烧伤工件并断丝。OFF 太大也会导致不能连续进给,使加工变得不稳定。

对于难加工、厚度大、排屑不利的工件,脉冲停歇时间应选长些,为脉宽的 5～8 倍比较适宜,OFF 取值则为{[(脉冲停歇时间/5)]－1} μs。对于加工性能好、厚度不大的工件,脉冲停歇时间可选脉宽的 3～5 倍,OFF 取值主要考虑加工稳定、防短路及排屑顺畅,在满足要求的前提下,通常减小 OFF 以取得较快的线切割加工速度。

4）功率管数 IP

设置投入放电加工回路的功率管数，以 0.5 为基本设置单位，取值范围由 0.5～9.5。功率管数的增减决定脉冲峰值电流的大小，每只管子投入的峰值电流为 5 A，电流越大，线切割加工速度越快，表面粗糙度值越小，放电间隙越大。

对于 IP 的选择，一般中厚度精加工为 3～4，中厚度半精加工、大厚度精加工为 5～6，大厚度粗、半精加工为 6～9。

5）间隙电压 SV

间隙电压是用来控制伺服的参数，最大值为 7 V。当放电间隙电压高于设定值时，电极丝进给；当放电间隙电压低于设定值时，电极丝回退。切割状态与 SV 的取值密切相关。SV 取值过小，会造成放电间隙小，排屑不畅，易短路。反之，使空载脉冲增多，线切割加工速度下降。SV 取值合适，切割状态稳定。从电流表上可观察切割状态的好坏；若加工中表针间歇性地回摆，则说明 SV 过大；若表针间歇性地前摆（向短路电流值处摆动），说明 SV 过小；若表针基本不动，说明切割状态稳定。

另外，也可用示波器观察放电间隙电压波形来判定切割状态的好坏，将示波器接工件与电极，调整好同步，可观察到放电间隙电压波形，若加工波浓，而开路波、短路波弱，则 SV 选取合适；若开路波、短路波浓，则需调整 SV。

SV 一般取 2～3 V，对薄工件一般取 1～2 V，对大厚度工件一般取 3～4 V。

6）电压 V

电压即加工电压。目前有两种选择：“0”表示选择常压，“1”表示选择低压。低压一般在找正时选用，加工时一般都选用常压“0”，因而电压 V 参数一般不需修改。

2. 工作液的选用

快走丝线切割选用的工作液是乳化液，常用乳化液种类主要有 DX-1 型皂化液、502 型皂化液、植物油皂化液、线切割专用皂化液。

1）乳化液的配制方法

乳化液一般是以体积比配制的，即以一定比例的乳化液加水配制而成，浓度要求如下。

（1）加工表面粗糙度和精度要求较高，工件较薄或中厚，浓度浓些，为 8%～15%。

（2）要求线切割加工速度快或切割大厚度工件，浓度淡些，为 5%～8%，以便于排屑。

（3）用蒸馏水配制乳化液，可提高加工效率和改善表面粗糙度。对大厚度切割，可适当加入洗涤剂，如洗洁精，以改善排屑性能，提高加工稳定性。

根据加工使用经验，新配制的工作液切割效果并不是最好，使用 20 小时左右，线切割加工速度、表面质量最好。

2）流量的确定

快走丝线切割是靠高速运行的电极丝把工作液带入切缝的，因此工作液不需多大压力，只要能充分包住电极丝、浇到切割面上即可。

3）电极丝的选用

快走丝线切割的电极丝要反复使用，因此要有一定的韧性、抗拉强度和抗腐蚀能力。

快走丝电极丝的材料性能如表 4-2-1 所示。

表 4-2-1　快走丝电极丝的材料性能

材料	适用温度		延伸率/ (%)	抗张力/ MPa	熔点 T_m/ ℃	电阻率/ $(\Omega \cdot m/mm^2)$	备注
	长期	短期					
钨 W	2 000	2 500	0	1 200~1 400	3 400	0.061 2	较脆
钼 Mo	2 000	2 300	30	700	2 600	0.047 2	较韧
钨钼 W50Mo	2 000	2 400	15	1 000~110 0	300 0	0.053 2	韧性适中

电极丝的直径(丝径)及张力选择如下。

常用的丝径有 $\phi0.12$ mm、$\phi0.14$ mm、$\phi0.18$ mm 和 $\phi0.2$ mm。张力是保证加工零件精度的一个重要因素,但受丝径、电极丝使用时间等要素限制。一般电极丝在使用初期张力可大些,使用一段时间后,电极丝已不易伸长,可适当去些配重,以延长电极丝的使用寿命。

课题四　影响电火花线切割加工精度的因素及电火花线切割加工注意事项

一、影响电火花线切割加工精度的因素

1.材料内应力变形的影响

材料的内应力包括热应力和组织应力。在电火花线切割加工中,以热应力影响为主。热应力对工件形状的影响如表 4-2-2 所示。

表 4-2-2　热应力对工件形状的影响

零件类别	轴类	扁平类	正方形	套类	薄壁型孔	复杂型腔
理论形状						
热应力作用形成的形状					A+　B+	A-　B+

一般可采用以下措施来减少或清除材料内应力变形对电火花线切割加工精度的影响。

(1) 增加预加工工序,如在余料上钻孔、切槽等。

(2) 对热处理件充分回火,以消除内应力。

(3) 采用穿丝并选择合理的加工路径,以限制应力释放。导丝路线的选择示例如图 4-2-11 和图 4-2-12 所示。

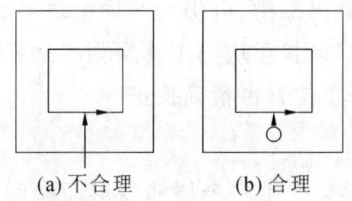

图 4-2-11　穿丝路径的选择示例（一）

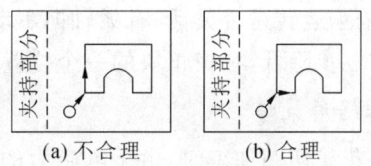

图 4-2-12　穿丝路径的选择示例（二）

2.定位精度的影响

1）定位孔精度的影响

定位孔自身的精度和找正定位孔的精度都会影响电火花线切割加工精度。如果用穿丝孔作为定位孔，则要保证穿丝孔精度。如图 4-2-13（a）所示，工件厚度为 H，若定位孔有 α 的倾斜度，则找正的中心 O_d 与理论中心 O_D 的误差为：$\Delta = H\tan\alpha/2$ ，即找中心误差与工件厚度、倾斜角的正切成正比。

为了减小定位孔自身精度对定位的影响，就要设法减小 H 和 α。在工件厚度不变的情况下，通常采用挖空刀孔的方法来减小 H，如图 4-2-13（b）所示。再就是设法提高定位孔的垂直度，对要求较高的定位孔需在坐标镗床上加工。对于多孔位加工，为了保证各孔的位置精度，也需在坐标镗床上加工定位孔。

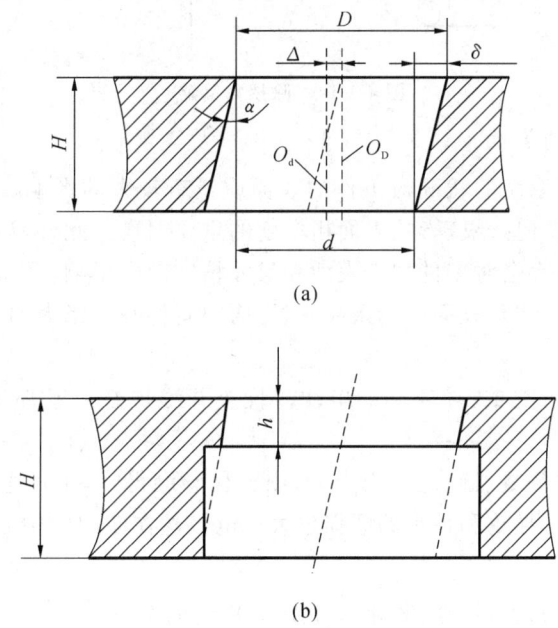

图 4-2-13　定位孔精度的影响

另外，为了提高感知精度，感知表面的粗糙度要小，并对孔口倒角以防产生毛刺。

2）找中心的方法的影响

第一次找正完后接着找正 2～3 次，以差值很小为准。由于找正前电极丝不在孔的中心，找正误差较大，多找正几次可减小误差。找正时注意，感知表面要干净，电极丝上不要有残留的工作液，以避免影响感知精度。

电火花线切割加工垂直度有要求的工件，电极丝找垂直要精细。第一，检查运丝是否抖动。若运丝抖动则应清洗导轮槽,检查导电块是否已磨出深槽、电极丝与导电块接触是否良好、导轮轴承运转是否灵活、有无轴向窜动。第二,要保证找正块与工作台面接触良好,找正时速度要逐步降低,在找正块的一个位置粗找后,换一个位置再精确找正。

3.除拐角策略

电火花线切割加工时,由于电磁力的作用,电极丝会产生一个挠曲变形而滞后,所以在进行拐角切割时,会抹去工件轮廓的尖角造成塌角,如图 4-2-14 所示。为防止零件塌角,可采用以下方法。

(1) 程序段末延时,以等待电极丝切直。

(2) 过切。进行凸模加工时,可在外面的余料上过切,即沿原程序段多切一段距离,再原路返回。在这个过切的过程中,电极丝已回直,故可加工出清角。

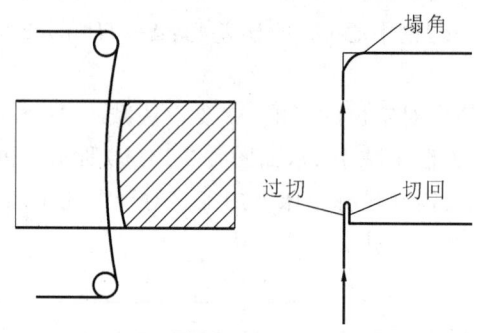

图 4-2-14　除拐角策略

4.运丝系统精度的影响

快走丝线切割运丝系统的状况对工件的表面质量有较大的影响。运丝系统正、反向运丝时的张力差,是产生换向条纹、影响表面粗糙度的重要因素。此外,运丝的平稳性(即电极丝的抖动)、张力的大小都会对工件加工表面和尺寸精度产生影响。电极丝抖动反映在切割表面上。发生线束抖动,切割表面两端条纹明显,而中间稍好。张力的大小会影响工件纵剖面尺寸的一致性。

运丝环节包括丝筒、配重、导轮和导电块。检查并维护好运丝环节是保证运丝平稳的条件。

张力的大小要根据侧重点确定。张力大,则电极丝绷得直,工件上下一致性好,但电极丝的损耗大且对导电块、导轮和轴承的磨损也大。电极丝在使用的中后期要适当减小配重,以延长使用寿命。

5.锥度加工时导轮切点的变化对工件加工尺寸的影响

如图 4-2-15 所示,锥度切割时,由于导轮切点变化,在 X 方向带来约为 0.021 mm 的误差 Δ_x,在 Y 方向带来约为 0.04 mm 的误差 Δ_Y。由于导轮切点方向尺寸误差抵消,而槽向由导轮切点带来的误差累积,则正切一个四方带锥度件会产生图 4-2-15 所示的误差。把工件旋转 45°,让 X、Y 轴联动,则此误差可大大减小。

6.加工条件的影响

加工条件对加工精度也有较大的影响。正确选择各项加工条件,有助于保证电火花线切割加工精度。

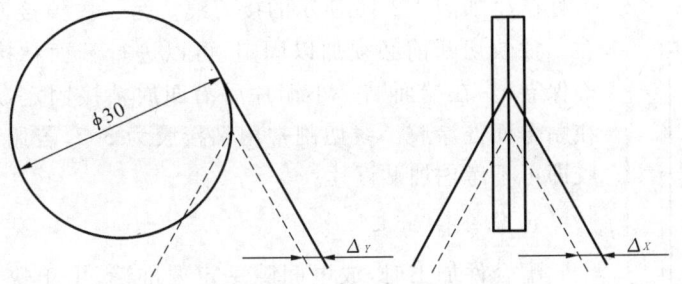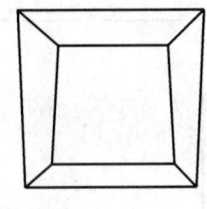

图 4-2-15 锥度切削时导轮切点变化引起的误差

二、加工经验及加工中注意事项

1.断丝处理

1）断丝后丝筒上剩余电极丝的处理

若电极丝断点接近两端,剩余的电极丝还可利用,先把电极丝多的一边断头找出并固定,抽掉另一边的电极丝,然后手摇丝筒让断丝处位于立柱背面过丝槽中心(即配重块上导轮槽中心右边一点),重新穿丝,定好限位,即可继续加工。

2）断丝后原地穿丝

快走丝线切割工作液有一层细过滤,因此切缝中不是很黏,可以原地穿丝。若采用特种油厂生产的乳化液,切缝中更干净,一般加工后的工件可自行掉落,对于此切缝原地穿丝一般都能穿过。原地穿丝时,若是新电极丝,注意用中粗砂纸打磨其头部一段,使其变细变直,以便穿丝。

3）回穿丝点

若原地穿丝失败,只能回穿丝点,反方向切割对接。由于机床定位误差、工件变形等原因,对接处会有误差。若工件还有后续抛光、锉修工序,而又不希望在工件中间留下接刀痕,可沿原路切割,由于二次放电等因素,已切割面表面会受影响,但尺寸所受影响不大。

2.短路处理

1）排屑不良引起的短路

短路回退太长会引起停机,若不排除短路则无法继续加工。对于一般短路,可原地运丝,并向切缝处滴些煤油以清洗切缝,即可排除。但应注意重新启动后,可能会出现不放电进给状况,这与煤油在工件切割部分形成绝缘膜、改变了间隙状态有关,此时应立即增大 SV 值,等放电正常后再改回正常切割参数。

2）工件应力变形导致夹丝

热处理变形大或薄件叠加切割时会出现夹丝现象,对热处理变形大的工件,在加工后期快切断前变形会反映出来,此时应提前在切缝中穿入电极丝或放入与切缝厚度一致的塞尺以防夹丝。薄板叠加切割,应先用螺钉连接紧固,或装夹时多压几点,压紧压平,以防止加工中夹丝。

3.接刀痕的处理

对于凸模加工,切断后的导电性及切断位置都是不可靠的,如不进行任何处理,会在接

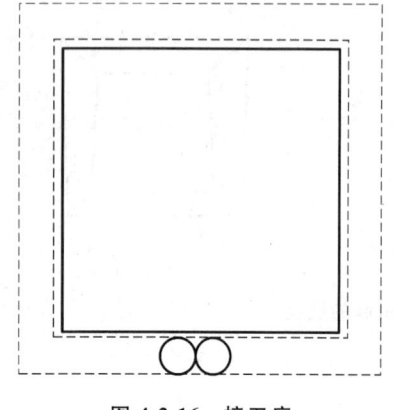

图 4-2-16 接刀痕

刀处产生如图 4-2-16 所示的接刀痕。为了去掉接刀痕，在工件快切断前必须加以固定，可以进行端面粘接，为确保导电，在端面贴一小铜片后沿四周粘接固定，不要在贴合面处涂胶。线切割常用粘接胶为 502，若用导电胶即可不考虑加贴铜片。

4. 配合件加工

配合件加工时，放电间隙一定要准确，由于快走丝放电间隙制约因素较多且易变化，因此可在正式加工前试切，以确保加工参数合理。

5. 跳步模加工

跳步模加工转入下一孔位后，穿丝点不在切割起点，针对此种情况可采用两种方法：第一种，根据偏离距离，定位移至穿丝孔中间，简易加工至切割起点，在动模式下将光标移至此型腔加工处重新启动，此时绘图可能会不完整，但不影响加工；第二种，将下一孔位起点定位到穿丝孔中间后，修改此孔位，G92 设定的起点坐标与屏幕显示值一致，然后从此处重新加工。

6. 进刀点的确定

进刀点的确定须遵从下述几条原则。

（1）从加工起点至进刀点路径要短，如图 4-2-17（a）所示。

（2）从工艺角度考虑，进刀点放在棱边处为好。

（3）进刀点应避开有尺寸精度要求的地方，如图 4-2-17（b）所示。

（4）进刀线应避免与程序第一段、最后一段重合或构成小夹角，图 4-2-17（c）所示。

7. 锥度加工

对于锥度加工，若所切割锥度为机床允许最大值，切割前应空运行机床，以检查是否撞行程极限，由于更换导轮等原因，电极丝找垂直后 U 轴、V 轴可能不在行程中间。

工件底面与工作台面不在同一平面时，应注意正确设定锥度参数，下导轮至工作台面应加一个夹具支承厚度，而上导轮至工作台面应减去这一厚度，以保证锥度加工正确。

（a）

30 $^{+0.010}_{+0.003}$

（b）

（c）

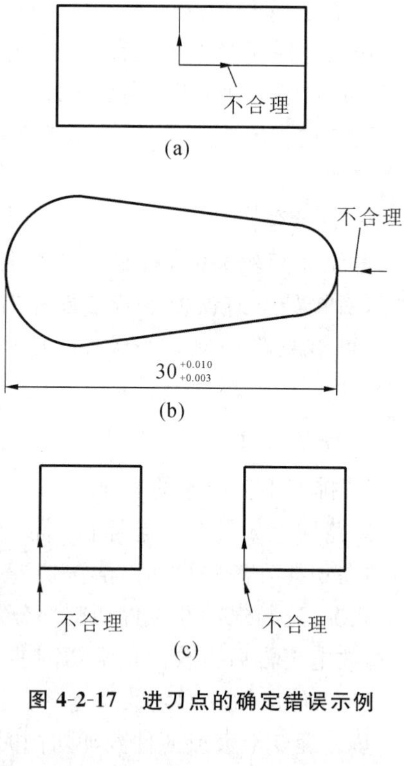

图 4-2-17 进刀点的确定错误示例

8. 防止废料卡住下臂

切凹模时的废料，切凸模时的工件，若切断后易落下，则切断后应暂停加工，拿掉废料或工件后再让机床回切割起点，否则可能会卡住下臂。

课题五 电火花线切割加工机床操作

一、机床操作准备过程

1. 上丝

(1) 张力设定:采用手动紧丝方法张紧,用力要均匀一致。

(2) 开机前要调节行程拨叉。

(3) 将电极丝盘置于轴处,施以阻力,再将电极丝一端经排丝轮,卷绕到丝筒上并用螺钉压住(应将丝筒摇至中端偏左位置),均匀上丝,当达到所需上丝量时,剪断电极丝。电极丝的一端挂在排丝轮上,另一端经导电块、导轮、挡丝棒等绕装顺序,回到丝筒上并压紧。应保持电极丝排布在丝筒中间对称位置。

(4) 调节行程挡块间距,保证两端有5~10 mm缠绕长度的余量。

(5) 上丝时注意转向和运丝工作台移动方向,防止冲击行程。

(6) 注意上丝前丝筒所在位置,上丝时手摇丝筒用力要均匀,一般上丝过程中不要停顿,需停顿时,要先停丝盘,再停丝筒,以保持电极丝有一定的张力。

(7) 当发生叠丝时,应立即将电极丝绕回丝盘(应保持一定的张力)。叠丝时,不准开机运丝(注意:开机运丝时必须拿掉手柄以防伤人)。

2. 紧丝

电极丝在经过一段时间使用后,会因弹性疲劳产生拉伸而松动,可采用手动紧丝方法重新张紧,使上、下导轮间的电极丝具有良好的平直度。新换电极丝一般要进行两次紧丝,紧丝时应将断丝保护关闭,并且要用力均匀。

紧丝时要注意起始方向(一般从左到右),一定要保证紧丝起始端换向开关处于换向位置,且紧贴结束端处于不换向位置,以免紧丝过程中出现换向现象。

3. 穿丝

穿丝时一定要保证电极丝在导轮里,且与导电块良好接触,与机床其他部位无运动干涉。否则,不能开机运丝。

4. 校正电极丝垂直度

(1) 光透法:将校直器在 X、Y 方向分别与电极丝靠近,如 X、Y 方向上下光透一致即完成了校正。

(2) 放电校正方法:将校直器水平放到工作台上,开机运丝并打开高频电源,分别用手摇 X、Y 方向的拖板,使电极丝靠近校直器产生放电现象,如上下放电火花一致即完成了校正。

5. 工件的装夹

线切割加工中,工件的夹具一般分三种,即压板夹具、磁性夹具、分度夹具。另外可根据工件来设计专用夹具。

(1) 装夹工件前应校正电极丝与工作台面的垂直度。

(2) 用夹具将工件或坯料平稳地固定在工作台上,并预想工件或坯料在切割过程中有无较大变形或是否会开裂。

（3）装夹工件应根据图纸要求用百分表等量具找正基准面,使其与工作台的 X 向或 Y 向平行。

（4）装夹位置应使工件的切割控制在机床允许行程之内,且装夹前要考虑好切割路线及起始点。

（5）工件及夹具在切割过程中不应碰到线架的任何部分。

（6）工件装夹完毕,要清除干净工作台面上的一切杂物。

二、控制计算及加工功能和参数定义

机用控制器具有平移、旋转、等锥体计算及控制、补偿、指令缩放等多种控制计算及加工功能,它们都带有自己的特定参数。

1. 平移功能

平移功能是指让规定段号内的指令重复执行规定的次数的一种加工方法。它的作用是,当编程的指令有相同的连续重复加工时,允许用户只输入一段指令,其他的相同指令不必输入,从而减少用户输入的指令数,减小工作量。注意:相同的指令段必须是连续的,中间不能有其他指令。

具体使用方法为:首先按 上档 键将控制器切换到上档状态,再按 设置 键将控制器切换到设置状态;接着输入要平移程序段的起始段号后按 L4 键,显示"⌐"符号,接着输入这段的结束段号后按 L4 键,显示"⌐"符号,最后输入需要平移的次数后按 平移 键,到此已经将所有平移参数输入完成,显示器显示出刚才输入的三个参数,控制器面板上的平移指示灯会亮,表示已经规定了平移功能。任何时候当程序执行到该段指令内时,平移功能都将起作用。指令在该段程序外执行时平移功能不起作用。

当需要检查以前的平移参数时,首先按 上档 键、设置 键,将控制器切换到设置状态,再按 平移 键,如果没有平移功能,则显示一个"0",并且面板上平移指示灯不亮;如果有平移功能,则首先显示出平移程序段的起始段号和结束段号及平移次数,并且平移指示灯一直是亮的。

如果要删除已经输入的平移参数,则在显示平移次数时按 D 键,控制器将删除平移功能,平移指示灯也将熄灭。

2. 旋转功能

旋转功能是指让规定段号内的指令按照规定的角度,重复执行规定的次数的一种加工方法。它多用来加工等边长多面体,如切割八方、六方等。

具体使用方法为:首先按 上档 键将控制器切换到上档状态,再按 设置 键将控制器切换到设置状态;接着输入要旋转程序段的起始段号后按 L4 键,显示"⌐"符号,接着输入这段的结束段号后按 L4 键,显示"⌐"符号,最后按 旋转 键输入需要旋转的次数和角度,到此已经将所有旋转参数输入完成,显示器显示出刚才输入的参数,控制器面板上的旋转指示灯会亮,表示已经规定了旋转功能。任何时候当程序执行到该段指令内时,旋转功能都将起作用。指令在该段程序外执行时旋转功能不起作用。

当需要检查以前的旋转参数时,首先按 上档 键、设置 键,将控制器切换到设置状态,再按 旋转 键,如果没有旋转功能,则显示一个"0",并且面板上旋转指示灯不亮;如果有旋转功能,则首先显示出旋转程序段的起始段号和结束段号,按 旋转 键后显示器显示旋转次数和角度,并且旋转指示灯一直是亮的。

如果要删除已经输入的旋转参数,则在显示旋转次数和角度时按 D 键,控制器将删除旋转功能,旋转指示灯也将熄灭。

输入旋转角度的方法是显示器显示出"°"即度的符号时,首先输入整数部分,最多三位,然后按 旋转 键,显示器显示出小数点,再输入角度的小数部分,按 旋转 键即可。

注意:这里角度是由整数和小数两个部分组成的,而不是角、分、秒方式,并且角度的计算是以逆时针为准的;当旋转次数为1次时,指令在一启动旋转功能时,就开始旋转计算,而当旋转次数大于1时,指令在第一次执行时不旋转,而从第二次执行时开始旋转计算。

指令旋转操作举例如表4-2-3所示。

表4-2-3 指令旋转操作举例

按键操作	数码管显示状态														说　明
待命	P														处于待命状态
上档	P.														处于上档状态
设置	E.														处于设置状态
1000	1	0	0	0											输入旋转起始段落
L4	⌐														进入"("状态
1150	1	1	5	0											输入旋转结束段号
L4	⌐														进入")"状态
12			1	2											输入旋转次数
旋转			1	2	°										确认旋转次数
15			1	2	°	1	5								输入旋转角度整数部分
旋转			1	2	°	1	5	.							确认旋转角度整数部分
123456			1	2	°	1	5	.	1	2	3	4	5	6	输入旋转角度小数部分
旋转	1	0	0	0							1	1	5	0	完成操作并点亮指示灯
旋转			1	2	°	1	5	.	1	2	3	4	5	6	显示旋转次数和角度
待命	P														返回待命状态

注意:旋转、平移功能使用完后,一定要及时删除,以免影响到以后的加工。

3.补偿功能的使用

单片机的补偿功能分为间隙补偿和齿隙（齿轮间隙）补偿。

1）间隙补偿

间隙补偿是指控制器自动将电极丝半径的加工损耗考虑到工件指令中，自动预留间隙空间，使加工出来的工件大小与设计的相同。间隙补偿功能的参数值只涉及电极丝半径和补偿正反向。其中补偿正反向的定义方法为：按 GX 键显示正号，为正向补偿，逆时针加工时工件加工轮廓扩大，顺时针加工时工件轮廓缩小，直线指令向上或向左平移，逆时针圆弧指令半径扩大，顺时针圆弧指令半径缩小；按 GY 键显示负号，为负向补偿，其工件的轮廓变换和指令的修改与正向时相反。补偿具体输入及显示方法为：

首先按 上档 键将控制器切换到上档状态，再按 设置 键将控制器切换到设置状态，然后按 补偿 键即进入补偿参数显示状态；当没有定义间隙补偿时显示一个"0"，间隙补偿指示灯不亮；此时要输入或修改参数时，首先按 GX 键或 GY 键，定义补偿方向，显示"＋"或"－"号后再开始输入电极丝半径，再按一下 补偿 键后，就定义好了补偿参数。若要取消间隙补偿功能，可以在显示参数时按 D 键。

2）齿轮间隙补偿

因为机床的啮合传动一般都有间隙，正向传动后转入负向时，导轮的最初几步执行都会用于补偿这个间隙，反之一样。因此为了提高机床的传动精度，可以设置齿隙补偿量，让控制器自动抵消齿隙。

注意：齿隙补偿量最大值为"49"。

当不需要某个方向的齿隙补偿时，将齿隙补偿量输入为"0"即可。补偿（间隙补偿和齿隙补偿）操作举例如表 4-2-4 所示。

表 4-2-4　间隙补偿和齿隙补偿操作举例

按键操作	数码管显示状态								说　明
待命	P								处于待命状态
上档	P.								处于上档状态
设置	E.								处于设置状态
补偿								0	没有补偿参数显示"0"
GY							－		选择正/负，GX 为＋，GY 为－
90							－	9	0	输入间隙补偿值
补偿					0	1		0	0	输入 X 齿隙补偿值
补偿					0	2		0	0	输入 Y 齿隙补偿值
补偿					0	3		0	0	输入 U 齿隙补偿值
补偿					0	4		0	0	输入 V 齿隙补偿值
待命							.			输入结束返回并点亮指示灯

4.控制参数的设置

1）回退等待时间

该参数规定控制器启动自动回退功能时的等待变频时间,它是以秒为最小单位的,最大值为 99 秒,如果为零,则为系统默认值 10 s,重新上电后也将变成默认值 10 s。

2）关高频电源延时时间

在每条指令执行完,准备执行下条指令时,控制器将延时规定的时间后再关高频电源,以便使电极丝的滞后效应得到补偿。关高频电源延时时间是以 0.1 s 为最小单位,最大值为 99,即 9.9 s。

3）运行速度的调节

控制器可以设置执行进给取样变频的次数,以达到调节执行速度的功能。

具体方法为:按 上档 键、设置 键、调速 键,此时显示×××值就是原先控制器的设置值;按 GX 键,可以增大×××值,从而提高执行的速度,按 GY 键则缩小×××值,从而降低执行的速度。

有的控制器还具有启动时的缓加速功能,在指令开始启动时,执行速度从 150 Hz/s 开始加速,当变频信号足够高时将缓慢加速,一直加速到设定挡的最高值。

每挡的设定最高值如下。

第 1 挡:250 Hz/s。

第 2 挡:300 Hz/s。

第 3 挡:350 Hz/s。

第 4 挡:400 Hz/s。

第 5 挡:450 Hz/s。

第 6 挡:500 Hz/s。

注意:在 X、Y 回零和 U、V 回零时,控制器的最高执行速度设定为 1 000 Hz/s,因此在执行中最好不要随便断电,否则可能失步。

在跳步线的执行中,最高速度也设定为 1 000 Hz/s。参数输入操作举例如表 4-2-5 所示。

表 4-2-5　跳步线执行操作方法

按键操作	数码管显示状态										说　　明
待命	P										处于待命状态
上档	P.										处于上档状态
设置	E.										处于设置状态
参数						0	0	1		1　0	输入,修改回退时间
参数						0	0	2	—	0	输入,修改高频延时时间

以上操作中可随时按 待命 键结束返回。

5.指令缩放

该功能是将执行的所有指令全部按输入的比例参数缩小或放大,以使加工工件的轮廓按比例缩小或放大。这种功能一般用在塑料模具的加工中。

具体输入方法如下。

首先按 上档 键、 设置 键,将控制器切换到设置状态,然后输入缩放比例值,最后按一下 缩放 键即可,输入完后缩放指示灯将点亮。

注意:在每将一段指令全部执行完而且关机后,指令都将自动删除。

6.等锥体计算及加工控制

所谓等锥体,是指工件的每一个侧面的斜度都是相等的,将这种工件的上面垂直投影到下面时,两个面的每一条边之间的垂直距离都是相等的。机用控制器可以通过输入其中的某一个面的指令来自动控制机床切割出等锥体工件。计算及控制加工等锥体必须需要以下几个参数。

(1) 上、下导轮中心之间的垂直距离 H_1。

(2) 工件的厚度 H_2。

(3) 下导轮中心到工件底面的垂直距离 H_3。

(4) 导轮半径 H_4。

(5) 做等圆弧加工时的最小圆弧半径 H_5。

(6) 锥度半角的大小。

以上六个参数中,前四个参数和角度是必不可少的,而第五个参数即做等圆弧加工时的最小圆弧半径只有在锥度加工中需要做等圆弧控制的工件中可以输入除 0 以外的数字,其他情况下只能输入一个"0"。所谓等圆弧加工法,是指在等锥体加工过程中,有一段圆弧的上、下面是等弧长的。这是一种简单的变锥体加工法,一般只用在小的过渡圆弧上。H_5 参数值控制所有半径小于或等于该值的小圆弧自动做等圆弧加工。做等圆弧加工的另外一种方法是直接在输入指令时键入 L4 键,将该条指令直接定义为等圆弧加工指令。

导轮半径 H_4 是做导轮半径补偿时使用的。因为任何导轮肯定具有半径而不可能无限小,所以当电极丝倾斜时,在 X 轴方向电极丝将会发生偏移,必须自动对其进行补偿,否则切割出来的工件将朝 X 向的一边偏移。

锥度半角的大小是指单边斜度角,即锥度的半角大小。

以上参数分别由两个按键输入,即 $H_1 \sim H_5$ 通过 高度 键输入,而锥度半角的大小则通过 角度 键输入。具体办法如下。

高度输入:首先按 上档 键、 设置 键,将控制器切换到设置状态,按 高度 键进入高度显示状态;控制器内有高度参数时,显示参考面定义和 H_1 的值;按 高度 键可以显示下一个高度值,依次循环。当以前没有高度参数时显示一个"0",高度指示灯不亮,输入参数时必须先按 GX 键或 GY 键以定义参考面(参考面定义方法为:输入 GX 时显示正数,表示以上面为标准面;输入 GY 时显示负数,表示以下面为标准面),控制器显示"H1"或"－H1"(＋号不显示),此时就可以输入高度值,输入高度值时,可以用 删除 键删除已经输入的全部高度值,输入完一个高度值后,必须按 高度 键,才能将此值存入控制器内,同时控制器仍然显示该高度值,要接着输入下一个高度值,必须再按一下 高度 键,显示切换到下一个高度值才能进行,依次类推,可以输入完五个高度值。若原先已有高度值,高度指示灯是亮的,则在显示某个高度值随时可以输入新的参数值后按 高度 键进行修改;参考面可以在任何显示高度值时按 GX 键或 GY 键进行修改。若要删除全部高度值,可以在显示高度状态下按 D 键。

高度参数输入操作举例如表 4-2-6 所示。

表 4-2-6　高度参数输入操作举例

按键操作		数码管显示状态									说　明
上档	P.										处于上档状态
设置	E.										处于设置状态
高度										0	没有高度参数显示"0"
GY			−	H	1					0	选择参考面,GX 为＋,GY 为−
500000			−	H	1	5	0	0	0	0	0	输入高度值 H_1
高度			−	H	2					0	确认高度值 H_1,显示 H_2
200000			−	H	2	2	0	0	0	0	0	输入高度值 H_2
高度			−	H	3					0	确认高度值 H_2,显示 H_3
10000			−	H	3		1	0	0	0	0	输入高度值 H_3
高度			−	H	4					0	确认高度值 H_3,显示 H_4
15500			−	H	4		1	5	5	0	0	输入高度值 H_4
高度			−	H	5					0	确认高度值 H_4,显示 H_5
500			−	H	5				5	0	输入高度值 H_5
高度			−	H	1			2	5	0	确认 H_5 并点亮指示灯
待命	P										返回待命状态

角度输入:首先按 上档 键、设置 键,将控制器切换到设置状态;按 角度 键进入角度显示状态,当以前没有角度值时显示一个"0",角度指示灯不亮;当以前有角度值时就显示角度值和符号(＋号不显示),并且角度指示灯亮。角度的符号定义为:当角度值为正数时,表示逆时针加工时为正锥体,下面大而上面小,顺时针加工时为负锥体,上面大而下面小;当角度值为负数时正好相反,逆时针时下面小而上面大,顺时针时下面大而上面小;符号可以通过按 GX 键或 GY 键来定义;角度数值的输入方法与旋转功能时的角度相似,只是应该按 角度 键。若要删除设定值,直接按 D 键即可。角度输入操作举例如表 4-2-7 所示。

表 4-2-7　角度输入操作举例

按键操作	数码管显示状态										说　明
上档	P.										处于上档状态
设置	E.										处于设置状态
角度										0	没有角度参数显示"0"
GY		—	°							0	选择方向,GX 为＋,GY 为－
60		—	°	6	0						输入角度整数部分
角度		—	°	6	0						确认角度整数部分
123456		—	°	6	0	1	2	3	4	5	6	输入角度小数部分
角度			°	0	6	0	1	2	3	4	5	6	显示角度并点亮指示灯
待命	P										返回待命状态

注意:当定义了等锥体控制参数后,在指令校零和开始加工时,输入的第一条指令必须是引线,即自斜线,而最后一条指令必须是回复线,否则控制器无法加工或校零,显示器给出错显示。

三、控制器的使用

控制器具有正常加工、逆向加工、上下异型面及其逆向加工等多种加工方法,配合以上说明的控制功能,可以帮助用户通过简单的指令编程设计和输入,在电火花线切割加工机床上准确、方便地加工出各种复杂的工件。

1.高频开关

控制器可以通过键盘操作高频开关。在待命状态下,按 高频 键可使控制器在打开高频开关和关闭高频开关之间切换。打开高频开关时,高频指示灯亮;关闭高频开关时,高频指示灯灭。

说明:手动高频控制只有在待命显示 P 状态时和执行暂停时起作用,指示执行时系统自动锁定,手动控制不起作用。

2.开关进给输出

使用此功能可以松开步进电机或锁紧步进电机,以便手动控制 X、Y 轴或 U、V 轴。具体办法与高频操作方式相似,只是按 进给 键来执行此功能。同时进给指示灯将给出指示,灯亮时表示打开开关进给输出,灯灭时为关闭开关进给输出。

说明:手动开关进给输出控制只有在待命显示 P 状态时和执行暂停时起作用,指令执行时系统自动锁定,手动控制不起作用。

3.X、Y 轴回零

有时控制器执行一段时间后,X、Y 轴已经不在原点,但控制器必须准确地回到原点,可以使用此功能。具体方法为:在待命状态下首先按 上档 键将控制器切换到上档状态,再按 L3 键,显示器显示出 X、Y 轴距离原点的数值,左边是 X 轴的值,右边是 Y 轴的值,将变频开关置于手动挡,控制器自动产生变频信号后,将开始执行回零指令,当显示的 X、Y 值变为零时,就表示已经回到原点,最后按 待命 键返回。

在执行回零指令的过程中,控制器不接受任何按键的操作,只能关闭电源后再上电才能返回到待命状态。同时在指令执行状态下,该功能不能使用。

4.U、V 轴回零

该功能与 X、Y 轴回零功能一样,不同的是按 上档 键和 L4 键来执行,执行的是 U、V 轴。

注意:在 X 和 Y 轴和 U、V 轴回零之前,必须进行坐标清零操作,方法如下:在待命状态下按 GX 键或 GY 键,再按 D 键即可。

5.暂停执行、恢复和退出

使用此功能可以暂时停止执行指令。具体方法为:按 暂停 键,显示器的最右边的数码管的小数点亮,表示控制器处于暂停状态;在暂停状态下,再按 暂停 键,可以取消暂停状态,恢复到正常,此时显示器的最右的小数点将熄灭;在暂停状态下也可以按 D 键,使控制器强行退出执行状态,只要连续按三下 D 键即可。显示器显示"－X",这里的 X 表示按的次数。

如果控制器没有处于执行状态下,则此功能会将控制器内的所有设置全部恢复到出厂状态,但指令不变。

6.段末停

该功能用于将控制器设置为在执行完当前指令后,自动处于暂停状态,以便用户做出处理。具体方法为:在执行状态下,按 D 键后,显示一个"d"字,表示已经将该指令设置为段末停。取消段末停的方法与设置时一样,只是显示"－d",表示已经取消。

7.指令执行

正常情况下,用户将编程设计好的指令输入到控制器的指定段号内后,就可以通过指令执行功能让控制器控制机床切割出预期的设计图形来。具体方法如下。

在待命状态下,输入需加工的指令段的起始段号后,按 执行 键,控制器首先自动显示出该指令段的起始段号和结束段号,让用户确认是否正确,如果是正确的,则可以再按一下 执行 键,控制器就从起始段号起开始执行指令,一直执行到结束地址指令完成后即自动关机床并退出;如果不正确,则应该按 待命 键返回,再检查需加工的指令段是否正确无误,待修改正确后,方可重新开始执行。

指令开始执行后,控制器即处于指令执行状态。处于执行状态时,控制器在待命状态下显示的是正在加工的指令的计数长度即 J 值,并且随着指令的执行,计数长度在不停地减小;一条指令执行完成后,控制器会自动取出下一条正确的指令继续执行,直到执行完该指令段的所有指令,每执行完一条指令后变换指令时,控制器会自动延时关闭一下高频电源,等到下条指令取出并开始执行时再自动打开。

电火花线切割加工梅花形工件(见图4-2-18),分五段圆弧加工。

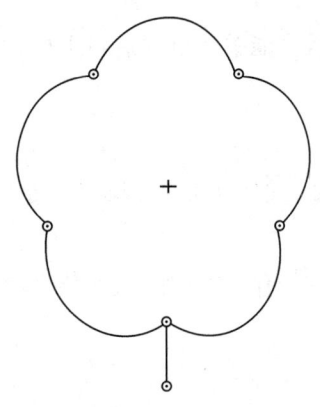

图4-2-18 梅花形工件

程序一:

N1:B 0B 0B 19549 GY L2;

N2:B 14695B 20226B 37499 GY NR3;

N3:B 14695B 20226B 35305 GX NR4;

N4:B 23776B 7725B 34550 GY NR1;

N5:B 0B 25000B 35305 GX NR2;

N6:B 23776B 7725B 40919 GX NR2;

N7:B 0B 0B 19549 GY L4;

DD

第一步:将程序按以上清单输入控制器内,程序段号为1~7,操作在此不再详列。

第二步:输入电极丝补偿量90,操作步骤如表4-2-8所示。

表4-2-8 梅花形工件输入电极丝补偿量操作步骤

按键操作	数码管显示状态									说　　明
待命	P									处于待命状态
上档	P.									处于上档状态
设置	E.									处于设置状态
补偿									0	没有补偿参数显示"0"
GY							—			选择正/负,GX为+, GY为—
90							—		9	0	输入间隙补偿值
待命	P									输入结束返回并点亮指示灯

第三步:进行程序校零操作,如表4-2-9所示。

表4-2-9 程序校零操作步骤

按键操作	数码管显示状态									说　　明
待命	P									处于待命状态
上档	P.									处于上档状态
1			1							输入起始段号
校零			1						7	执行校零运算
校零				3			—			0	显示校零结果
待命	P						—			返回待命状态

第四步：开始加工，操作如表 4-2-10 所示。

表 4-2-10 梅花形工件加工操作步骤

按键操作	数码管显示状态												说明
待命	P												处于待命状态
1			1										输入起始段号
执行			1									7	进行结束指令查找并显示
执行			1	Y		L	2	J		1	9	6	6	0	执行切割

电火花线切割加工梅花形等锥体工件(锥度单边 15°)步骤如下。

第一步：将程序按以上清单输入控制器内，程序段号分别为 1~7，操作在此不再详列。

第二步：输入电极丝补偿量 90，操作在此不再详列。

第三步：输入计算及控制加工等锥体必需的几个参数，操作详见高度参数输入部分。

① 上、下导轮中心之间的垂直距离 $H_1 = 500\,000$。

② 工件的厚度 $H_2 = 20\,000$。

③ 下导轮中心到工件底面的垂直距离 $H_3 = 10\,000$。

④ 导轮半径 $H_4 = 15\,500$。

⑤ 做等圆弧加工时的最小圆弧半径 $H_5 = 500$。

以上五个参数中，前四个参数和角度是必不可少的，而第五个参数即做等圆弧加工时的最小圆弧半径只有在锥度加工中需要做等圆弧控制的工件中可以输入除 0 以外的参数，其他情况下只能输入一个"0"。

第四步：输入锥度半角的大小 15°，操作详见角度参数输入部分。

第五步：进行程序校零，操作在此不再详列。

第六步：开始加工，操作如表 4-2-11 所示。

表 4-2-11 梅花形等锥体工件加工操作步骤

按键操作	数码管显示状态												说明
待命	P												处于待命状态
1			1										输入起始段号
执行			1									7	进行结束指令查找并显示
执行			1	Y		L	4	J		3	7	3	3	9	执行切割并显示 J 长度
待命			1	Y		L	2	U		1	9	9	6	0	显示 U 长度

8. 逆向加工

逆向加工是指让控制器从指令段的结尾开始向起始段号执行即倒着执行。一般情况下是不会使用此方法的，只是当加工过程中电极丝拉断而必须中途退出执行，再次开始执行时又无法找准中断点时,才可以使用逆向加工功能,让控制器从起始位置倒着切割,直到与原中断点重合。具体使用方法如下。

在上档状态下,首先输入待加工指令段的起始段号,然后按 L4 键,显示"⌐"符号,再输入结束段号,再按 逆割 键,控制器同正常执行时一样显示出两个段号,但这两个段号不是自动找出的,而是用户刚才输入的,且前大后小,此时再按一下 逆割 键或 执行 键,控制器就会从大的结束段号处开始执行,且变换指令时自动向小的段号处取新的指令,直到执行到用户指定的起始段号处后自动关机床并退出。逆向加工过程中的其他情况与正常时一样。

9.上下异型面加工

上下异型面是指加工工件的上面与下面的图形不完全相同,如上工件面为圆形,而下工件面为方形的工件。上下异型面加工时,必须将工件的上面图形指令与下面图形指令分别输入到控制器的不同段号中,并且两个面的指令数目必须一样且两者的每条指令必须是一一对应的,也就是说上面的每条边都应与下面的一个边对应,如果对应的边仅仅是一个点,那么也应该输入一个长度为 1 的直线来与之对应。

上下异型面的加工在具有锥度加工功能的机床上才能有效,并且机床的上下导轮中心之间的垂直距离 H_1、工件的厚度 H_2 和下导轮到工件底面的垂直距离 H_3 以及导轮半径 H_4 等机床参数都必须正确地输入,控制器才能正确地控制,进而加工出所要求的图形。

上下异型面加工时,机床不做等锥度运算,因此输入的锥度半角无效,加工指令必须由用户分别将上、下面的指令包括自斜线指令都输入到控制器中。它的使用方法为:在上档状态下,首先输入下面的指令段起始段号,然后按 L4 键,显示"⌐"符号,再输入上面的指令段起始段号,按 执行 键,控制器和正常执行时一样,显示下面的起始段号和结束段号,用户核对无误后,再按一下 执行 键,控制器即进入指令执行状态且开始执行。其他情况与正常执行时一样。

仍以电火花线切割加工图 4-2-18 所示梅花形工件为例,其编程如下。

程序二:

```
N 101:B 0 B 0 B 19549 GY L2;
N 102:B 14695 B 20226 B 29389 GX SR4;
N 103:B 14694 B 20226 B 27951 GY SR3;
N 104:B 14695 B 20225 B 27951 GY SR3;
N 105:B 23777 B 7726 B 23777 GX SR2;
N 106:B 23776 B 7725 B 23776 GX SR2;
N 107:B 0 B 25000 B 17275 GY SR1;
N 108:B 0 B 25000 B 17274 GY SR1;
N 109:B 23777 B 7726 B 11528 GX SR1;
N 110:B 23776 B 7725 B 11530 GX SR1;
N 111:B 14694 B 20226 B 29389 GX SR4;
N 112 0 B 0 B 19549 GY L4;
DD
```

说明:程序二是将程序一的每段圆弧一分为二进行编程,以用于上下异形面的加工。

五角星状工件(见图 4-2-19)电火花线切割加工编程如下。

程序三:

N 201:B 0 B 0 B 44828 GY L2;

N 202:B 23348 B 16963 B 23348 GX L3;

N 203:B 8918 B 27447 B 27447 GY L1;

N 204:B 23347 B 16963 B 23347 GX L2;

N 205:B 0 B 0 B 28859 GX L1;

N 206:B 8918 B 27446 B 27446 GY L1;

N 207:B 8918 B 27446 B 27446 GY L4;

N 208:B 0 B 0 B 28859 GX L1;

N 209:B 23347 B 16963 B 23347 GX L3;

N 210:B 8918 B 27447 B 27447 GY L4;

N 211:B 23348 B 16963 B 23348 GX L2;

N 212:B 0 B 0 B 44828 GY L4;

DD

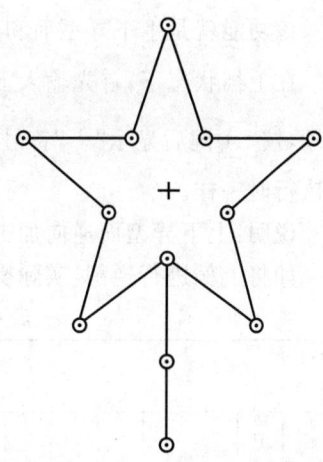

图 4-2-19 五角星状工件

第一步:将程序按以上清单输入控制器内,程序段号分别为 100~112,200~212,操作在此不再详列。

说明:上下异型面加工时,下工件程序段最好放在上工件程序段的前面,以便逆向切割的操作。

第二步:输入电极丝补偿量 90,操作在此不再详列。

第三步:输入计算及控制加工等锥体必需的几个参数,操作详见高度参数输入部分。

① 上、下导轮中心之间的垂直距离 $H_1 = 500\,000$。

② 工件的厚度 $H_2 = 20\,000$。

③ 下导轮中心到工件底面的垂直距离 $H_3 = 10000$。

④ 导轮半径 $H_4 = 15\,500$。

第四步:进行程序校零,操作在此不再详列。

第五步:开始加工,如表 4-2-12 所示。

表 4-2-12 五角星状工件的加工步骤

按键操作	数码管显示状态											说　明
待命	P											处于待命状态
上档	P.											处于上档状态
101		1	0	1								输入下工件起始段号
L4	⌐											进入"("状态
201		2	0	1								输入上工件起始段号
执行		1	0	1						1	1	2	进行切割运算
执行		1	0	1	Y		L	2	J	1	9	4	3	8	执行切割并显示下工件 J 值
待命		2	0	1	Y		L	2	U	4	4	7	1	7	显示上工件 J 值

10. 上下异型面逆向加工(逆割)

该功能就是上下异型面和逆向加工功能同时使用,具体使用方法如下。

在上档状态下,首先输入下面的起始段号,按 L4 键,显示" ┌ "符号,再输入上面的起始段号,按 L4 键后显示" ┘ "符号,再输入下面的结束段号,最后再按 逆向 键,其他的操作与正常执行时一样。

说明:上下异型面逆向加工时,下工件程序段必须放在上工件程序段的前面。

如将上例进行逆割,实际操作如表 4-2-13 所示。

表 4-2-13　上下异型面逆向加工操作步骤

按键操作	数码管显示状态											说　明
待命	P											处于待命状态
上档	P.											处于上档状态
101		1	0	1								输入下工件起始段号
L4	┌											进入"("状态
201		2	0	1								输入上工件起始段号
L4	┘											进入")"状态
112		1	1	2								输入下工件结束段号
逆割		1	1	2					1	0	1	进行上下异型面逆割运算
执行		1	1	2	Y		L	2	J	4	4	7	1	7	执行上下异型面逆割
待命		2	1	2	Y		L	2	U	1	9	4	3	8	

11. 回退执行

回退是指让控制器朝着刚才执行的方向的反向执行。在机床的电极丝与工件短路后造成没有变频信号,控制器无法自动执行而处于停止状态时,必须让电极丝沿着刚才加工的路径返回,以便让电极丝与工件脱开,机床重新产生变频信号,这样控制器才能重新自动向前加工。控制器具有手动回退和自动回退两种回退方法。

手动回退在执行状态下的任何时候都可以执行,只要在上档状态下按下 执行 键即可。手动回退可以执行任意步长,直到执行到一条指令的起始位置才停止。按下 执行 键不放时,控制器会自动连续地回退。

自动回退功能是控制器在规定的时间内没有接收到变频信号后,即自动开始连续回退,每次回退 200 步,共可回退 2 次。若再手动回退 1 次后,控制器又可以自动连续回退 200 步,并执行 2 次。

自动回退的等待时间是可以设定的。

12.定中心定端面功能

（1）定端面。

按待命键、上档键、设置键后按GX键，再按L1键或L2键，为 L1、L3 方向。

按待命键、上档键、设置键后按GY键，再按L1键或L2键，为 L2、L4 方向。

（2）定中心。

按待命键、上档键、设置键后按D键。

13.坐标显示功能

在加工过程中，当计数长度显示"J"时，按上档键，再按GX键或GY键显示 X、Y 坐标。

再按一次待命键，当计数长度显示"U"时，按上档键，再按GX键或GY键显示 U、V 坐标。

课题六 项目训练

已知电极丝（钼丝）的直径为 0.20 mm，单边放电间隙为 0.01 mm，电火花线切割加工图 4-2-20和图 4-2-21 所示的工件。

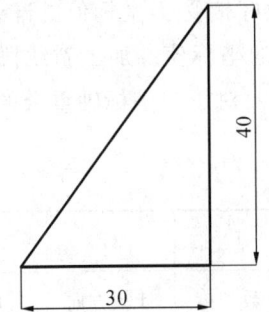

图 4-2-20 电火花线切割加工工件（一）

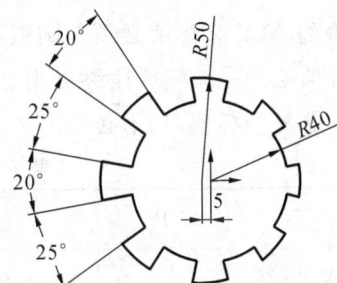

图 4-2-21 电火花线切割加工工件（二）

项目三　电火花线切割加工编程

教学目的和要求

(1) 掌握电火花线切割加工机床 3B 手工直线编程、圆弧编程。

(2) 掌握电火花线切割加工机床辅助软件编程。

课题一　电火花线切割加工手工编程

一、电火花线切割加工编程基础

1.3B 程序格式

目前国产电火花线切割加工机床多采用 3B 代码编程,3B 程序格式如表 4-3-1 所示。表中的 B 为分隔符号,它在程序单上起着把 X、Y 和 J 坐标值分隔开的作用。当将程序输入控制器时,读入第一个 B 后,使控制器做好接受 X 坐标值的准备;读入第二个 B 后,使控制器做好接受 Y 坐标值的准备;读入第三个 B 后,使控制器做好接受 J 坐标值的准备。加工圆弧时,程序中的 X、Y 坐标值必须是圆弧起点相对其圆心的坐标值。加工斜线段时,程序中的 X、Y 坐标值必须是该斜线段终点相对其起点的坐标值。对于与坐标轴重合的线段,其在程序中的 X 或 Y 坐标值,均不必写出 0。

表 4-3-1　3B 程序格式

B	X	B	Y	B	J	G	Z
	X 坐标值		Y 坐标值		计数长度	计数方向	加工指令

2.计数方向 G 和计数长度 J

1) 计数方向 G 及其选择

一般电火花线切割加工机床通过控制从起点到终点某个拖板进给的总长度来保证所要加工的圆弧或线段能按要求的长度加工出来。因此,在计算机中设立一个 J 计数器进行计数,即将加工该线段的拖板进给总长度 J 数值,预先置入 J 计数器中。加工时,被确定为计数长度这个坐标的拖板每进给一步,J 计数器就减 1。这样,J 计数器减到零,则表示该圆弧或直线段已加工到终点。

加工斜线段时,必须用进给距离比较长的一个方向做进给长度控制。若斜线段的终点为 $A(X_e,Y_e)$,当 $|Y_e|>|X_e|$ 时,计数方向取 G_Y,如图 4-3-1(a) 所示;当 $|Y_e|<|X_e|$ 时,计数方向取 G_X,如图 4-3-1(b) 所示。当确定计数方向时,可以以 45° 线为分界线,如图 4-3-2 所示,当斜线段在阴影区内时,取 G_Y 为读数方向;反之,取 G_X 为读数方向。

若斜线段正好在 45° 线上,第Ⅰ、Ⅲ象限应取 G_X 为计数方向,第Ⅱ、Ⅳ象限应取 G_Y 为计数方向。

圆弧的计数方向应视圆弧终点的情况而定。确定圆弧的计数方向也可以 45° 线为分界

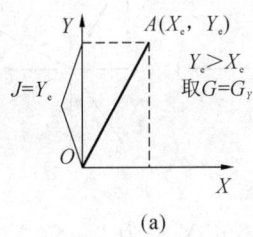 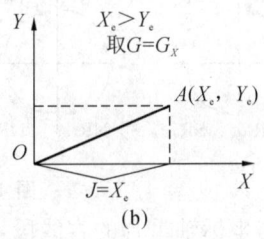

图 4-3-1　斜线段的计数方向

线,如图 4-3-3 所示;若圆弧终点坐标为 $B(X_e, Y_e)$,当 $|X_e|<|Y_e|$ 时,即终点在阴影区内,计数方向取 G_X;当 $|X_e|>|Y_e|$ 时,计数方向取 G_Y;当终点在 45°线上时,不易准确分析,按习惯任取。

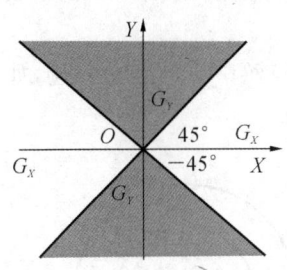 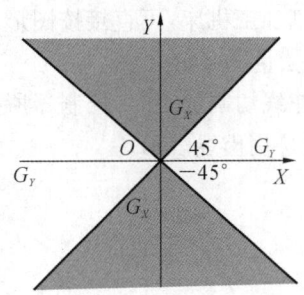

图 4-3-2　斜线段计数方向的选取　　　**图 4-3-3　圆弧计数方向的选取**

2) 计数长度 J 的确定

计数方向确定后,计数长度 J 应取计数方向从起点到终点拖板移动的总距离,即圆弧或直线段在计数方向坐标轴上投影长度的总和。

对于斜线段,如图 4-3-1(a)所示,可取 $J=Y_e$;如图 4-3-1(b)所示,可取 $J=X_e$。

对于圆弧,它可能跨越几个象限。图 4-3-4 所示圆弧是从 A 加工到 B,取 G_X 为计数方向,$J=J_{X1}+J_{X2}$;图 4-3-5 所示圆弧也是从 A 加工到 B,取 G_Y 为计数方向,$J=J_{Y1}+J_{Y2}+J_{Y3}$。

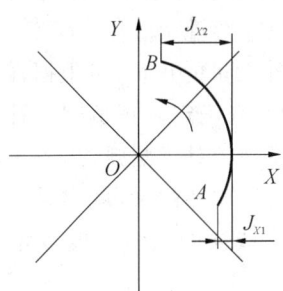 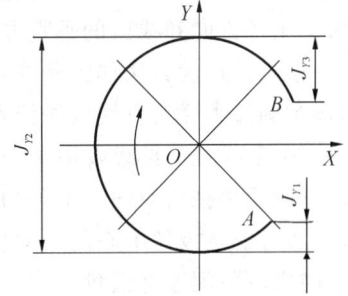

图 4-3-4　跨越两个象限　　　　**图 4-3-5　跨越四个象限**

3. 加工指令 Z

Z 是加工指令,共分 12 种,如图 4-3-6 所示。其中圆弧加工指令有 8 种。

SR 表示顺圆,NR 表示逆圆,字母后面的数字表示该圆弧的起点所在象限。例如,SR1 表示顺圆弧,其起点在第一象限。直线段的加工指令用 L 表示,L 后面的数字表示该线段所

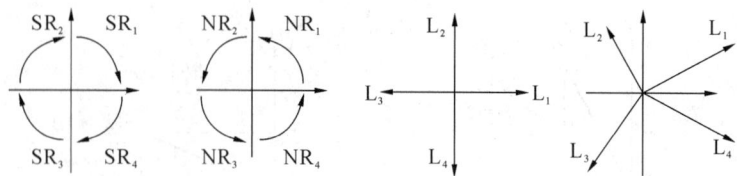

图 4-3-6　加工指令

在的象限。对于与坐标轴重合的直线段,正 X 轴为 L_1,正 Y 轴为 L_2,负 X 轴为 L_3,负 Y 轴为 L_4。

4.间隙补偿

实际编程时,通常不是编工件轮廓线的程序,应该编切割加工时电极丝中心的运动轨迹的程序,即还应该考虑电极丝的半径与电极丝和工件间的放电间隙。但对有间隙补偿功能的电火花线切割加工机床,可直接按图形编程,其间隙补偿量可在加工时置入。

1) 间隙补偿量的确定方法

数控电火花线切割加工时,控制器所控制的是电极丝中心的运动轨迹,如图 4-3-7 所示(电极丝中心轨迹用虚线表示)。

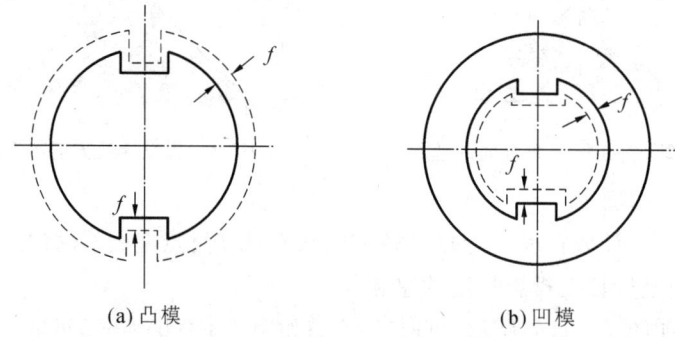

(a) 凸模　　　　　　　　(b) 凹模

图 4-3-7　电极丝中心的运动轨迹

加工凸模时,电极丝中心的运动轨迹应在所加工工件图形的外面;加工凹模时,电极丝中心的运动轨迹应在所加工工件图形的里面。所加工工件图形与电极丝中心的运动轨迹间的距离,在圆弧的半径方向和线段的垂直方向都等于间隙补偿量 f。

判定间隙补偿量正负的方法如图 4-3-8 所示。间隙补偿量的正负,可根据在电极丝中心的运动轨迹图形中圆弧半径及直线段法线长度的变化情况来确定。正负间隙补偿量对于圆弧用于修正圆弧半径 r,对于直线段用于修正其法线长度 p。对于圆弧,当考虑电极丝中心的运动轨迹时,其圆弧半径与原图形半径相比增大时取正间隙补偿量,减小时取负间隙补偿量;对于直线段,当考虑电极丝中心的运动轨迹时,使该直线段的法线长度 p 增加时取正间隙补偿量,减小时则取负间隙补偿量。

2) 间隙补偿量 f 的算法

加工冲模的凸模、凹模时,应考虑电极丝半径 $r_{丝}$、电极丝和工件之间的单边放电间隙 $\delta_{电}$。凹模的间隙补偿量为 $-f_{凹} = r_{丝} + \delta_{电}$。凸模的间隙补偿量为 $+f = r_{丝} + \delta_{电}$。电间隙补偿量(f)= 电极丝半径+放电间隙。

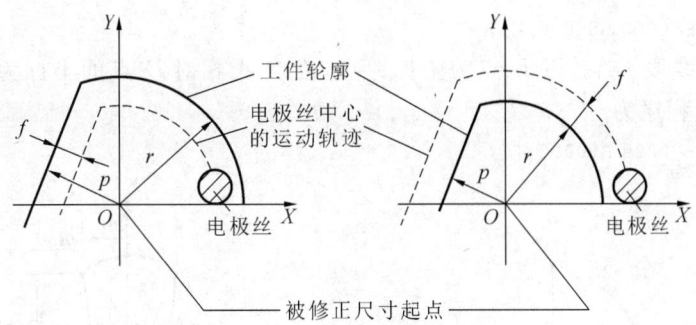

图 4-3-8　间隙补偿量的符号判别

二、手工编程

在单片机输入的程序中 X、Y 和 J 坐标值用微米(一般最多为 6 位数)表示。

如图 4-3-9 所示,加工斜线段,终点 A 的坐标为 $X＝17$ mm,$Y＝5$ mm,其程序为

　　B17000 B5000 B17000 GX L1

如图 4-3-10 所示,加工与正 Y 轴重合的直线段,长为 22.4 mm,其程序为

　　BBB22400 GY L2

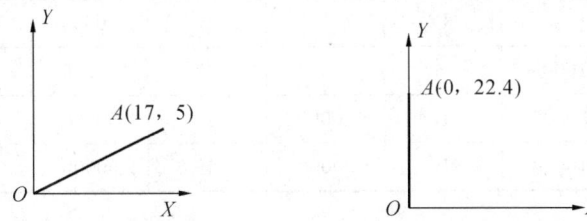

图 4-3-9　加工斜线段　　　图 4-3-10　加工与 Y 轴重合的直线段

在与坐标轴重合的程序中,X 或 Y 坐标值即使不为零,也不必写出。

如图 4-3-11 所示,加工圆弧,A 为此逆圆弧的起点,B 为其终点。A 点坐标 $X_A＝$ -2 mm,$Y_A＝9$ mm,因终点 B 靠近 X 轴,故取 G_Y 为计数方向,计数长度应取圆弧在各象限中的各部分在计数方向 Y 轴上投影之总和。AC 在 Y 轴上的投影为 $J_{Y1}＝9$ mm,CD 的投影为 $J_{Y2}＝$ 半径 $＝\sqrt{2^2+9^2}$ mm $＝9.22$ mm,$D_B＝$ 半径 -2 mm $＝7.22$ mm,故其计数长度 $J＝$ $J_{Y1}＋J_{Y2}＋J_{Y3}＝9$ mm $＋9.22$ mm $＋7.22$ mm $＝25.44$ mm。圆弧的起点在第二象限,加工指令取 NR2,其程序为

　　B2000 B9000 B25440 GY NR2

编程序时,应将工件加工图形分解成圆弧和直线段,然后逐段编写程序。如编写图 4-3-12 所示工件加工程序,它的图形由三条直线段和一段圆弧组成,所以要分成四段来编程序。

(1) 加工直线段 AB。以起点 A 为坐标原点,AB 与 X 轴重合,程序为

　　BBB40000 GX L1

(2) 加工斜线段 BC。以 B 点为坐标原点,则 C 点相对 B 点的坐标为 $X_{BC}＝10$ mm,Y_{BC} $＝90$ mm,程序为

　　B10000 B90000 B90000 GY L1

(3) 加工圆弧 CD。以该圆弧圆心 O 为坐标原点,经计算,圆弧起点 C 相对 O 的坐标为

$X_{oc}=30$ mm、$Y_{oc}=40$ mm，程序为

    B30000 B40000 B60000 GX NR1

（4）加工斜线段 DA。以 D 点为坐标原点，终点 A 相对 D 点的坐标为 $X_{DA}=10$ mm、$Y_{DA}=-90$ mm，程序为

    B10000 B90000 B90000 GY L4

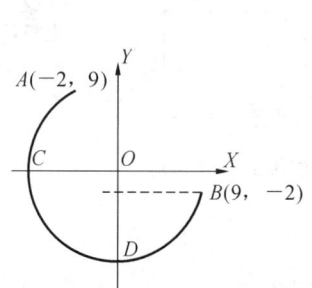

图 4-3-11 加工跨越三个象限的圆弧

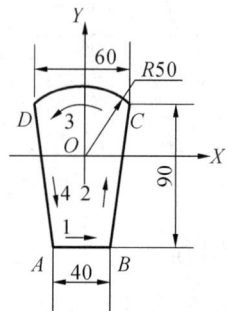

图 4-3-12 编程示例工件

经整理，工件的程序单如表 4-3-2 所示。

表 4-3-2 图 4-3-12 所示工件的程序单

序号	B	X	B	Y	B	J	G	Z
1	B		B		B	40000	GX	L1
2	B	10000	B	90000	B	90000	GY	L1
3	B	30000	B	40000	B	60000	GX	NR1
4	B	10000	B	90000	B	90000	GY	L4

课题二 电火花线切割加工计算机编程

使用 CAXA 线切割软件（V2 或 r4 版）来编制加工程序。

从工作过程角度分析，整个 CAXA 线切割编程过程分为作图、生成加工轨迹、生成 3B 代码和传输 3B 代码四个环节。

一、作图

用鼠标操作屏幕右侧的图标。屏幕右侧的菜单区出现基本的绘图命令，如绘制直线、绘制圆、绘制圆弧和绘制样条等。

（1）选取绘图命令"直线"，选用"连续""正交"方式，屏幕左下角提示"输入起点"；

（2）键盘输入(0,0)，按回车键，系统提示"输入终点"；

（3）键盘输入(100,0)按回车键，系统提示"输入终点"；

（4）键盘输入(100,50)按回车键，系统提示"输入终点"；

（5）键盘输入(0,50)按回车键，系统提示"输入终点"；

（6）键盘输入(0,0)按回车键，系统提示"输入终点"；

（7）结束命令，屏幕上出现 100×50 矩形，如图 4-3-13 所示，绘图完成。

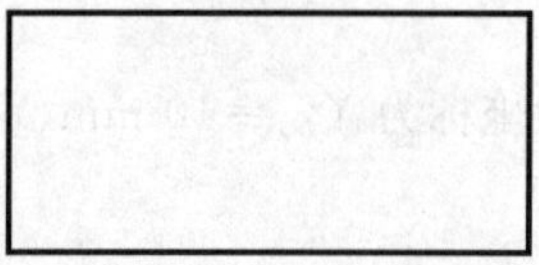

图 4-3-13 100×50 矩形

二、生成加工轨迹

(1) 用鼠标操作屏幕右侧的图标 ⬛。屏幕右侧的菜单区包含轨迹生成、轨迹跳步等命令项；

(2) 选取命令项"轨迹生成"，系统弹出一个名为"二轴线切割加工工艺参数表"的对话框；

(3) 按实际需要填写相应的参数，并按"确定"按钮；

(4) 系统提示"拾取轮廓"，用鼠标点取矩形的底边；

(5) 被拾取线变为红色虚线，并沿轮廓方向上又出现一对反向的绿色箭头，系统提示"选择切割的侧边"，选择指向矩形内侧的箭头；

(6) 线条全部变为红色，且在轮廓的方向上出现一对反向的绿色箭头，系统提示"选择切割的侧边"，选择指向矩形内侧的箭头；

(7) 系统提示"输入穿丝点位置"，键盘输入(50,10)，按回车键；

(8) 系统提示"输入丝最后所到的位置"，单击鼠标右键，表示该位置与穿丝点重合；

(9) 单击鼠标右键，系统自动计算出加工轨迹，即屏幕上显示出的点画线。

三、生成 3B 代码

(1) 用鼠标选取屏幕右侧的图标 ⬛，屏幕右侧的菜单区出现生成 3B、生成 4B 等命令项。

(2) 选择命令项"生成 3B"，系统弹出一个对话框，要求用户输入文件名。

(3) 按需要选择好文件存储路径，并给新文件命名，假设为 1.3B，按确定按钮。

(4) 系统提示"拾取加工轨迹"，假设其他控制符按系统缺省的设置，用鼠标左键单击绿色的加工轨迹，按确定按钮。

(5) 屏幕上弹出"代码显示"窗口，其中内容为新生成的 3B 代码，关闭此窗口。

(6) 代码生成结束。生成的代码如图 4-3-14 所示。

```
*****************************************
CAXAWEDM-Version2.0，Name: 1.3B

Conner  R=0.00000,          0ffsetF=0.1000,   Length=400.945mm
*****************************************
StartPoint=50.00000,       10.00000;                  X             Y
N1: B  49900 B    9900 B   49900 GX L3;    0.100,        0.100
N2: B  99800 B       0 B   99800 GX L1;    99.900,       0.100
N3: B      0 B   49800 B   49800 GX L2;    99.900,       49.900
N4: B  99800 B       0 B   99800 GX L3;    0.100,        49.900
N5: B      0 B   49800 B   49800 GX L4;    0.100,        0.100
N6: B  49800 B    9900 B   49800 GX L1;    50.000,       10.000
DD
```

图 4-3-14 生成的代码

四、传输 3B 代码

(1) 选择命令菜单"传输 3B"，系统弹出一个对话框，要求用户指定被传输的文件；

（2）选择目标文件后，按"确定"按钮，系统提示"按键盘任意键开始传输（ESC 退出）"，按任意键即可开始传输文件。

课题三　项目训练

已知钼丝（电极丝）的直径为 0.18 mm，单边放电间隙为 0.01 mm，加工图 4-3-15 和图 4-3-16所示的工件。

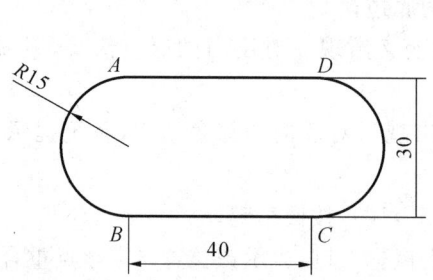

图 4-3-15　电火花线切割加工工件（三）

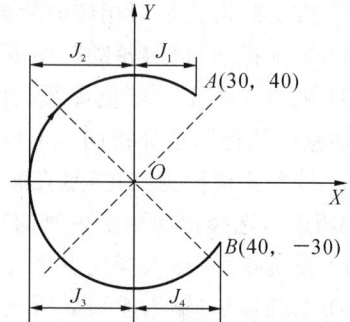

图 4-3-16　电火花线切割加工工件（四）

项目四 基于 HL 系统的电火花线切割加工机床加工简介

教学目的和要求

(1) 熟练掌握 HL 系统的使用。

(2) 能够根据图纸要求,用 HL 系统完成零件加工。

课题一 基于 HL 系统的电火花线切割加工机床操作

一、HL 系统的主要功能

(1) 一控多功能,可在一台计算机上同时控制多达四台机床切割不同的工件,并可一边加工一边编程。

(2) 锥度加工采用四轴/五轴联动控制技术。上下异形和简单输入角度两种锥度加工方式,使锥度加工变得快捷、容易;可进行变锥和等圆弧加工。

(3) 模拟加工,可快速显示加工轨迹,特别是锥度和上下异形工件上下面的加工轨迹,并显示终点坐标结果。

(4) 实时显示加工进程,通过切换画面,可同时监视四台机床的加工状态,并显示相对坐标和绝对坐标等数值变化。

(5) 断电保护,如加工过程中突然断电,复电后,自动恢复各台机床的加工状态。系统内储存的文件可长期保留。

(6) 可对基准面和丝架跨距做精确的校正计算,对导轮切点偏移做 U 向和 V 向的补偿,从而提高锥度加工的精度,大锥度切割的精度大大优于同类系统。

(7) 浏览图库,可快速查找所需的文件。

(8) 钼丝(电极丝)偏移补偿(无须加过渡圆),具有加工比例调整、坐标变换、循环加工、步进电机限速和自动短路回退等多种功能。

(9) 可从任意段开始加工,到任意段结束;可正向/逆向加工。

(10) 可随时设置(或取消)加完工当段指令后暂停。

(11) 短路自动回退及长时间短路(1 分钟)报警。

(12) 可将 AUTOCAD 的 DXF 格式和 ISOG 格式做数据转换。

(13) 将 HL 系统接入用户的网络系统,可在网络系统中进行数据交换和监视各加工进程(选项)。

(14) 加工插补半径最大可达 1 000 m。

(15) 基于 HL 系统的电火花线切割加工机床加工工时自动积累,便于生产管理。

(16) 基于 HL 系统的电火花线切割加工机床加光栅尺后,可实现闭环控制。

HL 系统工作原理图如图 4-4-1 所示。

二、HL 系统菜单命令和图形输入操作

HL 系统操作面板如图 4-4-2 所示。

(1) 点(见表 4-4-1)。

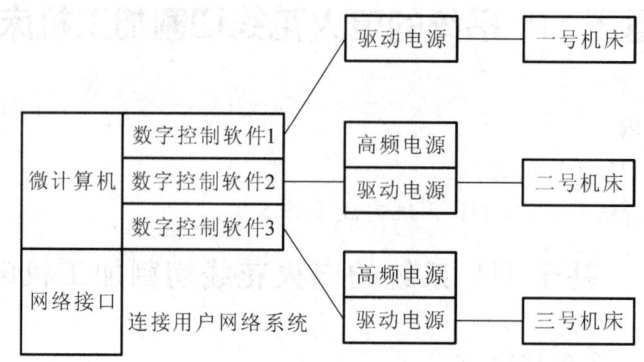

图 4-4-1　HL 系统工作原理图

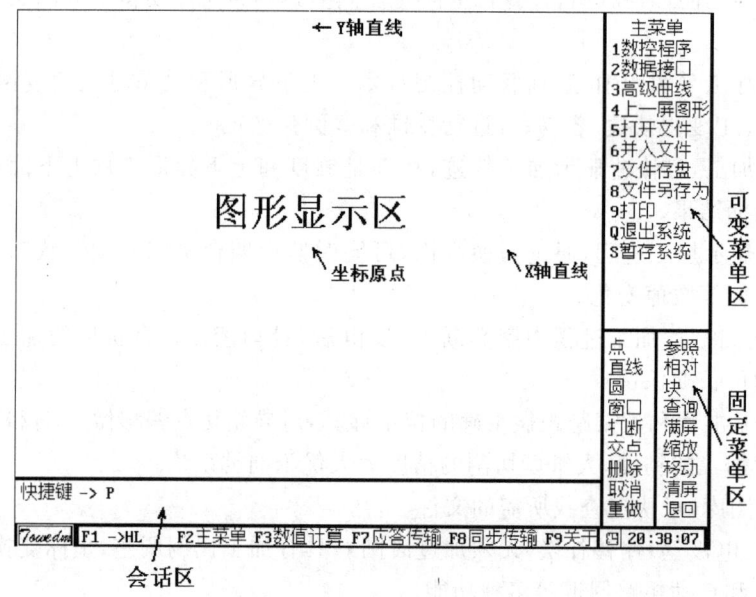

会话区

图 4-4-2　HL 系统操作面板

表 4-4-1　HL 系统点菜单

菜　　单	屏幕显示	解　　释
极/坐标点	点〈X,Y〉=（若要选取原点,可在屏幕上选取坐标原点或直接打入字母"O"）	① 普通输入格式:x,y。 ② 相对坐标输入格式:@x,y。其中,"@"为相对坐标标志,"x"是相对的 x 轴坐标,"y"是相对的 y 轴坐标。以前一个点为相对参考点,可用光标先选一参考点。 ③ 相对极坐标输入格式:〈a,1。其中,"〈"为相对极坐标标志,"a"指角度,"1"是长度)。以前一个点为相对参考点。如先用光标选一参考点,会提示输入极径和角度
光标任意点	用光标指任意点	用光标在屏幕上任意定一个点
圆心点	圆,圆弧=	求圆或圆弧的圆心点
圆上点	圆,圆弧=,角度=	求在圆上某一角度的点

菜 单	屏 幕 显 示	解 释
等分点	选定线,圆,弧 ＝ 等分数〈N〉＝ 起始角度〈A〉＝	直线段、圆或圆弧的等分点
点阵	点阵基点〈X,Y〉＝ 点阵距离〈Dx,Dy〉＝ X 轴数〈Nx〉＝ Y 轴数〈Ny〉＝	从已知点阵端点开始,以(Dx,Dy)为步距,X 轴数为 X 轴上点的数目,Y 轴数为 Y 轴上点的数目,做一个点阵列。改变步距 Dx、Dy 的符号就可以改变点阵端点为左上角、左下角、右上角或右下角。使用此功能配合辅助作图,能加快作图速度。数控程序的阵列加工也需要此功能的配合
中点	选定直线,圆弧 ＝	直线或圆弧的中点
两点中点	选定点一〈X,Y〉＝ 选定点二〈X,Y〉＝	两点间的中点
CL 交点	选定线,圆弧一 ＝ 选定线,圆弧二 ＝	直线、圆弧的交点,同"交点"功能有所不同,"CL 交点"不要求线、圆弧间有可视的交点,执行此操作时,系统会自动将线、圆弧延长,然后计算它们的交点
点旋转	选定点〈X,Y〉＝ 中心点〈X,Y〉＝ 旋转角度〈A〉＝ 旋转次数〈N〉＝	旋转复制点
点对称	选定点〈X,Y〉＝ 对称于点,直线 ＝	求点的对称点
删除孤立点	删除孤立点	删除孤立的点
查两点距离	点一〈X,Y〉＝ 点二〈X,Y〉＝ 两点距离〈L〉＝	计算两点间的距离,当在光标捕捉范围内能捕捉一个点时,取该点为其中一个点,否则取鼠标左键按下时光标所在位置坐标值

(2)直线(见表 4-4-2)。

表 4-4-2　HL 系统直线菜单

菜 单	屏 幕 显 示	解 释
二点直线	二点直线 直线端点〈X,Y〉＝ 直线端点〈X,Y〉＝ 直线端点〈X,Y〉＝	过一点作直线; 起点; 到一点; 到另一点
角平分线	选定直线一 ＝ 选定直线二 ＝ 直线〈Y/N〉	求两直线的角平分线。 选择两直线之一
点＋角度	选定点〈X,Y〉＝ 角度〈A＝90〉＝	求过某点并与 X 轴正方向成角度 A 的辅助线; 直接按回车键为 90°
切＋角度	切于圆,圆弧 角度〈A〉＝ 直线〈Y/N〉	求切于圆或圆弧并与 X 轴正方向成角度 A 的辅助线

菜 单	屏 幕 显 示	解 释
点线夹角	选定点〈X,Y〉＝ 选定直线 ＝ 角度〈A＝90〉＝ 直线〈Y/N〉	求过一已知点并与某条直线成角度 A 的直线
点切于圆	选定点〈X,Y〉＝ 切于圆,圆弧 直线〈Y/N〉	已知直线上一点,并且该直线切于已知圆
两圆公切线	切于圆,圆弧一 ＝ 切于圆,圆弧二 ＝ 直线〈Y/N〉	作两圆或圆弧的公切线。如果两圆相交,可选直线为两圆的两条外公切线。如果两圆不相交,可选直线为两圆的两条外公切线加两条内公切线
直线延长	选定直线 ＝ 交于线,圆,弧	延长直线直至与另一选定直线、圆或圆弧相交; 有两个交点时,选靠近光标的交点
直线平移	选定直线 ＝ 平移距离〈D〉＝ 直线〈Y/N〉	平移复制直线。如选定直线为实直线,复制的也为实直线。如选定直线为辅助线,复制的也为辅助线
直线对称	选定直线 ＝ 对称于直线 ＝	对称复制直线; 已知某一直线,对称于某一直线
点射线	选定点〈X,Y〉＝ 角度〈A〉＝ 交于线,圆,弧	作过某点与 X 轴正方向成角度 A 并且相交于另一已知直线或圆或圆弧的直线; 有两个交点时,选靠近光标的交点
清除辅助线	清除辅助线	删除所有辅助线
查两线夹角	选定直线一 ＝ 选定直线二 ＝ 两线夹角 ＝	计算两已知直线的夹角

（3）圆（见表 4-4-3）。

表 4-4-3　HL 系统圆菜单

菜 单	屏 幕 显 示	解 释
圆心＋半径	圆心〈X,Y〉＝ 半径〈R〉＝	按照给定的圆心和半径作圆
圆心＋切	圆心〈X,Y〉＝ 切于点,线,圆,圆弧 ＝ 圆〈Y/N〉	已知圆心,已知圆相切于另一已知点、直线、圆或圆弧作圆; 出现多个圆时,选择所要的圆
点切＋半径	圆上点〈X,Y〉＝ 切于点,线,圆,圆弧 半径〈R〉＝ 圆〈Y/N〉	已知圆上一点,已知圆与另一点、直线、圆或圆弧相切,并已知半径作圆
两点＋半径	点一〈X,Y〉＝ 点二〈X,Y〉＝ 半径〈R〉＝	已知圆上两点,已知圆半径,作圆

菜　单	屏幕显示	解　释
心线＋切	心线＝ 切于点，线，圆，圆弧 圆〈Y/N〉	给定圆心所在直线，并已知圆相切于一已知点、直线、圆或圆弧作圆
双切＋半径 （过渡圆弧）	切于点，线，圆，圆弧一 切于点，线，圆，圆弧二 半径〈R〉＝	已知圆与两已知点、直线、圆或圆弧相切，并已知半径，作圆（等同于 Autop 的过渡圆弧）
三切圆	点，线，圆，圆弧一　＝ 点，线，圆，圆弧二　＝ 点，线，圆，圆弧三　＝ 圆〈Y/N〉	求任意三个元素的公切圆
圆弧延长	圆弧 交于线，圆，圆弧	延长圆弧，使其与另一直线、圆或圆弧相交
同心圆	圆，圆弧 偏移值〈D〉＝	按给定数值偏移后的圆或圆弧作圆或圆弧
圆对称	圆，圆弧 对称于直线＝	作圆或圆弧的对称圆、圆弧
圆变圆弧	圆　＝ 圆弧起点〈X，Y〉＝ 圆弧终点〈X，Y〉＝	将选定圆按给定起点和终点编辑，使其变成圆弧
尖点变圆弧	半径〈R〉＝ 用光标指尖点	变尖点为圆弧。必须保证尖点只有两个有效图元（此处只能是直线或圆弧）且端点重合，否则此操作不能成功
圆弧变圆	圆弧　＝ 圆弧　＝ 按 ESC 退出	变圆弧为圆

（4）高级曲线（见表 4-4-4）。

表 4-4-4　HL 系统高级曲线菜单

菜　单	屏幕显示	解　释
椭圆	长半轴〈Ra〉＝ 短半轴〈Rb〉＝ 起始角度〈A1〉＝ 终止角度〈A2〉＝	参数方程： x＝acost y＝bsint
螺线	起始角度〈A1〉＝ 起始半径〈R1〉＝ 终止角度〈A2〉＝ 终止半径〈R2〉＝	阿基米德螺线
抛物线	V 系数〈K2〉＝ 起始参数〈X1〉＝ 终止参数〈X2〉＝	使用抛物线方程 Y＝K＊X＊X。

菜　　单	屏 幕 显 示	解 　 释
渐开线	基圆半径〈R〉＝ 起始角度〈A1〉＝ 终止角度〈A2〉＝	参数方程： x＝R(cost＋sint) y＝R(sint－cost)
标准齿轮	齿轮模数〈M〉＝ 齿轮齿数〈Z〉＝ 有效齿数〈N〉＝ 起始角度〈A〉＝	相当于自由齿轮中,各参数设定为:压力角〈A〉＝20°,变位系数〈O〉＝0,齿高系数〈T〉＝1,齿顶隙系数〈B〉＝0.25,过渡圆弧系数＝0.38; 不要使有效齿数大于齿轮齿数,这样虽然也能作出图形,但会有许多重复的线条,在生成加工代码时会造成麻烦
自由齿轮	齿轮模数〈M〉＝ 齿轮齿数〈Z〉＝ 压力角〈A〉＝ 变位系数〈O〉＝ 齿高系数〈T〉＝ 齿顶隙系数〈B〉＝ 过渡圆弧系数＝ 有效齿数〈N〉＝ 起始角度〈A〉＝	渐开线齿轮： 基圆半径:Rb＝MZ/2×cosA 齿顶圆半径:Rt＝MZ/2＋M×(T＋O) 齿根圆半径:Rf＝MZ/2－M×(T＋B－O)

三、图形编辑操作

1.窗口选定

屏幕显示：

第一角点:指定窗口的一个角,按[ESC]键或单击鼠标右键中止。

第二角点:指定窗口的另一个角,按[ESC]键或单击鼠标右键中止。

建块后,矩形窗口内的元素显示为洋红色。辅助线和点由于不是有效图元而不能被选定为块。

窗口选定操作示例如图 4-4-3 所示。

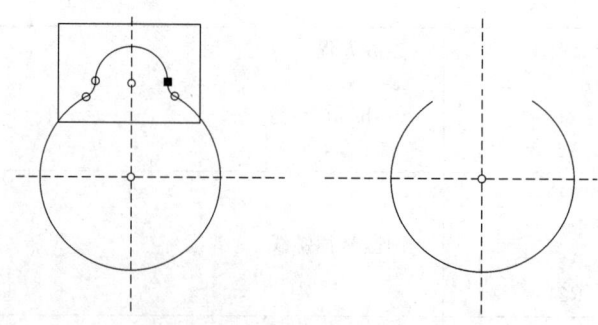

图 4-4-3　窗口选定操作示例

2.增加块元素

屏幕显示：

增加块元素→

如需增加某一元素到块中,移动鼠标选取,被选取的元素显示为洋红色。

3.减少块元素

屏幕显示;

减少块元素→

如需在块中减少某一元素,移动鼠标选取,被减少的块元素恢复为正常颜色。

4.取消块

屏幕显示:

取消块〈Y/N〉

按"确认"键后,将所有块元素恢复为非块,全部呈洋红色的块元素恢复为正常颜色。

5.删除块元素——将所有块元素删除

屏幕提示

删除块元素〈Y/N〉

按"确认"键后,将删除所有呈洋红色的块元素。

6.块平移(块拷贝)——平移复制所有块的元素

屏幕提示:

平移距离〈Dx,Dy〉=

平移次数〈N〉=

平移距离〈Dx,Dy〉=〈30,0〉、平移次数〈N〉=2 的结果如图 4-4-4 所示。

7.块旋转——旋转复制所有块的元素

屏幕提示

旋转中心〈X,Y〉=

绕旋角度〈A〉=

旋转次数〈N〉=

绕坐标原点,旋转 120°,2 次的结果如图 4-4-5 所示。

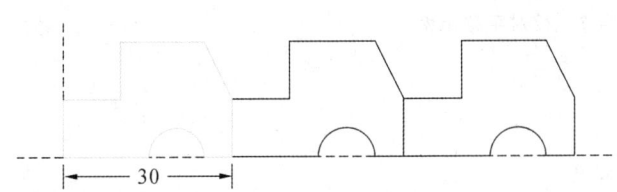 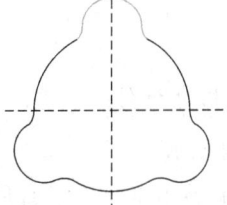

图 4-4-4　平移距离〈Dx,Dy〉=〈30,0〉、平移次数〈N〉=2 的结果　　图 4-4-5　绕坐标原点,旋转 120°,2 次的结果

8.块对称——对称复制所有块的元素

屏幕提示:

对称于点,直线 = 对称于某一点或直线

将块元素做 X 轴对称的示例如图 4-4-6 所示。

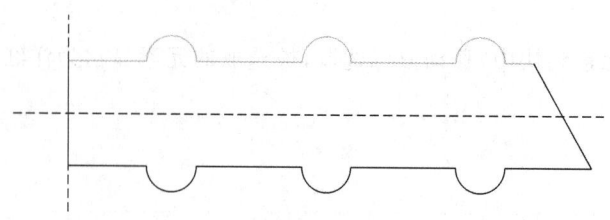

图 4-4-6　将块元素做 X 轴对称的示例

9. 块缩放

按输入的比例在尺寸上缩放所有块的元素。

10. 清除重合线

清除重合的线、圆弧。如果错误地多次并入了同一个文件可以使用此功能清除重复的线、圆弧。

11. 反向选择

将所有块元素设为非块元素,将所有非块元素设为块元素。

12. 全部选定

将所有直线、圆、圆弧全部设为块元素。

13. 相对平移

屏幕显示:

平移距离〈Dx,Dy〉= 相对平移距离

将图 4-4-7(a)所示整个图形向 X 轴方向平移 5,向 Y 轴方向平移 5,如图 4-4-7(b)所示。

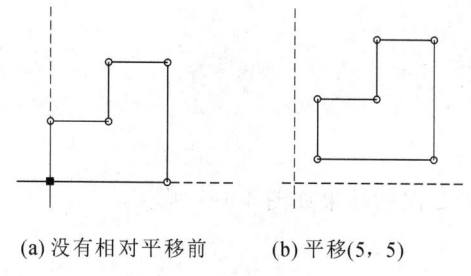

(a) 没有相对平移前　　(b) 平移(5，5)

图 4-4-7　相对平移示例

14. 相对旋转

屏幕显示:

① 旋转角度〈A〉= 绕原点旋转 A 角度

② 将当前整个图形绕原点旋转 A 角度。

③ 取消相对

④ 取消已作的相对操作,恢复相对操作前的图形状态。

15. 对称处理

屏幕显示:

对称于坐标轴〈X/Y〉

将当前整个图形对称于 X 轴或 Y 轴。

16. 原点重定

屏幕显示：

新原点〈X,Y〉=

以一个点作为新的坐标原点。

课题二　电火花线切割加工工艺和加工注意事项

一、电火花线切割加工工艺基础知识

1. 加工工艺指标

电火花线切割加工工艺指标主要包括线切割加工速度、表面粗糙度和加工精度等。此外，放电间隙、电极丝损耗和加工表面层变化也是反映加工效果的重要内容。

影响电火花切割加工工艺指标的因素很多，如机床精度、脉冲电源的性能、工作液脏污程度、电极丝质量、工件材料和工艺路线等。它们是互相关联又互相矛盾的。其中，脉冲电源的波形和参数的影响是相当大的，如矩形波脉冲电源的参数主要有电压、电流、脉冲宽度和脉冲间隔等。所以，根据不同的加工对象选择合理的电参数是非常重要的。

2. 合理选择电参数

（1）线切割加工速度高时。当脉冲电源的空载电压高、短路电流大、脉冲宽度大时，则线切割加工速度高。由于线切割加工速度和表面粗糙度是互相矛盾的两个工艺指标，所以，必须在满足表面粗糙度要求的前提下在追求高的线切割加工速度。另外，线切割加工速度又受到间隙消电离的限制，也就是说，脉冲间隔也要适宜。

（2）要求表面粗糙度值小时。若所切割的工件的厚度在 80 mm 以内，则选用分组波脉冲电源为好，与同样能量的矩形波脉冲电源相比，在相同的线切割加工速度条件下，使用分组波脉冲电源可以获得较好的表面粗糙度。无论是矩形波还是分组波，单个脉冲能量小，则表面粗糙度值小。也就是说，脉冲宽度小、脉冲间隔适当、峰值电压低、峰值电流较小，表面粗糙度较好。

（3）切割厚工件时。选用矩形波、高电压、大电流、大脉冲宽度和大的脉冲间隔可充分消电离，从而保证加工的稳定性。

3. 进给速度对线切割加工速度和表面质量的影响

（1）进给速度过快。进给速度超过工件的蚀除速度，会导致频繁地出现短路，造成加工不稳定，使得实际线切割加工速度降低。

（2）进给速度太慢。进给速度大大落后于工件可能的蚀除速度，将导致脉冲利用率太低，使得线切割加工速度大大降低、加工表面发焦呈褐色、工件上下端面处出现过烧现象。

上述两种情况，都可能引起进给速度忽快忽慢，导致加工不稳定且易断丝，使得加工表面出现不稳定条纹或出现烧蚀现象。

（3）进给速度适宜。进给速度适宜，则加工稳定，线切割加工速度高，加工表面细而亮，丝纹均匀，可获得较好的表面粗糙度和较高的精度。

表面粗糙度(Ra)和脉冲宽度(T_i)的选择如表 4-4-5 所示。工件厚度(H)和脉冲间隙(T_o)的选择如表 4-4-6 所示;工件厚度(H)与功放管数量(n)的选择如表 4-4-7 所示。

表 4-4-5　表面粗糙度和脉冲宽度的选择

$Ra/\mu m$	1.6	2.5	3.2	6.3
$T_i/\mu s$	4	8	16	32

表 4-4-6　工件厚度和脉冲间隙的选择

H/mm	10~40	50	70	≥80
$T_o/\mu s$	5	7	9	15

注:由于工件厚度越大排屑越困难,所以要求脉冲间隙(T_o)与工件厚度(H)成正比。

表 4-4-7　工件厚度和功放管数量的选择

H/mm	≥10	≥40	≥80	≥100
n	≥1	≥2	≥3	≥4

功放管越多,加工电流越大,表面粗糙度越差。为保证加工的稳定性,工件越厚,投入功放管越多。

二、电火花线切割加工工艺步骤和要求

电火花线切割加工是实现工件尺寸加工的一种技术。在一定技术条件下,合理地制订加工工艺路线是保证工件加工质量的重要环节。

电火花线切割加工模具或零件的过程,一般可分为以下几个步骤。

1. 对图样进行分析和审核

分析图样对保证工件的加工质量和工件的综合技术指标有决定性的意义。在消化图样时,首先要挑出不能或不易用电火花线切割加工的工件图样。不能或不易用电火花线切割加工的工件大致有如下几种。

(1)表面粗糙度和尺寸精度要求很高,切割后无法进行手工研磨的工件。

(2)窄缝小于电极丝直径与放电间隙之和的工件,或图形内拐角处不允许带有尺寸为电极丝半径与放电间隙之和的圆角的工件。

(3)非导电材料制成的工件。

(4)厚度超过丝架跨距的工件。

(5)加工长度超过 X、Y 拖板的有效行程长度,且精度要求较高的工件。

在符合电火花线切割加工工艺的条件下,应着重在表面粗糙度、尺寸精度、工件厚度、工件材料、尺寸大小、配合间隙和冲制件厚度等方面仔细考虑。

2. 电火花线切割加工编程

编程时,要根据材料的情况,选择一个合理的装夹位置,同时确定一个合理的起割点和切割路线。

起割点应取在图形的拐角处,或在容易将凸尖修去的部位。切割路线主要以防止或减少工件变形为原则,一般应考虑使靠近装夹一边的图形最后切割为宜。根据实际情况,也可以直接由键盘输入程序,或从编程机中直接将程序传输到控制器中。

三、电火花线切割加工注意事项

1. 电火花线切割加工工作液的正确配制和使用方法

1) 工作液的配制方法

一般按一定比例将自来水冲入乳化油,搅拌后使工作液充分乳化成均匀的乳白色。天冷(在 0 ℃以下)时,可先将少量开水冲入拌匀,再加冷水搅拌。最好根据乳化油生产厂家的说明配制工作液。根据不同的加工工艺指标,浓度比一般在 5%～20% 内(乳化油 5%～20%,水 95%～80%)。一般均按质量比配制。要求不太严时,也可大致按体积比配制。

2) 工作液的使用方法

(1) 对加工表面粗糙度和精度要求比较高的工件,浓度比可适当大些,为 10%～20%。这样可使加工表面洁白均匀;加工后的料芯可轻松地从料块中取出,或靠自重落下。

(2) 对要求线切割加工速度高或大厚度的工件,工作液的浓度比可适当小些,为 5%～8%。这样加工比较稳定,且不易断丝。

(3) 新配制的工作液,若每天工作 8 小时,使用约 2 天后效果最好,继续使用 8～10 天后就易段丝,需更换工作液。加工时,供液一定要充分,且使工作液能包住电极丝,这样才能使工作液顺利进入加工区,达到稳定加工的效果。

2. 电火花线切割加工机床的开机步骤

电火花线切割加工机床的开机步骤是:输入指令—开启电源总控—丝水状况检查—开启运丝电机—开启水泵电机—开启进给控制开关,检查步进电机是否吸住了—将工作台手轮刻度回零—选择合适的电参数—调整变频速度——开始加工。

3. 电火花线切割加工机床的关机步骤

电火花线切割加工机床的关机步骤是:关高频电源—关水泵电机—关运丝电机—检查工作台的 X、Y 坐标值并回零(终点与起点一致)——拆下工件。

4. 电火花线切割加工机床的保养与维护

定期对机床进行正确的维护和保养,不但可保证机床的精度,而且能延长机床的使用寿命。

1) 定期维护

当机床累计工作 500 小时以上时,要进行例行检查。检查内容主要是检查各传动部件螺钉、螺母是否有松动。如有则拧紧,并按润滑要求进行加油。当机床累计工作 1 000 小时以上时,应进行检修一次。

2) 日常保养

(1) 清洁。机床应保持清洁,应及时擦掉飞溅出来的工作液。停机后,应将工作台面上的杂物清理干净,特别是导轮和导电块部位,应经常用煤油清洗,使其保持良好的工作状态。

（2）防锈。当停机 8 小时以上时，除应将机床擦干净外，加工区域的部分应涂油防护。

（3）防堵。工作液循环系统如发现堵塞应及时疏通，特别要防止工作液渗入机床内造成短路，以致烧毁电气元件。

（4）防超压。当供电电压超过额定电压 10 ％时，应停机。建议控制柜外接稳定电源。

（5）防磨损。加工前应仔细检查导轮及排丝轮的 V 形槽的磨损情况，如出现严重磨损应及时更换。安装导轮时，精密轴承要轻轻地静压在导轮轴承座内，切不可反复拆装，否则会破坏装配精度。

（6）工作液。建议根据机床实际情况，采用适宜型号的皂化液，按相对浓度配比制成工作液。工作液一般使用 60 小时左右更换一次，否则影响加工效果。

（7）清除。在加工中，要清除断丝，切割废料、下脚料。不可让断丝长时间运转，断丝长时间运转易产生事故。

（8）防导电块磨损。经常检查导电块与电极丝是否有良好可靠的接触，如接触不好，将直接影响工作稳定性和加工效率。如导电块磨损了，要及时更换。

（9）故障处理。在工作中，如发现有故障，应迅速停机检查、修理，不可使机床带"病"工作，如有困难，请维修人员修理。

四、加工实例

1. 练习题（一）

练习图如图 4-4-8 所示。

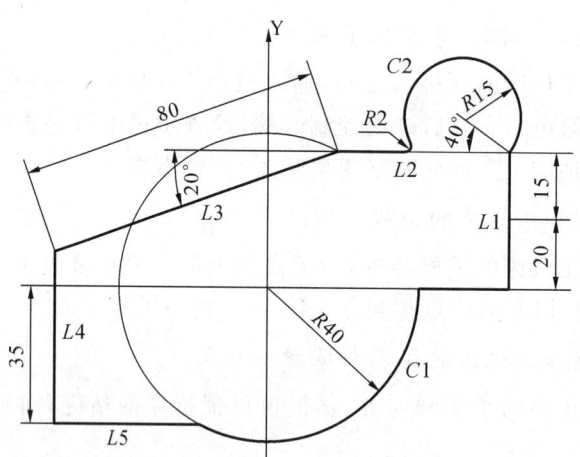

图 4-4-8　练习题（一）图

（1）将 X 轴向上、向下各平移 35 mm，Y 轴向右平移 60 mm。

（2）取其交点为当前点并作为相对极坐标点（15，140°），以该极坐标点为圆心、以 15 mm 为半径作一小圆。

（3）以原点为圆心、以 40 mm 为半径作一大圆。

（4）连接大圆与高度为 35 mm 的水平辅助线在 Y 轴右边的交点与极坐标点（80，200°）（为一条直线）。

（5）过直线左端点作直线（点＋角度，角度 90°）交于高度为 −35 mm 的水平辅助线。

（6）连接直线下端点与高度为−35 mm 的水平辅助线同大圆的左交点（为实直线）。

（7）作小圆与高度为 35 mm 的水平辅助线的交点，打断小圆，连接其他需要连接的直线。

（8）在相应交点处执行尖点变圆弧，圆弧半径为 2 mm。

2. 练习题（二）

练习图如图 4-4-9 所示。

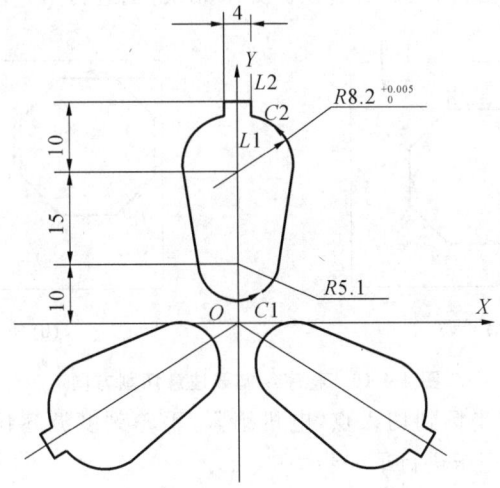

图 4-4-9 练习题（二）图

（1）将 X 轴向上平移 10 mm。取其与 Y 轴交点为圆心，以 5.1 mm 为半径作一圆。

（2）将 X 轴向上平移 25 mm。取其与 Y 轴交点为圆心，以 8.2 mm 为半径作另一圆。

（3）作两圆的两条外公切线。

（4）将 X 轴向上平移 35 mm，将过原点的参照线 Y 轴向左、向右各平移 2 mm。连接交点成实直线。

（5）打断两圆多余的部分。

（6）将图形全部选定为块，然后执行块旋转：旋转 120°，旋转 2 次。

3. 练习题（三）——综合训练"切八方"

"切八方"是检验机床性能和精度的一种手段，是对机床综合精度的考核和机床综合精度的展示，是对控制系统、机床和操作者的全面检测，被定为行业标准。综合训练"切八方"要求严格按照下列操作步骤进行操作，四边精度在 0.01 mm 以下、八方尺寸为 24 mm × 24 mm。

（1）功能检查。首先对整机各项功能和机械的静动态精度进行检查。如各项正常，进行下一步。

（2）丝水检查。检查运丝和上水系统，要求：走丝平稳无抖动，换向准确可靠（注意左右拨叉的位置以及松紧状态以防超出丝筒行程），排丝均匀；上水回水通畅，水量调整自如（水嘴与电极丝间没有干涉，水以锥体水柱状包络电极丝，导电块要接触良好，导轮轴承要松紧适度，上下一致，电极丝的垂直度应用专用工具校正）。如各项正常进行下一步。

（3）工装检查。检查工件的装夹系统。如各项正常，进行下一步。

（4）切入点选择。夹工件时要设想好切割方向和切入点，压板压在离切入点最近、刚性度强的部位,最好有穿丝孔。任何时候丝架都不能与工作台面上的任何物体干涉和碰撞。如果无误,进行下一步。

(5) 做标记。在将要切下来的八方的位置上做标记,要能分辨出上、下和 X、Y。做精度原因分析时没有做这个标记,八方就没用了。做好标记后进行下一步。

(6) 编程及校零。用 0～25 mm 的千分尺测量电极丝确定补偿量,向控制台输入 24 mm ×24 mm 八方切割程序,程序编制要注意切割方向(见图 4-4-10)。输入完成要当即做校零检查,以检查计算是否有错,输入是否有误。如果无误,则进行下一步。

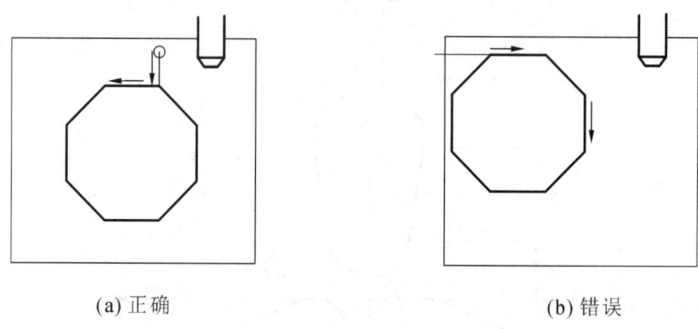

(a) 正确　　　　　　　　　　　　　　(b) 错误

图 4-4-10　程序绘制要注意切割方向

(7) 原点设置。手摇坐标到切入点,电机锁紧,手轮刻度调零位,对控制台进行原点设置。手轮调零,原点设置完毕进行下一步。

(8) 调整脉冲电源参数。脉冲电源调到脉宽 16 μs,间隔 8 倍,功放暂用 2～3 路输出,设置完毕进行下一步。

(9) 检查面板设置。检查控制台上各种性能的即时状态。如正常,则进行下一步。

(10) 开机并调整相关参数。依次开丝、开水、启动执行,待电极丝切到工件后,将脉冲源功放投入总数加到 1.8～2 A(电流表的平均值),并在引线范围内完成变频跟踪的调整,以保证电流表稳定无大幅跳动。变频调整旋扭向左右应都有一段较稳定的范围。在整个八方的切割中,不轻易再调整变频。此时,要注意观察:电极丝换向,断高频;电极丝两个方向运动、进给速度无明显跳变;进块上应无火花;水应被丝带成锥体状,切割部位水量充足有效;回流畅通。调整完毕进行切割。

(11) 后期处理。在切割加工过程中,不要以外力去干涉机床运动,待切到最后一个面时,可以承托或磁吸工件,避免其自由坠落。

(12) 核对回零。切割完成,要观察手轮刻度的回零情况,调阅原点复位情况。

(13) 工件的测量、处理和判定。清洗工件,但不要用油石或砂纸打磨工件,注意保证标记有效。观察并测量八方,要求尺寸 24 mm 误差不超过 0.01 mm,判断机床精度(如果有一个轴尺寸小,则表示此轴有间隙误差;如果 45°角方向有误差,证明 X、Y 轴垂直度超差;如果表面条纹很重,则表示导轨有跳动,丝杠轴头轴承装配和丝杠不同母线,导轮有全跳动),判断丝径间隙补偿量(如果切出的八方的尺寸大于或小于预定尺寸,则根据计算确定电极丝补偿量)。

此 13 个步骤不但适合于八方切割,也适合任何工件的电火花线切割加工,是电火花线切割加工的工艺要点。

课题三 项目训练

已知钼丝（电极丝）的直径为 0.18 mm，单边放电间隙为 0.01 mm，加工图 4-4-11～图 4-4-13 所示的工件。

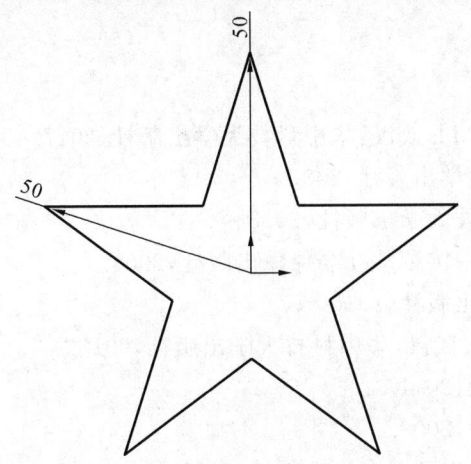

图 4-4-11 电火花线切割加工工件（五）

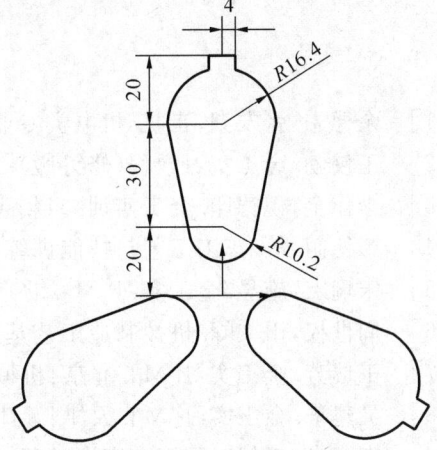

图 4-4-12 电火花线切割加工工件（六）

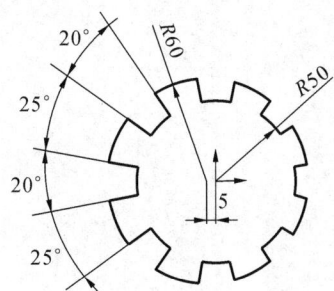

图 4-4-13 电火花线切割加工工件（七）

[1] 余德志,张友湖,崔晓.机电类专业实训指导[M].武汉:华中科技大学出版社,2017.

[2] 王俊勃.金工实习教程(修订版)[M].北京:科学出版社,2007.

[3] 李作全,魏德印.金工实训[M].武汉:华中科技大学出版社,2008.

[4] 彭德荫,等.车工工艺与技能训练[M].北京:中国劳动社会保障出版社,2006.

[5] 宋瑞宏,施昱.金工实习[M].北京:国防工业出版社,2010.

[6] 周世权,田文峰.机械制造工艺基础[M].2版.武汉:华中科技大学出版社,2010.

[7] 王瑞芳.金工实习[M].北京:机械工业出版社,2011.

[8] 吴建华.金工实习[M].天津:天津大学出版社,2009.

[9] 李晓舟.机械工程综合实训教程[M].北京:北京理工大学出版社,2012.

[10] 高琪.金工实习教程[M].北京:机械工业出版社,2012.